现代食品农产品质量管理与检验丛书

食品农产品认证及检验教程

编　著　付晓陆　马丽萍　汪少敏
王冬群　周南锄　安家琦
范鹏志　胡津津　冯　辉
袁晓红　何　瑛

ZHEJIANG UNIVERSITY PRESS
浙江大学出版社

图书在版编目（CIP）数据

食品农产品认证及检验教程 / 付晓陆等编著. —杭州：浙江大学出版社，2018.2(2021.8 重印)
ISBN 978-7-308-17106-9

Ⅰ.①食… Ⅱ.①付… Ⅲ.①食品安全—安全认证—中国—教材 ②食品检验—中国—教材 Ⅳ.①TS201.6 ②TS207.3

中国版本图书馆 CIP 数据核字(2017)第 163890 号

食品农产品认证及检验教程

付晓陆　等编著

责任编辑　阮海潮
责任校对　陈静毅　丁佳雯
封面设计　周　灵
出版发行　浙江大学出版社
（杭州市天目山路 148 号　邮政编码 310007）
（网址：http://www.zjupress.com）
排　　版　杭州青翊图文设计有限公司
印　　刷　广东虎彩云印刷有限公司绍兴分公司
开　　本　787mm×1092mm　1/16
印　　张　17
字　　数　446 千
版 印 次　2018 年 2 月第 1 版　2021 年 8 月第 3 次印刷
书　　号　ISBN 978-7-308-17106-9
定　　价　55.00 元

前　　言

在与食品和农产品生产企业相关人员的接触过程中，他们普遍反映存在对食品相关法律法规知道不多、对认证程序不熟、企业质控能力不强、检验人员专业知识缺乏等问题，迫切需要进行系统的学习。这种现状对提高我国食品生产企业的产品质量、保障食品安全极为不利。

基于此，作者在多年积累经验的基础上，对国家及各主管部门发布的众多食品农产品相关法律法规及认证规范进行了系统的收集整理，去粗取精、去旧存新，将食品生产企业应重点关注的法规及认证要点进行了系统的讲解。为了便于食品农产品生产企业实际操作，作者对各项认证要求、材料准备、申报流程以及注意事项进行了详细的叙述。

本书还对食品农产品企业质控和检验中所涉及的知识进行了系统的讲述，并对实验室的规划布置、实验室管理、实验室安全、仪器设备配置、常用检测技术的原理等基础知识进行了概述。本书按照食品农产品检测的项目或参数进行了分类，分别介绍了食品检测常规项目的检测方法及检测过程中的注意点，有助于提高企业化验员的质控水平。

本书由付晓陆、胡津津、冯辉、袁晓红（余姚市食品检验检测中心），王冬群、周南镴（慈溪市农业监测中心），安家琦、范鹏志（宁海县农业环境与农产品质量安全监督管理总站），马丽萍（余姚市朗霞街道农业办公室），汪少敏（余姚市农业技术推广服务总站）等同志编著，何瑛（余姚市中医医院）参与部分章节的编写和全书的校对。

本书在编写过程中得到了各位同行的悉心指导和帮助，在此表示感谢。由于水平和能力有限，书中难免出现疏漏和不妥之处，敬请各位读者批评、指正。

作　者

目　　录

第一部分　食品安全及相关法规

第二部分　食品、农产品生产相关认证

第三部分　食品企业检验员基础知识

第四部分 食品微生物检测

第一部分
食品安全及相关法规

第一章

食品及食品安全

第一节　食品及食品生产加工企业

2015年10月1日开始实施的《中华人民共和国食品安全法》(以下简称《食品安全法》)第一百五十条对"食品"的定义为:食品指各种供人食用或者饮用的成品和原料以及按照传统既是食品又是中药材的物品,但是不包括以治疗为目的的物品。GB/T 15091—1994《食品工业基本术语》对食品的定义为:可供人类食用或饮用的物质,包括加工食品、半成品和未加工食品,不包括烟草或只作药品用的物质。从食品卫生立法和管理的角度,广义的食品概念还涉及所生产食品的原料、食品原料种植养殖过程中接触的物质和环境、食品的添加物质、所有直接或间接接触食品的包装材料、设施以及影响食品原有品质的环境。

按《食品生产加工企业质量安全监督管理实施细则(试行)》(2005)中第一章第三条定义,食品生产加工企业是指有固定的厂房(场所)、加工设备和设施,按照一定的工艺流程,加工、制作、分装用于销售的食品的单位和个人(含个体工商户)。

据中国QS查询网和国家质量监督检验检疫总局数据,截至2016年底全国获得食品生产许可的企业总数为37.6万余家,食品小作坊总数大体为17万个,还有大量的个人食品生产者、流动小摊贩和小作坊游离在监管范围之外。如此巨大的食品生产者数量,对食品安全和监管提出了极大挑战。

第二节　食品安全及其重要性

一、食品安全定义及含义

对食品安全的理解有狭义和广义之分。

狭义的食品安全指食品无毒、无害,符合应当有的营养要求,对人体健康不造成任何急性、亚急性或者慢性危害。

广义的食品安全内涵比较丰富，其含义有以下三个层次：

第一层　食品数量安全，即一个国家或地区能够生产满足人们基本生存所需的膳食需要。要求人们既能买得到又能买得起生存所需要的基本食品。

第二层　食品质量安全，指提供的食品在营养、卫生方面满足和保障人群的健康需要。食品质量安全涉及食物的污染、是否有毒、添加剂是否违规超标、标签是否规范等问题，需要在食品受到污染之前采取措施，预防食品的污染和防范主要危害因素侵袭。

第三层　食品可持续安全，这是从发展角度要求食品的获取需要注重生态环境的良好保护和资源利用的可持续。

狭义食品安全的定义与广义食品安全第二层次的描述基本一致，包括我国在内的大多数国家面临的食品安全主要是第二层次的食品安全问题。

二、食品安全重要性

“民以食为天，食以安为先”。保障食品安全是一项重大的民生工程。食品为人体提供必要的营养素，如果出现安全问题，必将给人体健康和生命带来直接或间接的影响。因此，食品安全是一个直接关系到社会公共安全利益，关系到国家和社会稳定发展的重大战略问题。

随着人们生活水平的不断提高，社会公众对食品安全的关注程度也大大增加。近年来危害人民群众健康和安全的食品安全事件频频发生，食品安全事件的数量和危害程度日益呈上升趋势，食品安全事件引发社会公众对食品安全的心理恐慌，对国家和社会的稳定以及经济的良性发展造成巨大冲击，这充分说明食品安全已经成为人民群众最关心、最直接、最现实的民生问题之一。

食品安全是人命关天的大事，须切实加强监管。2013 年 12 月 23 日至 24 日，中央农村工作会议在北京召开，习近平在会上发表重要讲话。会议强调，能不能在食品安全上给老百姓一个满意的交代，是对执政能力的重大考验。随着人们健康需求的日益增长，加强食品安全监管的呼声也日益高涨。食品安全问题作为关系人民饮食安全和健康的大问题，已不仅是经济问题，更是政治问题。它像一个试金石一样考验着各级政府和职能部门的执政力和监管能力，考验着食品生产者的良心。创新工作思路，尽快制止并扭转当前食品安全的严峻态势，是各级政府和监管机构“以人为本，执政为民”理念的切实体现。

近年来中央一号文件多次涉及食品安全问题，如 2015 年中央一号文件共有七处提到食品安全，从标准化生产、食品安全监管能力、地方政府法定职责、生产经营者主体责任等到建立全程可追溯的食品安全信息平台。2016 年中央一号文件提出实施食品安全战略，强化食品安全责任制等都凸显了对食品安全问题进行综合治理的决心。

高度分工的现代城市生活，意味着绝大多数的人都不可能吃到自己种植或生产的食品；甚至因为工作时间越来越长，外食的概率增加，食用他人所准备的熟食已经是很多现代人的生活方式。因此，确保日常食品的安全，成为衡量社会文明程度的重要标准。保障食品安全，意义重大而深远。

(1)保障食品安全，是维护市场经济有序发展的关键之举。市场经济下的商品是用于交换的，商海无涯“信”作舟，没有诚信就没有交换，没有交换就没有市场。当前食品安全事件中凸显的见利忘义、损人利己、以假充真、以次充好等丑恶现象，严重损害了我国市场经济的诚信体系，使市场经济难以健康运行。同时，如毒奶粉、毒豆芽、毒香肠等不符合食用标准的问题食品，不仅没有任何社会价值，还严重浪费了社会资源，在召回、销毁问题食品的过程中还要进一步浪费巨大的人力物力，有悖于资源的优化配置。所以，解决食品安全问题，是确保社会主义市场经济健康发展的内在要求。

(2)保障食品安全，是全面推进依法行政的重要内容。提高政府立法质量是切实推行依法行政的前提。当前，我国的食品安全法律体系已经初步形成，但部分法律不能很好适应当前复杂的食品安全形势，执法部门往往处于无法可依的尴尬境地。严格行政执法，做到有法必依、执法必严、违法必究是依法行政的关键，正是基于此，2015 年经过广泛征求意见，颁布了新修订的《食品安全法》，基本解决了食品安全的监管多头问题，逐步建立和完善了食品安全法律和检测标准体系，形成了各部门相互协调、联动监管的食品安全管理格局，是全面推进依法行政的重要保障。

(3)保障食品安全，是扩大对外开放、树立国际形象的重大举措。对外出口是我国经济快速增长的强大动力，进一步扩大对外开放、与国际全面接轨是我国的战略任务，然而当前频发的食品安全事件影响我国国际形象，如国人不相信国产奶粉而疯抢国外奶粉，一些国家设置贸易壁垒、实行贸易歧视政策，甚至出现多个国家禁止进口中国月饼的惨状。这些现象必将督促我国食品参与者和监管者要切实做好食品安全工作，牢牢把好食品质量关。

(4)保障食品安全，是深入贯彻落实科学发展观、构建和谐社会的具体体现。科学发展观的核心是以人为本，食品不安全最直接的受害者是人民群众，把加强食品安全作为“民心工程”来抓，是心系群众冷暖安危、真正为民办实事办好事的光彩事业。同时，人民群众是食品的生产者和加工者，解决食品安全问题理应充分发挥人民的协同作用，这是对“发展为了人民，发展依靠人民”的具体运用。食品安全关系千家万户，是“天大的事”，频频发生的食品安全事件使社会担忧情绪增加，严重影响了人民群众的幸福感和安全感，甚至还会激发社会矛盾、引发群体性事件，不利于社会的和谐稳定。解决食品安全问题，让人民群众吃得安心、吃得舒心，是维护社会安定有序的前提。

【参考文献】

[1]中华人民共和国主席令第二十一号. 中华人民共和国食品安全法[Z]. 2015-10-01

[2]GB/T 15091—1994 食品工业基本术语[S]. 北京：中国标准出版社，1994.

[3]国家质量监督检验检疫总局. 食品生产加工企业质量安全监督管理实施细则(试行)[Z]. 2005-09-01.

[4]刘新录. 十三五我国无公害农产品及农产品地理标志发展目标及路径分析[J]. 农产品质量与安全，2016(2)：7-10.

[5]谢明勇，陈绍军. 食品安全导论[M]. 北京：中国农业大学出版社，2009.

[6]中共中央、国务院. 关于加大改革创新力度加快农业现代化建设的若干意见[EB]. 2015-02-01.

[7]中共中央、国务院. 关于落实发展新理念加快农业现代化　实现全面小康目标的若干意见[EB]. 2015-12-31.

第二章

涉及食品生产企业相关法规

第一节 《食品安全法》涉及生产企业法律条款

作为食品生产质量安全的责任主体和第一责任人，食品生产加工企业在保证食品安全中起到极其重要的作用。新的《食品安全法》总则第四条关于食品生产经营者对其生产经营食品的安全负责规定：食品生产经营者应当依照法律、法规和食品安全标准从事生产经营活动，保证食品安全，诚信自律，对社会和公众负责，接受社会监督，承担社会责任。

县级以上地方食品药品监督管理部门将建立食品生产者食品安全信用档案并依法向社会公布。档案的内容包括食品生产许可颁发、许可事项检查、日常监督检查、许可违法行为查处等情况。2016 年 9 月，国家食品药品监督管理总局研究制定了《食品生产经营风险分级管理办法》，对食品生产企业进行分类管理，对有不良信用记录的食品生产者应当增加监督检查频次和处罚力度。

《食品安全法》加强了食品生产经营主体的责任，提高了对食品生产经营的准入条件，加大了对食品违法的处理力度。新的《食品安全法》第四章中分为一般规定、生产经营过程控制、标签说明书和广告、特殊食品等四个小节对食品生产经营主体的一般要求、特殊要求、禁止行为等进行详细阐述。现将具体条款列举如下：

第三十三条 食品生产经营应当符合食品安全标准，并符合下列要求：

（一）具有与生产经营的食品品种、数量相适应的食品原料处理和食品加工、包装、贮存等场所，保持该场所环境整洁，并与有毒、有害场所以及其他污染源保持规定的距离；

（二）具有与生产经营的食品品种、数量相适应的生产经营设备或者设施，有相应的消毒、更衣、盥洗、采光、照明、通风、防腐、防尘、防蝇、防鼠、防虫、洗涤以及处理废水、存放垃圾和废弃物的设备或者设施；

（三）有专职或者兼职的食品安全专业技术人员、食品安全管理人员和保证食品安全的规章制度；

（四）具有合理的设备布局和工艺流程，防止待加工食品与直接入口食品、原料与成品交叉污染，避免食品接触有毒物、不洁物；

（五）餐具、饮具和盛放直接入口食品的容器，使用前应当洗净、消毒，炊具、用具用后应当洗净，保持清洁；

（六）贮存、运输和装卸食品的容器、工具和设备应当安全、无害，保持清洁，防止食品污染，并符合保证食品安全所需的温度、湿度等特殊要求，不得将食品与有毒、有害物品一同贮存、运输；

（七）直接入口的食品应当使用无毒、清洁的包装材料、餐具、饮具和容器；

（八）食品生产经营人员应当保持个人卫生，生产经营食品时，应当将手洗净，穿戴清洁的工作衣、帽等；销售无包装的直接入口食品时，应当使用无毒、清洁的容器、售货工具和设备；

（九）用水应当符合国家规定的生活饮用水卫生标准；

（十）使用的洗涤剂、消毒剂应当对人体安全、无害；

（十一）法律、法规规定的其他要求。

非食品生产经营者从事食品贮存、运输和装卸的，应当符合前款第六项的规定。

第三十四条　禁止生产经营下列食品、食品添加剂、食品相关产品：

（一）用非食品原料生产的食品或者添加食品添加剂以外的化学物质和其他可能危害人体健康物质的食品，或者用回收食品作为原料生产的食品；

（二）致病性微生物，农药残留、兽药残留、生物毒素、重金属等污染物质以及其他危害人体健康的物质含量超过食品安全标准限量的食品、食品添加剂、食品相关产品；

（三）用超过保质期的食品原料、食品添加剂生产的食品、食品添加剂；

（四）超范围、超限量使用食品添加剂的食品；

（五）营养成分不符合食品安全标准的专供婴幼儿和其他特定人群的主辅食品；

（六）腐败变质、油脂酸败、霉变生虫、污秽不洁、混有异物、掺假掺杂或者感官性状异常的食品、食品添加剂；

（七）病死、毒死或者死因不明的禽、畜、兽、水产动物肉类及其制品；

（八）未按规定进行检疫或者检疫不合格的肉类，或者未经检验或者检验不合格的肉类制品；

（九）被包装材料、容器、运输工具等污染的食品、食品添加剂；

（十）标注虚假生产日期、保质期或者超过保质期的食品、食品添加剂；

（十一）无标签的预包装食品、食品添加剂；

（十二）国家为防病等特殊需要明令禁止生产经营的食品；

（十三）其他不符合法律、法规或者食品安全标准的食品、食品添加剂、食品相关产品。

第三十五条　国家对食品生产经营实行许可制度。从事食品生产、食品销售、餐饮服务，应当依法取得许可。但是，销售食用农产品，不需要取得许可。

县级以上地方人民政府食品药品监督管理部门应当依照《中华人民共和国行政许可法》的规定，审核申请人提交的本法第三十三条第一款第一项至第四项规定要求的相关资料，必要时对申请人的生产经营场所进行现场核查；对符合规定条件的，准予许可；对不符合规定条件的，不予许可并书面说明理由。

第三十六条　食品生产加工小作坊和食品摊贩等从事食品生产经营活动，应当符合本法规定的与其生产经营规模、条件相适应的食品安全要求，保证所生产经营的食品卫生、无毒、无害，食品药品监督管理部门应当对其加强监督管理。

县级以上地方人民政府应当对食品生产加工小作坊、食品摊贩等进行综合治理，加强服务和统一规划，改善其生产经营环境，鼓励和支持其改进生产经营条件，进入集中交易市场、店铺等固定场所经营，或者在指定的临时经营区域、时段经营。

食品生产加工小作坊和食品摊贩等的具体管理办法由省、自治区、直辖市制定。

第三十七条　利用新的食品原料生产食品，或者生产食品添加剂新品种、食品相关产品新品种，应当向国务院卫生行政部门提交相关产品的安全性评估材料。国务院卫生行政部门应当自收到申请之日起六十日内组织审查；对符合食品安全要求的，准予许可并公布；对不符合食品安全要求的，不予许可并书面说明理由。

第三十八条　生产经营的食品中不得添加药品，但是可以添加按照传统既是食品又是中药材的物质。按照传统既是食品又是中药材的物质目录由国务院卫生行政部门会同国务院食品药品监督管理部门制定、公布。

第三十九条 国家对食品添加剂生产实行许可制度。从事食品添加剂生产，应当具有与所生产食品添加剂品种相适应的场所、生产设备或者设施、专业技术人员和管理制度，并依照本法第三十五条第二款规定的程序，取得食品添加剂生产许可。

生产食品添加剂应当符合法律、法规和食品安全国家标准。

第四十条 食品添加剂应当在技术上确有必要且经过风险评估证明安全可靠，方可列入允许使用的范围；有关食品安全国家标准应当根据技术必要性和食品安全风险评估结果及时修订。

食品生产经营者应当按照食品安全国家标准使用食品添加剂。

第四十一条 生产食品相关产品应当符合法律、法规和食品安全国家标准。对直接接触食品的包装材料等具有较高风险的食品相关产品，按照国家有关工业产品生产许可证管理的规定实施生产许可。质量监督部门应当加强对食品相关产品生产活动的监督管理。

第四十二条 国家建立食品安全全程追溯制度。

食品生产经营者应当依照本法的规定，建立食品安全追溯体系，保证食品可追溯。国家鼓励食品生产经营者采用信息化手段采集、留存生产经营信息，建立食品安全追溯体系。

国务院食品药品监督管理部门会同国务院农业行政等有关部门建立食品安全全程追溯协作机制。

第四十三条 地方各级人民政府应当采取措施鼓励食品规模化生产和连锁经营、配送。

国家鼓励食品生产经营企业参加食品安全责任保险。

第四十四条 食品生产经营企业应当建立健全食品安全管理制度，对职工进行食品安全知识培训，加强食品检验工作，依法从事生产经营活动。

食品生产经营企业的主要负责人应当落实企业食品安全管理制度，对本企业的食品安全工作全面负责。

食品生产经营企业应当配备食品安全管理人员，加强对其培训和考核。经考核不具备食品安全管理能力的，不得上岗。食品药品监督管理部门应当对企业食品安全管理人员随机进行监督抽查考核并公布考核情况。监督抽查考核不得收取费用。

第四十五条 食品生产经营者应当建立并执行从业人员健康管理制度。患有国务院卫生行政部门规定的有碍食品安全疾病的人员，不得从事接触直接入口食品的工作。

从事接触直接入口食品工作的食品生产经营人员应当每年进行健康检查，取得健康证明后方可上岗工作。

第四十六条 食品生产企业应当就下列事项制定并实施控制要求，保证所生产的食品符合食品安全标准：

（一）原料采购、原料验收、投料等原料控制；

（二）生产工序、设备、贮存、包装等生产关键环节控制；

（三）原料检验、半成品检验、成品出厂检验等检验控制；

（四）运输和交付控制。

第四十七条 食品生产经营者应当建立食品安全自查制度，定期对食品安全状况进行检查评价。生产经营条件发生变化，不再符合食品安全要求的，食品生产经营者应当立即采取整改措施；有发生食品安全事故潜在风险的，应当立即停止食品生产经营活动，并向所在地县级人民政府食品药品监督管理部门报告。

第四十八条 国家鼓励食品生产经营企业符合良好生产规范要求，实施危害分析与关键控制点体系，提高食品安全管理水平。

对通过良好生产规范、危害分析与关键控制点体系认证的食品生产经营企业，认证机构应当依法实施跟踪调查；对不再符合认证要求的企业，应当依法撤销认证，及时向县级以上人民政府食品药品监督管理部门通报，并向社会公布。认证机构实施跟踪调查不得收取费用。

第四十九条 食用农产品生产者应当按照食品安全标准和国家有关规定使用农药、肥料、兽药、饲料和饲料添加剂等农业投入品，严格执行农业投入品使用安全间隔期或者休药期的规定，不得使用国家明令禁止的农业投入品。禁止将剧毒、高毒农药用于蔬菜、瓜果、茶叶和中草药材等国家规定的农作物。

食用农产品的生产企业和农民专业合作经济组织应当建立农业投入品使用记录制度。

县级以上人民政府农业行政部门应当加强对农业投入品使用的监督管理和指导，建立健全农业投入品安全使用制度。

第五十条　食品生产者采购食品原料、食品添加剂、食品相关产品，应当查验供货者的许可证和产品合格证明；对无法提供合格证明的食品原料，应当按照食品安全标准进行检验；不得采购或者使用不符合食品安全标准的食品原料、食品添加剂、食品相关产品。

食品生产企业应当建立食品原料、食品添加剂、食品相关产品进货查验记录制度，如实记录食品原料、食品添加剂、食品相关产品的名称、规格、数量、生产日期或者生产批号、保质期、进货日期以及供货者名称、地址、联系方式等内容，并保存相关凭证。记录和凭证保存期限不得少于产品保质期满后六个月；没有明确保质期的，保存期限不得少于二年。

第五十一条　食品生产企业应当建立食品出厂检验记录制度，查验出厂食品的检验合格证和安全状况，如实记录食品的名称、规格、数量、生产日期或者生产批号、保质期、检验合格证号、销售日期以及购货者名称、地址、联系方式等内容，并保存相关凭证。记录和凭证保存期限应当符合本法第五十条第二款的规定。

第五十二条　食品、食品添加剂、食品相关产品的生产者，应当按照食品安全标准对所生产的食品、食品添加剂、食品相关产品进行检验，检验合格后方可出厂或者销售。

为配合《食品安全法》的实施，2016 年 2 月新修订了《中华人民共和国食品安全法实施条例》，其中对《食品安全法》中对食品生产企业的要求做了进一步解释和细化。

第二节　《农产品质量安全法》涉及生产企业法律条款

食品的生产原料绝大部分来源于农产品，广义的食品也包含可食用的农产品，农产品质量直接关系到最终食品的安全，也关系到食用者的健康，《中华人民共和国农产品质量安全法》对农产品生产的要求主要集中在第四章农产品生产和第五章农产品包装和标识中，现将有关条款摘录如下：

第二十四条　农产品生产企业和农民专业合作经济组织应当建立农产品生产记录，如实记载下列事项：

（一）使用农业投入品的名称、来源、用法、用量和使用、停用的日期；

（二）动物疫病、植物病虫草害的发生和防治情况；

（三）收获、屠宰或者捕捞的日期。

农产品生产记录应当保存二年。禁止伪造农产品生产记录。

国家鼓励其他农产品生产者建立农产品生产记录。

第二十五条　农产品生产者应当按照法律、行政法规和国务院农业行政主管部门的规定，合理使用农业投入品，严格执行农业投入品使用安全间隔期或者休药期的规定，防止危及农产品质量安全。

禁止在农产品生产过程中使用国家明令禁止使用的农业投入品。

第二十六条　农产品生产企业和农民专业合作经济组织，应当自行或者委托检测机构对农产品质量安全状况进行检测；经检测不符合农产品质量安全标准的农产品，不得销售。

第二十七条　农民专业合作经济组织和农产品行业协会对其成员应当及时提供生产技术服务，建立农产品质量安全管理制度，健全农产品质量安全控制体系，加强自律管理。

第二十八条　农产品生产企业、农民专业合作经济组织以及从事农产品收购的单位或者个人销售的农产品，按照规定应当包装或者附加标识的，须经包装或者附加标识后方可销售。包装物或者标识上应当按照规定标明产品的品名、产地、生产者、生产日期、保质期、产品质量等级等内容；使用添加剂的，还应当按照规定标明添加剂的名称。具体办法由国务院农业行政主管部门制定。

第二十九条 农产品在包装、保鲜、贮存、运输中所使用的保鲜剂、防腐剂、添加剂等材料，应当符合国家有关强制性的技术规范。

第三十条 属于农业转基因生物的农产品，应当按照农业转基因生物安全管理的有关规定进行标识。

第三十一条 依法需要实施检疫的动植物及其产品，应当附具检疫合格标志、检疫合格证明。

第三十二条 销售的农产品必须符合农产品质量安全标准，生产者可以申请使用无公害农产品标志。农产品质量符合国家规定的有关优质农产品标准的，生产者可以申请使用相应的农产品质量标志。禁止冒用前款规定的农产品质量标志。

【参考文献】

[1]中华人民共和国主席令第二十一号.中华人民共和国食品安全法[Z].2015-10-01.

[2]国家食品药品监督管理总局.食品生产经营风险分级管理办法[Z].2016-09-05.

[3]中华人民共和国主席令第四十九号.中华人民共和国农产品质量安全法[Z].2006-11-01.

[4]中华人民共和国国务院令第557号.中华人民共和国食品安全法实施条例[Z].2009-07-08.

[5]国家食品药品监督管理总局.食品召回管理办法[Z].2015-31-11.

第二部分

食品、农产品生产相关认证

“认证”一词的英文原意是一种出具证明文件的行动。按照国际标准化组织(International Organization for Standardization，ISO)和国际电工委员会(International Electrotechnical Commission，IEC)的定义，认证是指由国家认可的认证机构证明一个组织的产品、服务、管理体系符合相关标准、技术规范(technical specifications，TS)或其强制性要求的合格评定活动。

认证按强制程度分为自愿性认证和强制性认证两种，按认证对象分为体系认证和产品认证。

认证活动必须公开、公正、公平才能有效。第三方必须有绝对的权力和威信，必须独立于第一方(被认证的单位)和第二方(客户)，必须与第一方和第二方没有经济上的利害关系，才能获得双方的充分信任。由在国家注册并认可的组织机构去担任这样的第三方，这样的组织机构就叫作“注册认证机构”。

目前，国内食品、农产品生产相关认证或类似认证的主要有食品生产许可证、危害分析与关键控制点(hazard analysis and critical control point，HACCP)、良好生产规范、无公害农产品、有机食品、绿色食品等。其中食品生产许可证制度并不是真正的认证，食品生产许可证是所有食品生产企业必须取得的，是一种食品质量安全市场准入制度，是一种行政许可事项，具有强制性，不同于其他认证的自愿性。但由于食品生产许可的申请流程类似其他认证体系，一些企业咨询公司也习惯把食品生产许可证制度说成是“认证”。

第三章

食品生产许可证(SC)

第一节　食品生产许可证概述及意义

一、食品生产许可证概述

随着《食品安全法》的实施，食品监管机构的整合和转换，新的《食品生产许可管理办法》(国家食品药品监督管理总局令第 16 号)于 2015 年 10 月 1 日起施行，新的食品生产许可证(SC)取代了原有的食品生产许可证(QS)。发证和监管机构由原来的质监机构变换为食品药品监督机构，国家食品药品监督管理总局配套出台了一系列的指导性文件。目前，新的食品生产许可证由正本、副本及食品生产许可品种明细三部分组成。食品生产许可证的样式如图 3-1、图 3-2 所示。

食品生产许可证

生产者名称：

社会信用代码：
(身份证号码)

法定代表人(负责人)：

住所：

生产地址：

食品类别：

有效期至　年　月　日

许可证编号：

日常监督管理机构：

日常监督管理人员：

投诉举报电话：12331

发证机关：

签发人：

年　月　日

图 3-1　食品生产许可证正本(正面)

食品生产许可证

(副本)

生产者名称：

社会信用代码：
(身份证号码)

法定代表人(负责人)：

住所：

生产地址：

食品类别：

有效期至　年　月　日

说明

许可证编号：

日常监督管理机构：

日常监督管理人员：

投诉举报电话：12331

发证机关：

签发人：

年　月　日

图 3-2　食品生产许可证正本(背面)

食品生产许可证分为正本、副本，两者具有同等法律效力。食品生产许可证正本载明生产者名称、社会信用代码(个体生产者为身份证号码)、法定代表人(负责人)、住所、生产地址、食品类别、许可证编号、有效期、日常监督管理机构、日常监督管理人员、投诉举报电话、发证机关、签发人、发证日期和二维码。许可证副本载明食品明细和外设仓库(包括自有和租赁)具体地址。生产保健食品、特殊医学用途配方食品、婴幼儿配方食品的，还应当载明产品注册批准文号或者备案登记号；接受委托生产保健食品的，还应当载明委托企业名称及住所等相关信息。

食品生产许可证编号由SC（“生产”的汉语拼音首字母）和14位阿拉伯数字组成。数字从左至右依次为：3位食品类别编码、2位省（自治区、直辖市）代码、2位市（地）代码、2位县（区）代码、4位顺序码、1位校验码。

食品生产许可证编码有以下特性：

（1）属地性。食品生产许可证编号坚持“属地编码”原则，第4位至第9位数字组合表示获证生产者的具体生产地址所在地县级行政区划代码，涉及两个及以上县级行政区划生产地址的，第8、9位代码可任选一个生产地址所在县级行政区划代码加以标识。

（2）唯一性。食品生产许可证编号在全国范围内是唯一的，任何一个从事食品、食品添加剂生产活动的生产者只能拥有一个许可证编号，任何一个许可证编号只能赋给一个生产者。

（3）不变性。生产者在从事食品、食品添加剂生产活动存续期间，许可证编号保持不变。

（4）永久性。食品生产许可证注销后，该许可证编号不再赋给其他生产者。

二、实行食品生产许可的意义

食品生产许可是食品质量安全市场准入制度的体现。根据食品质量达到安全标准所必须满足的基本要求，从原材料、生产设备、工艺流程、检验设备与能力等多方面制定了严格、具体的要求，只有同时满足这些要求的企业才允许生产食品，检验合格后进入市场。实行食品生产许可证制度在当今食品安全形势严峻的条件下对保障食品安全的意义重大。

（1）对食品生产企业实施生产许可证制度。凡具备生产条件且能够保证食品质量安全的企业经现场核查后颁发食品生产许可证，准予生产，否则将不准生产食品。这从源头上保证了食品生产企业能生产出质量安全的食品。

（2）对企业生产的食品实施强制检验制度。未经检验或检验不合格的食品不准出厂销售，对于不具备自检条件的生产企业强令实行委托检验，这有利于把住产品出厂质量关。

（3）对实施生产许可证制度的产品实行市场准入标志制度。对检验合格的食品要加贴SC编号，没有这个标志的食品不准进入市场销售。这样有利于群众和执法部门识别和监督。

对食品生产企业来说，食品生产许可证是生产食品的前提条件。取得食品生产许可证对食品生产企业具有以下好处：

（1）获得入市资格。取得食品生产许可证是产品进入市场的通行证。

（2）规范食品生产。依照产品良好生产操作规程规范产品的生产过程。

（3）提高产品质量。通过质量体系的建立和有效运行，对产品生产实现全过程质量控制，减少质量波动，减少不合格品，从而有效地保证产品质量，提高产品质量的稳定性。

（4）提高管理水平。规范化管理，对每一项生产活动实施控制。

（5）降低成本。通过管理体系文件的制定，规范每一位员工的行为，科学、合理地运用资源，减少返工，降低成本，进而提高企业的效益。

第二节　申请食品生产许可证范围

到目前为止，所有经过加工的食品且生产地址在国内的产品都必须申请生产许可证，获得食品生产许可证为开办食品生产企业必需的条件。按照2016年发布的《食品生产许可分类目录》，共有32大类食品纳入食品生产许可证(SC)管理，具体产品类别如下：

(1)粮食加工品：小麦粉、大米、挂面、其他粮食加工品[谷物加工品(分装)、谷物碾磨加工品(分装)、谷物粉类制成品]。

(2)食用油、油脂及其制品：食用植物油、食用油脂制品[食用氢化油、人造奶油(人造黄油)、起酥油、代可可脂]、食用动物油脂(猪油、牛油、羊油)。

(3)调味品：酱油、食醋、味精、酱类、调味料产品。

(4)肉制品：热加工熟肉制品、发酵肉制品、预制调理肉制品、腌腊肉制品。

(5)乳制品：液体乳、乳粉、其他乳制品。

(6)饮料：瓶(桶)装饮用水类(饮用天然矿泉水、饮用纯净水、其他饮用水)、碳酸饮料(汽水)类、茶饮料类、果汁及蔬菜汁类、蛋白饮料类、固体饮料类、其他饮料类。

(7)方便食品：方便面、其他方便食品、调味面制品。

(8)饼干。

(9)罐头：畜禽水产罐头、果蔬罐头、其他罐头。

(10)冷冻饮品：冰激凌、雪糕、雪泥、冰棍、食用冰、甜味冰。

(11)速冻食品：速冻面米食品(生制品、熟制品)、速冻调制食品、速冻其他食品(速冻肉制品、速冻果蔬制品、速冻其他类制品)。

(12)薯类和膨化食品：膨化食品、薯类食品。

(13)糖果制品(含巧克力及制品)：糖果、巧克力及巧克力制品、代可可脂巧克力及代可可脂巧克力制品、果冻。

(14)茶叶及相关制品：茶叶、边销茶、茶制品、调味茶和代用茶。

(15)酒类：白酒、葡萄酒及果酒、啤酒、黄酒、其他酒。

(16)蔬菜制品：酱腌菜、蔬菜干制品(自然干制蔬菜、热风干燥蔬菜、冷冻干燥蔬菜、蔬菜脆片、蔬菜粉及制品)、食用菌制品(干制食用菌、腌渍食用菌)、其他蔬菜制品。

(17)水果制品：蜜饯、水果制品(水果干制品、果酱)。

(18)炒货食品及坚果制品：烘炒类、油炸类、其他类。

(19)蛋制品：再制蛋类、干蛋类、冰蛋类、其他类。

(20)可可及焙烤咖啡产品：可可制品、焙炒咖啡。

(21)食糖：白砂糖、绵白糖、赤砂糖、冰糖、方糖、冰片糖等。

(22)水产制品：非即食类水产品(干制水产品、盐渍水产品、鱼糜制品、水生动物油脂及制品、其他水产品)、即食类水产品(水产调味品、生食水产品)。

(23)淀粉及淀粉制品、淀粉糖(葡萄糖、饴糖、麦芽糖、异构化糖等)。

(24)糕点：热加工糕点、冷加工糕点、食品馅料。

(25)豆制品：发酵性豆制品、非发酵性豆制品、其他豆制品。

(26)蜂产品:蜂蜜、蜂王浆(含蜂王浆冻干品)、蜂花粉、蜂产品制品。

(27)保健食品。

(28)特殊医学用途配方食品、特殊医学用途婴儿配方食品。

(29)婴幼儿配方食品:婴幼儿配方乳粉。

(30)婴幼儿谷类辅助食品、婴幼儿罐装辅助食品、其他特殊膳食食品。

(31)其他食品。

(32)食品添加剂、食品用香精、复配食品添加剂。

第三节　食品企业申请生产许可证需要满足的条件

食品生产加工企业需要满足一定的硬件和软件条件,才能保证生产出合格的产品。食品生产加工企业申请生产许可证要满足的一般条件如下:

(1)食品生产加工企业应当符合法律、行政法规及国家有关政策规定的企业设立条件,已取得营业执照和企业代码证书(不需办理代码证书的除外)。

(2)食品生产加工企业必须具备保证产品质量安全的环境条件。

(3)食品生产加工企业必须具备保证产品质量安全的生产设备、工艺装备和相关辅助设备,具备与保证产品质量安全相适应的原料处理、加工、储存等厂房或者场所。以辐射加工技术等特殊工艺设备生产食品的,还应当符合计量等有关法规、规章规定的条件。

(4)食品加工工艺流程应当科学、合理,生产加工过程应当严格、规范,防止生物性、化学性、物理性污染以及防止生食品与熟食品,原料与半成品、成品,陈旧食品与新鲜食品等的交叉感染。

(5)食品生产加工企业生产食品所用的原材料、添加剂等应当符合国家有关规定。不得使用非食用性原辅材料加工食品。

(6)食品生产加工企业必须按照有效的产品标准组织生产。食品质量安全必须符合法律法规和相应的强制性标准要求,无强制性标准规定的,应当符合企业明示采用的标准要求。

(7)食品生产加工企业负责人和主要管理人员应当了解与食品质量安全相关的法律法规知识;食品生产加工企业必须具有与食品生产相适应的专业技术人员、熟练技术工人和质量工作人员。从事食品生产加工的人员必须身体健康、无传染性疾病和影响食品质量安全的其他疾病。

(8)食品生产加工企业应当具有与所生产产品相适应的质量检验和计量检测手段。企业应当具备产品出厂检验能力,检验、检测仪器必须经计量检定合格后方可使用。不具备出厂检验能力的企业,委托具有法定资格的检验机构进行委托检验。

(9)食品生产加工企业应当在生产的全过程建立标准体系,实行标准化管理,建立健全企业质量管理体系,实施从原材料采购、产品出厂检验到售后服务全过程的质量管理,建立岗位质量责任制,加强质量考核,严格实施质量否决权。

(10)用于食品包装的材料必须清洁,对食品无污染。食品的包装和标签必须符合相应的规定和要求。裸装食品在其出厂的大包装上能够标注使用标签的,应当予以标注。

(11)储存、运输和装卸食品的容器、包装、工具、设备必须安全,保持清洁,对食品无污染。

(12)符合各类食品审查细则的具体要求。

第四节 企业申请食品生产许可需要准备的材料

根据2015年8月31日国家食品药品监督管理总局发布的《食品生产许可管理办法》的规定,企业申请食品生产许可时,应当先行取得营业执照等合法主体资格,按照《食品生产许可分类目录》中的食品类别向所在地县级以上人民政府食品药品监管部门提出,并提交下列材料:

(1)食品生产许可申请书。

(2)营业执照复印件。

(3)食品生产加工场所及其周围环境平面图和生产加工各功能区间布局平面图;工艺设备布局图、食品生产工艺流程图。

(4)食品生产设备、设施清单。

(5)进货查验记录、生产过程控制、出厂检验记录、食品安全自查、从业人员健康管理、不安全食品召回、食品安全事故处置等保证食品安全的规章制度。

申请人委托他人办理食品生产许可申请的,代理人应当提交授权委托书以及代理人的身份证明文件。

申请保健食品、特殊医学用途配方食品、婴幼儿配方食品的生产许可,还应当提交与所生产食品相适应的生产质量管理体系文件以及相关注册和备案文件。

食品生产许可申请书包含内容如下:申请人陈述;申请人基本条件和申请生产食品情况表;申请人治理结构;申请人生产加工场所有关情况;申请人有权使用的主要生产设备设施一览表;申请人有权使用的主要检测仪器设备一览表;申请人具有的主要管理人员和技术人员一览表;申请人各项质量安全管理制度清单及其文本。

以上所要求提供的材料,除了按照企业实际情况填写规定的表格外,企业要根据本企业实际运作编写企业质量管理文件和各项质量安全管理制度。这是申报材料的重点,也是资料审查的重点。

第五节 食品生产许可证的申请流程

一、申请阶段

从事食品生产加工的企业(含个体经营者),应按规定程序获取生产许可证。新建和新转产的食品企业,应当及时向食品药品监督部门申请食品生产许可证。省级、市(地)级食品药品监督部门在接到企业申请材料后,在5个工作日内组成审查组,完成对申请书和资料等文件的审查。企业材料符合要求后,发给《食品生产许可证受理通知书》。

企业申报材料不符合要求的,企业从接到食品药品监督部门的通知起,在5个工作日内补正,逾期未补正的,视为撤回申请。

许可机关决定不予受理的,出具《不予受理决定书》,并说明理由。申请人享有申请行政复议或提起行政诉讼的权利。

二、审查和发证阶段

企业的书面材料合格后，按照食品生产许可证审查规则，在 20 个工作日内对需要进行核实的申请事项做出准予许可或者不予许可决定。企业要接受审查组对企业必备条件和出厂检验能力的现场核查。现场核查合格的企业，由审查组现场抽封样品。现场核查应当自接到核查任务之日起 10 个工作日内完成。

符合发证条件的企业，食品药品监督管理部门在 10 个工作日内审核批准。食品生产许可证的有效期为 5 年。

申请食品添加剂生产许可符合条件的，由申请人所在地县级以上地方食品药品监督管理部门依法颁发食品生产许可证，并标注食品添加剂。

食品生产者应当在生产场所的显著位置悬挂或者摆放食品生产许可证正本。

第六节　食品生产许可证的其他事项

一、延　续

在食品生产许可证有效期满前 30 日内，企业应向做出行政许可决定的行政机关提出换证申请。申请换证企业除了不需要提供产品检验合格证明材料外，需提交资料和初次申请要求提供的材料一致。

二、变　更

现有工艺设备布局和工艺流程、主要生产设备设施、食品类别等事项发生变化，需要变更食品生产许可证载明的许可事项的，食品生产者应当在变化后 10 个工作日内向原发证的食品药品监督管理部门提出变更申请。

生产场所迁出原发证的食品药品监督管理部门管辖范围的，应当重新申请食品生产许可。食品生产许可证副本载明的同一食品类别内的事项、外设仓库地址发生变化的，食品生产者应当在变化后 10 个工作日内向原发证的食品药品监督管理部门报告。

申请变更食品生产许可的，应当提交下列申请材料：

(1)食品生产许可变更申请书；

(2)食品生产许可证正本、副本；

(3)与变更食品生产许可事项有关的其他材料。

三、补　办

食品生产许可证遗失、损坏的，应当向原发证的食品药品监督管理部门申请补办。食品生产许可证补领申请资料如下：

(1)食品生产许可证补办申请书。

(2)食品生产许可证遗失的，申请人应当提交在县级以上地方食品药品监督管理部门网站或者其他县级以上主要媒体上刊登的遗失公告；食品生产许可证损坏的，应当提交损坏的食品生产许可证原件。

四、注　销

食品生产者终止食品生产，食品生产许可被撤回、撤销或者食品生产许可证被吊销的，应当在30个工作日内向原发证的食品药品监督管理部门申请办理注销手续。注销申请资料如下：

(1)食品生产许可注销申请书；

(2)食品生产许可证正本、副本；

(3)与注销食品生产许可有关的其他材料。

有以下情形，原发证的食品药品监督管理部门应当依法办理食品生产许可注销手续：

(1)食品生产许可有效期届满未申请延续的；

(2)食品生产者主体资格依法终止的；

(3)食品生产许可依法被撤回、撤销或者食品生产许可证依法被吊销的；

(4)因不可抗力导致食品生产许可事项无法实施的；

(5)法律法规规定的应当注销食品生产许可的其他情形。

食品生产许可被注销的，许可证编号不得再次使用。

第七节　食品生产许可审查

《食品生产许可审查通则》规定，食品生产许可审查主要包括申请材料审查和现场核查。

一、食品生产许可文件审查

材料审查主要是对申请人提交的申请材料的完整性、规范性、符合性进行审查。完整性是指申请人按照《食品生产许可管理办法》等要求提交相应材料的种类齐全、内容完整、份数符合地方管理部门规定。规范性是指申请人填写的内容、格式符合国家规定的内容、格式要求。符合性审查是审查申请材料中的有关内容如身份证、营业执照等与原件是否保持一致。《食品生产许可审查通则》规定，申请书应当使用钢笔、签字笔填写或打印，字迹应当清晰、工整，修改处应当签名并加盖申请人公章；申请人名称、法定代表人或负责人、社会信用代码或营业执照注册号、住所等填写内容应当与营业执照一致，所申请生产许可的食品类别应当在营业执照载明的经营范围内，且营业执照在有效期限内。申证产品的类别编号、类别名称及品种明细应当按照《食品生产许可分类目录》填写。

审查申请资料主要内容如下：

(1)审查食品安全管理制度。审查组依据法律法规规定，审查申请人制定的组织生产食品的各项质量安全管理制度是否完备，文本内容是否符合要求。

(2)审查岗位责任制度。审查申请人制定的专业技术人员、管理人员岗位分工是否与生产相适应，岗位职责文本内容、说明等对相关人员专业、经历等要求是否明确。

(3)必要时审查申请材料可以与现场核查结合进行。

二、实施现场核查的内容

现场核查主要是对申请材料与实际状况的一致性、合规性进行核查。一致性主要指申请人提交的材料与现场一致。合规性主要指生产场所、设备设施、设备布局与工艺流程、人员管理、管理制度及其执行情况，以及按规定需要查验的试制产品检验合格报告符合有关规定和要求。

由食品药品监督管理机关委派审核人员对食品生产企业进行核查，一般核查的时间为1d，按照现场核查评分表，对照企业的实际情况进行评价。现场核查主要核查申请人生产现场实际具备的条件与申请材料的一致性，以及与申请生产的食品相关的卫生规范、条件及审查细则要求的合规性。

核查组织部门根据申请生产食品品种类别和审查工作量，确定核查组长、成员及观察员。新修订的《食品生产许可审查通则》中增加了食品安全监管部门派监管人员作为观察员参与现场核查工作的规定。目前，核查人员可能不是各级食品安全监管部门的监管人员，因此有必要派观察员参与现场核查工作，以便于了解和掌握申请人的基本情况和核查情况，为日后对获证企业监管提供支持。同时，观察员参与现场核查，也是对现场核查实行监控、规范核查工作、提高核查质量、降低核查风险的重要手段。

核查组拟订开展核查的时间，熟悉需要核查的申请材料，与申请人沟通，形成核查计划，报告审查组织部门确定。核查组织部门通知申请人，告知需要配合的事项。现场核查的内容如下：

(1)在生产场所方面，核查申请人提交的材料内容是否与现场一致，其生产场所周边和厂区环境、布局和各功能区划分、厂房及生产车间相关材质等是否符合有关规定和要求。

(2)在设备设施方面，核查申请人提交的生产设备设施清单内容是否与现场一致，生产设备设施材质、性能等是否符合规定并满足生产需要；申请人自行对原辅料及出厂产品进行检验的，是否具备审查细则规定的检验设备设施，性能和精度是否满足检验需要。

(3)在设备布局与工艺流程方面，核查申请人提交的设备布局图和工艺流程图是否与现场一致，设备布局、工艺流程是否符合规定要求，并能防止交叉污染。实施复配食品添加剂现场核查时，核查组应当依据有关规定，根据复配食品添加剂品种特点，核查复配食品添加剂配方组成、有害物质及致病菌是否符合食品安全国家标准。

(4)在人员管理方面，核查申请人是否配备申请材料所列明的食品安全管理人员及专业技术人员；是否建立生产相关岗位的培训及从业人员健康管理制度；从事接触直接入口食品工作的食品生产人员是否取得健康证明。

(5)在管理制度方面，核查申请人的进货查验记录、生产过程控制、出厂检验记录、食品安全自查、不安全食品召回、不合格品管理、食品安全事故处置及审查细则规定的其他保证食品安全的管理制度是否齐全，内容是否符合法律法规等相关规定。

(6)在试制产品检验合格报告方面，根据食品、食品添加剂所执行的食品安全标准和产品标准及细则规定，核查试制食品检验项目和结果是否符合标准及相关规定。

食品生产许可现场核查项目、核查内容、评分标准详见表3-1。食品生产企业可以对照此表进行自查，以找出企业的不足，提前做好准备。

表 3-1　食品、食品添加剂生产许可现场核查评分表

一、生产场所(共 24 分)

序号	核查项目	核查内容	评分标准	分值
1.1	厂区要求	1. 保持生产场所环境整洁,周围无虫害大量孳生的潜在场所,无有害废弃物以及粉尘、有害气体、放射性物质和其他扩散性污染源。各类污染源难以避开时应当有必要的防范措施,能有效清除污染源造成的影响	符合规定要求	3
			有污染源防范措施,但个别防范措施效果不明显	1
			无污染源防范措施,或者污染源防范措施无明显效果	0
		2. 厂区布局合理,各功能区划分明显。生活区与生产区保持适当距离或分隔,防止交叉污染	符合规定要求	3
			厂区布局基本合理,生活区与生产区相距较近或分隔不彻底	1
			厂区布局不合理,或者生活区与生产区紧邻且未分隔,或者存在交叉污染	0
		3. 厂区道路应当采用硬质材料铺设,厂区无扬尘或积水现象。厂区绿化应当与生产车间保持适当距离,植被应当定期维护,防止虫害孳生	符合规定要求	3
			厂区环境略有不足	1
			厂区环境不符合规定要求	0
1.2	厂房和车间	1. 应当具有与生产的产品品种、数量相适应的厂房和车间,并根据生产工艺及清洁程度的要求合理布局和划分作业区,避免交叉污染;厂房内设置的检验室应当与生产区域分隔	符合规定要求	3
			个别作业区布局和划分不太合理	1
			厂房面积与空间不满足生产需求,或者各作业区布局和划分不合理,或者检验室未与生产区域分隔	0
		2. 车间保持清洁,顶棚、墙壁和地面应当采用无毒、无味、防渗透、防霉、不易破损脱落的材料建造,易于清洁;顶棚在结构上不利于冷凝水垂直滴落,裸露食品上方的管路应当有防止灰尘散落及水滴掉落的措施;门窗应当闭合严密,不透水、不变形,并有防止虫害侵入的措施	符合规定要求	3
			车间清洁程度以及顶棚、墙壁、地面和门窗或者相关防护措施略有不足	1
			严重不符合规定要求	0

续表

序号	核查项目	核查内容	评分标准	分值
1.3	库房要求	1.库房整洁,地面平整,易于维护、清洁,防止虫害侵入和藏匿。必要时库房应当设置相适应的温度、湿度控制等设施	符合规定要求	3
			库房整洁程度或者相关设施略有不足	1
			严重不符合规定要求	0
		2.原辅料、半成品、成品等物料应当依据性质的不同分设库房或分区存放。清洁剂、消毒剂、杀虫剂、润滑剂、燃料等物料应当与原辅料、半成品、成品等物料分隔放置。库房内的物料应当与墙壁、地面保持适当距离,并明确标识,防止交叉污染	符合规定要求	3
			物料存放或标识略有不足	1
			原辅料、半成品、成品等与清洁剂、消毒剂、杀虫剂、润滑剂、燃料等物料未分隔存放;物料无标识或标识混乱	0
		3.有外设仓库的,应当承诺外设仓库符合1.3.1、1.3.2条款的要求,并提供相关影像资料	符合规定要求	3
			承诺材料或影像资料略不完整	1
			未提交承诺材料或影像资料,或者影像资料存在严重不足	0

二、设备设施(共33分)

序号	核查项目	核查内容	评分标准	分值
2.1	生产设备	1.应当配备与生产的产品品种、数量相适应的生产设备,设备的性能和精度应当满足生产加工的要求	符合规定要求	3
			个别设备的性能和精度略有不足	1
			生产设备不满足生产加工要求	0
		2.生产设备清洁卫生;直接接触食品的设备、工器具材质应当无毒、无味、抗腐蚀、不易脱落,表面光滑、无吸收性,易于清洁保养和消毒	符合规定要求	3
			设备清洁卫生程度或者设备材质略有不足	1
			严重不符合规定要求	0
2.2	供排水设施	1.食品加工用水的水质应当符合GB 5749的规定,有特殊要求的应当符合相应规定。食品加工用水与其他不与食品接触的用水应当以完全分离的管路输送,避免交叉污染,各管路系统应当明确标识以便区分	符合规定要求	3
			供水管路标识略有不足	1
			食品加工用水的水质不符合规定要求,或者供水管路无标识或标识混乱,或者供水管路存在交叉污染	0
		2.室内排水应当由清洁程度高的区域流向清洁程度低的区域,且有防止逆流的措施。排水系统出入口设计合理并有防止污染和虫害侵入的措施	符合规定要求	3
			相关防护措施略有不足	1
			室内排水流向不符合要求,或者相关防护措施严重不足	0

续表

序号	核查项目	核查内容	评分标准	分值
2.3	清洁消毒设施	应当配备相应的食品、工器具和设备的清洁设施，必要时配备相应的消毒设施。清洁、消毒方式应当避免对食品造成交叉污染，使用的洗涤剂、消毒剂应当符合相关规定要求	符合规定要求	3
			清洁消毒设施略有不足	1
			清洁消毒设施严重不足，或者清洁消毒的方式、用品不符合规定要求	0
2.4	废弃物存放设施	应当配备设计合理、防止渗漏、易于清洁的存放废弃物的专用设施。车间内存放废弃物的设施和容器应当标识清晰，不得与盛装原辅料、半成品、成品的容器混用	符合规定要求	3
			废弃物存放设施及标识略有不足	1
			废弃物存放设施设计不合理，或者与盛装原辅料、半成品、成品的容器混用	0
2.5	个人卫生设施	生产场所或车间入口处应当设置更衣室，更衣室应当保证工作服与个人服装及其他物品分开放置；车间入口及车间内必要处，应当按需设置换鞋(穿戴鞋套)设施或鞋靴消毒设施；清洁作业区入口应当设置与生产加工人员数量相匹配的非手动式洗手、干手和消毒设施。卫生间不得与生产、包装或储存等区域直接连通	符合规定要求	3
			个人卫生设施略有不足	1
			个人卫生设施严重不符合规范要求，或者卫生间与生产、包装、储存等区域直接连通	0
2.6	通风设施	应当配备适宜的通风、排气设施，避免空气从清洁程度要求低的作业区域流向清洁程度要求高的作业区域；合理设置进气口位置，必要时应当安装空气过滤净化或除尘设施。通风设施应当易于清洁、维修或更换，并能防止虫害侵入	符合规定要求	3
			通风设施略有不足	1
			通风设施严重不足，或者不能满足必要的空气过滤净化、除尘、防止虫害侵入的需求	0
2.7	照明设施	厂房内应当有充足的自然采光或人工照明，光泽和亮度应能满足生产和操作需要，光源应能使物料呈现真实的颜色。在暴露食品和原辅料正上方的照明设施应当使用安全型或有防护措施的照明设施；如需要，还应当配备应急照明设施	符合规定要求	3
			照明设施或者防护措施略有不足	1
			照明设施或者防护措施严重不足	0
2.8	温控设施	应当根据生产的需要，配备适宜的加热、冷却、冷冻以及用于监测温度和控制室温的设施	符合规定要求	3
			温控设施略有不足	1
			温控设施严重不足	0
2.9	检验设备设施	自行检验的，应当具备与所检项目相适应的检验室和检验设备。检验室应当布局合理，检验设备的数量、性能、精度应当满足相应的检验需求	符合规定要求	3
			检验室布局略不合理，或者检验设备性能略有不足	1
			检验室布局不合理，或者检验设备数量、性能、精度不能满足检验需求	0

三、设备布局和工艺流程(共9分)

<table>
<tr><th>序号</th><th>核查项目</th><th>核查内容</th><th>评分标准</th><th>分值</th></tr>
<tr><td rowspan="3">3.1</td><td rowspan="3">设备布局</td><td rowspan="3">生产设备应当按照工艺流程有序排列,合理布局,便于清洁、消毒和维护,避免交叉污染</td><td>符合规定要求</td><td>3</td></tr>
<tr><td>个别设备布局不合理</td><td>1</td></tr>
<tr><td>设备布局存在交叉污染</td><td>0</td></tr>
<tr><td rowspan="6">3.2</td><td rowspan="6">工艺流程</td><td rowspan="3">1.应当具备合理的生产工艺流程,防止生产过程中造成交叉污染。工艺流程应当与产品执行标准相适应。执行企业标准的,应当依法备案</td><td>符合规定要求</td><td>3</td></tr>
<tr><td>个别工艺流程略有交叉,或者略不符合产品执行标准的规定</td><td>1</td></tr>
<tr><td>工艺流程存在交叉污染,或者不符合产品执行标准的规定,或者企业标准未依法备案</td><td>0</td></tr>
<tr><td rowspan="3">2.应当制定所需的产品配方、工艺规程、作业指导书等工艺文件,明确生产过程中的食品安全关键环节。复配食品添加剂的产品配方、有害物质、致病性微生物等的控制要求应当符合食品安全标准的规定</td><td>符合规定要求</td><td>3</td></tr>
<tr><td>工艺文件略有不足</td><td>1</td></tr>
<tr><td>工艺文件严重不足,或者复配食品添加剂的相关控制要求不符合食品安全标准的规定</td><td>0</td></tr>
</table>

四、人员管理(共9分)

<table>
<tr><th>序号</th><th>核查项目</th><th>核查内容</th><th>评分标准</th><th>分值</th></tr>
<tr><td rowspan="3">4.1</td><td rowspan="3">人员要求</td><td rowspan="3">应当配备食品安全管理人员和食品安全专业技术人员,明确其职责。人员要求应当符合有关规定</td><td>符合规定要求</td><td>3</td></tr>
<tr><td>人员职责不太明确</td><td>1</td></tr>
<tr><td>相关人员配备不足,或者人员要求不符合规定</td><td>0</td></tr>
<tr><td rowspan="3">4.2</td><td rowspan="3">人员培训</td><td rowspan="3">应当制订职工培训计划,开展食品安全知识及卫生培训。食品安全管理人员上岗前应当经过培训,并考核合格</td><td>符合规定要求</td><td>3</td></tr>
<tr><td>培训计划及计划执行略有不足</td><td>1</td></tr>
<tr><td>无培训计划,或者已上岗的相关人员未经培训或考核不合格</td><td>0</td></tr>
<tr><td rowspan="3">4.3</td><td rowspan="3">人员健康管理制度</td><td rowspan="3">应当建立从业人员健康管理制度,明确患有国务院卫生行政部门规定的有碍食品安全疾病的或有明显皮肤损伤未愈合的人员,不得从事接触直接入口食品的工作。从事接触直接入口食品工作的食品生产人员应当每年进行健康检查,取得健康证明后方可上岗工作</td><td>符合规定要求</td><td>3</td></tr>
<tr><td>制度内容略有缺陷,或者个别人员未能提供健康证明</td><td>1</td></tr>
<tr><td>无制度,或者人员健康管理严重不足</td><td>0</td></tr>
</table>

五、管理制度(共24分)

序号	核查项目	核查内容	评分标准	分值
5.1	进货查验记录制度	应当建立进货查验记录制度，并规定采购原辅料时，应当查验供货者的许可证和产品合格证明，记录采购的原辅料名称、规格、数量、生产日期或者生产批号、保质期、进货日期以及供货者名称、地址、联系方式等信息，保存相关记录和凭证	符合规定要求	3
			制度内容略有不足	1
			无制度，或者制度内容严重不足	0
5.2	生产过程控制制度	应当建立生产过程控制制度，明确原料(如领料、投料等)控制、生产关键环节(如生产工序、设备管理、储存、包装等)控制、检验(如原料检验、半成品检验、成品出厂检验等)控制以及运输和交付控制的相关要求	符合规定要求	3
			个别制度内容略有不足	1
			无制度，或者制度内容严重不足	0
5.3	出厂检验记录制度	应当建立出厂检验记录制度，并规定食品出厂时，应当查验出厂食品的检验合格证和安全状况，记录食品的名称、规格、数量、生产日期或者生产批号、保质期、检验合格证号、销售日期以及购货者名称、地址、联系方式等信息，保存相关记录和凭证	符合规定要求	3
			制度内容略有不足	1
			无制度，或者制度内容严重不足	0
5.4	不安全食品召回制度及不合格品管理	1.应当建立不安全食品召回制度，并规定停止生产、召回和处置不安全食品的相关要求，记录召回和通知情况	符合规定要求	3
			制度内容略有不足	1
			无制度，或者制度内容严重不足	0
		2.应当规定生产过程中发现的原辅料、半成品、成品中不合格品的管理要求和处置措施	符合规定要求	3
			管理要求和处置措施略有不足	1
			无相关规定，或者管理要求和处置措施严重不足	0
5.5	食品安全自查制度	应当建立食品安全自查制度，并规定对食品安全状况定期进行检查评价，并根据评价结果采取相应的处理措施	符合规定要求	3
			制度内容略有不足	1
			无制度，或者制度内容严重不足	0
5.6	食品安全事故处置方案	应当建立食品安全事故处置方案，并规定食品安全事故处置措施及向相关食品安全监管部门和卫生行政部门报告的要求	符合规定要求	3
			方案内容略有不足	1
			无方案，或者方案内容严重不足	0
5.7	其他制度	应当按照相关法律法规、食品安全标准以及审查细则规定，建立其他保障食品安全的管理制度	符合规定要求	3
			个别制度内容略有不足	1
			无制度，或者制度内容严重不足	0

六、试制产品检验合格报告(共1分)

序号	核查项目	核查内容	评分标准	分值
6.1	试制产品检验合格报告	应当提交符合审查细则有关要求的试制产品检验合格报告	符合规定要求	1
			非食品安全标准规定的检验项目不全	0.5
			无检验合格报告，或者食品安全标准规定的检验项目不全	0

第八节　食品生产许可证申请流程

申请人的许可审查结果是经许可机关或其委托的技术审查机构审查后确定的。许可机关和技术审查机构统称为审查部门。许可审查结果是许可机关对申请人最终作出生产许可决定的依据，审查结果包括审查部门对申请人申请材料的审查结果、审查部门对申请人现场核查的核查结果。

首先，审查部门要对申请人的申请材料进行审查。审查部门对提交申请材料的完整性、规范性、符合性进行审查，要求申请人提交的申请材料种类齐全、内容完整、真实，符合法定形式和填写要求。审查部门对申请材料的种类、数量、内容、填写方式以及复印材料与原件的符合性等方面进行审查。申请材料经审查，不需要现场核查的，按规定程序由许可机关作出许可决定。

其次，审查部门根据需要对申请人进行现场核查。当前述申请材料的审查结果为需要现场核查的，或者许可机关决定需要现场核查的，审查部门应组成核查组，对申请人进行现场一致性、合规性核查。核查范围主要包括生产场所、设备设施、设备布局和工艺流程、人员管理、管理制度及其执行情况，以及按规定需要查验试制产品检验合格报告。核查组实施现场核查时，应依据《食品、食品添加剂生产许可现场核查评分记录表》中所列核查项目，采取核查现场、查阅记录、核对材料及询问相关人员等方法实施现场核查。核查结果按照项目得分进行判定，核查项目单项得分无0分项且总得分率≥85％的，该食品类别及品种明细判定为通过现场核查；核查项目单项得分有0分项或者总得分率＜85％的，该食品类别及品种明细判定为未通过现场核查。

最后，核查组应及时将《食品、食品添加剂生产许可核查材料清单》所列的许可相关材料上报审查部门。审查部门在规定时限内收集、汇总审查结果以及《食品、食品添加剂生产许可核查材料清单》所列的许可相关材料，并由许可机关根据申请材料审查和现场核查等情况，对符合条件的，作出准予生产许可的决定。对不符合条件的，应当及时作出不予许可的书面决定并说明理由，同时告知申请人依法享有申请行政复议或者提起行政诉讼的权利。

《食品生产许可审查通则》2016年版对产品的发证检验与上一版相比有所区别，即由食品生产企业自行找一家有资质的检测机构进行全项目的检测，而非由核查员抽样封样并由企业送到指定的检测机构进行检测。

第九节　企业核查整改的一般要求

企业对现场核查整改是对现场核查发现的不符合项的改正，是完成生产许可证申请的闭环工作。企业对不符合项的整改要高度重视，及时完成整改，并提供整改的证明材料。整改的注意事项如下：

(1)根据基本符合项条款顺序，逐条整改。

(2)每条整改后要附上证明材料。

(3)证明材料要能证明企业整改已达到要求。其中，文字材料，附上“更改前文字”“更改后文字”，图片材料应附上“整改前图片”“整改后图片”，以形成对照。作为整改证据的整改现场照片每一张图片中都要有区域标识和完整实物，标识不得与实物分离。

(4)有完整的整改总结报告。

【参考文献】

[1]国家食品药品监督管理总局.食品生产许可管理办法[Z].2015-10-01.

[2]国家食品药品监督管理总局.食品生产许可分类目录[Z].2016-01-22.

[3]国家食品药品监督管理总局.食品生产许可审查细则(2016版)[Z].2016-10-01.

[4]国家食品药品监督管理总局.食品生产许可审查通则[Z].2016-10-01.

第四章

危害分析与关键控制点(HACCP)

第一节　危害分析与关键控制点概述

危害分析与关键控制点(HACCP)是对可能发生在食品加工环节中的危害进行评估,进而采取控制的一种预防性食品安全控制体系。它通过对原料、各生产工序中影响产品安全的各种因素进行分析,对各种危害提出有针对性的预防措施,进而确定加工过程中的关键环节,在此基础上建立并完善监控程序和监控标准,采取有效的纠正措施,将危害降低到消费者可接受的水平,确保食品加工者为消费者提供更安全的食品。

作为一种与传统食品安全质量管理体系截然不同的食品安全保障模式,HACCP 的实施对保障食品安全具有广泛而深远的意义。使用了 HACCP 的管理系统最突出的优点是:使食品生产对最终产品的检验(即检验是否有不合格产品)转化为控制生产环节中潜在的危害(即预防不合格产品),同时应用最少的资源,做最有效的事情。

一般食品生产企业申请认证 HACCP 是企业的自愿行为。食品企业建立和实施 HACCP 体系可以提高食品安全和生产管理水平,同时还能达到宣传和推广的目的,为强制性的官方验证打下基础。以 HACCP 体系为基础的食品安全体系审核为第三方审核,由独立于企业、与企业无行政隶属及其他相关关系的认证组织进行。

传统的食品安全控制流程一般建立在生产过程中集中观察、最终产品的测试等方面,通过“望、闻、切”的方法去寻找潜在的危害,而不是采取预防的方式,因此存在很大的局限性。在通常情况下,在到达最终产品的检验环节,可能已有大量的不合格产品生产出来,这些产品最终只能销毁,代价十分高昂。

在 HACCP 体系原则指导下,食品安全被融入设计、生产过程中,而不是传统意义上的最终产品检测。因而,HACCP 体系是一种预防体系,并且更能经济地保障食品的安全。部分国家的 HACCP 实践表明,实施 HACCP 体系能更有效地预防食品污染。例如,美国食品药品监督管理局的统计数据表明,在水产加工企业中,实施 HACCP 体系的企业比没实施 HACCP 的企业食品污染的概率降低了 20%～60%。

第二节　实施 HACCP 体系对企业的好处

实施 HACCP 体系有助于企业把质量问题解决在生产过程中,降低不合格率,对企业的具体好处如下:

(1)强调识别并预防食品污染的风险,克服食品安全控制方面传统方法(传统方法通过检测而不是预防食物安全问题)的限制。

(2)由于保存了公司符合食品安全法的长时间记录,而不是在某一天的符合程度,使政府部门的调查员效率更高,调查结果更有效,有助于法规方面的权威人士开展调查工作。

(3)使可能的、合理的潜在危害得到识别,即使以前未经历过类似的失效问题。

(4)有更充分的允许变化的弹性,例如,在设备设计方面的改进、在与产品相关的加工程序和技术开发方面的提高等。

(5)HACCP 体系与质量管理体系更能协调一致,有助于提高食品企业在全球市场上的竞争力,提高食品安全的信誉度,促进贸易发展。

实施 HACCP 体系对企业有如此多的好处,对监管部门也提供了诸多便利,为解决当前严峻的食品安全问题提供了一种解决方法,因此我国制定了 GB/T 27341—2011《危害分析与关键控制点体系食品生产企业通用要求》。

第三节　HACCP 特点和使用范围

一、HACCP 的特点

HACCP 是建立在产品生产质量管理规范(GMP)和卫生标准操作程序(SSOP)基础之上的,并构成一个完备的食品安全体系(图 4-1)。其中 GMP 可以更好地促进食品企业加强自身质量保证措施,更好地运用 HACCP 体系,保证食品的安全卫生;SSOP 侧重于卫生问题,HACCP 更侧重于控制食品的安全性,良好的生产环境是食品企业得以规范运行的先决条件。

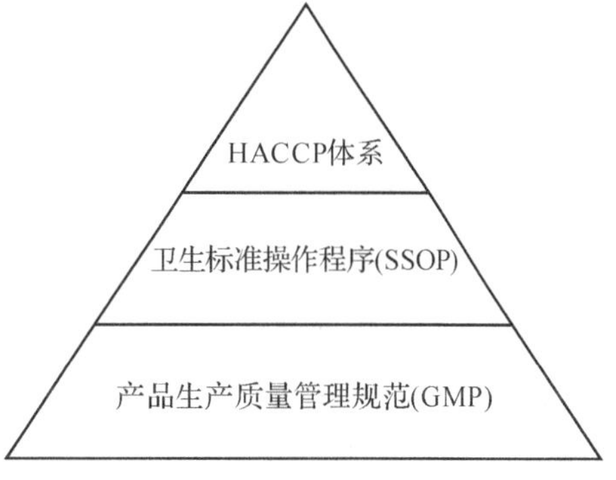

图 4-1　GMP、SSOP 和 HACCP 之间的关系

HACCP 更重视食品企业生产经营活动的各个环节的分析和控制,使之与食品安全相关联。HACCP 作为科学的预防性食品安全体系,具有以下特点:

(1)每个 HACCP 计划都反映了某种食品加工方法的专一特性,其重点在于预防。

(2)HACCP 不是零风险体系,但使食品生产最大限度趋近于"零缺陷",可尽量减少食品安全危害风险。

(3)食品安全的责任首先归于食品生产商及食品销售商,符合其作为第一责任人要求。

(4)HACCP强调加工过程,需要工厂与行业管理部门的交流沟通。行业管理部门的检验员通过确定危害是否正确地得到控制来验证工厂HACCP实施情况。

(5)克服传统食品安全控制方法(现场检查和成品测试)的缺陷,当行业管理部门将力量集中于HACCP计划的制订和执行时,对食品安全的控制更加有效。

(6)HACCP可使行业管理部门将精力集中到食品生产加工过程中最易发生安全危害的环节上。

(7)HACCP概念可推广应用到食品质量的其他方面,控制各种食品缺陷。

(8)HACCP有助于改善企业与政府、消费者的关系,树立食品安全的信心。

HACCP使食品生产企业或供应商从以最终产品检验为主要基础的控制观念转变为建立从收获到消费,鉴别并控制潜在危害,保证食品安全的全面控制系统。

二、HACCP的使用范围

HACCP的使用范围如下:

(1)HACCP是可广泛应用于简单到复杂操作的一种管理体系,用来保证食品的所有阶段的安全。

(2)在实施HACCP时,行业管理部门不仅必须检查其产品和生产环节,还必须将HACCP应用于原材料供应,直到成品储存,并考虑发售环节,直到消费终点。

(3)HACCP体系可同样用于新产品或现有产品,引入HACCP对新产品、新生产工艺都是很方便的。

第四节 HACCP体系实施

一、HACCP七原理

在HACCP中有七条原理作为体系的实施基础,它们分别是:①进行危害分析。②确定关键控制点(CCP)。③建立关键限值。④建立关键点的监控系统。⑤建立纠正措施,以便当监控表明某个特定关键控制点(CCP)失控时采用。⑥建立验证程序,以确认HACCP体系运行的有效性。⑦建立有关上述原理及其在应用中的所有程序和记录的文件系统。

二、HACCP体系实施的前提

HACCP体系的实施应具备以下前提条件:①企业最高管理层认可。一个成功的HACCP体系需要企业管理层的足够人力、物力、财力支持。②人员有效的培训。③设备状况良好并得到很好维护。④建立产品回收机制。⑤有客户投诉处理机制。⑥产品的识别代码(标签要求)。⑦行业GMP得到满足。⑧SSOP文件规范执行。

三、HACCP体系实施的基本步骤

根据HACCP的7个原理,食品企业制订HACCP体系实施计划。在具体操作实施时一般可细分为13个步骤。

步骤 1:成立 HACCP 计划拟订小组

在拟订计划时,需要事先收集资料,了解、研究、分析国内外先进的控制办法,熟悉 HACCP 的支撑系统。

HACCP 计划拟订小组至少由以下人员组成:

(1)质量保证与控制专家,可以是质量管理者、微生物学和化学的专家、食品生产卫生控制专家。

(2)食品工艺专家,对食品生产工艺、工序有较全面的知识及理论基础,能了解生产过程中常发生哪些危害及具体解决办法。

(3)食品设备及操作工程师,对食品生产设备及性能很熟悉,懂得操作和解决设备发生的故障,有丰富的实践经验。

(4)其他人员,如原料生产及植保专业人员,储运、销售人员,公共卫生管理者等。

HACCP 计划拟订小组成员应经过严格的培训,具备足够的岗位知识。

步骤 2:描述产品

对产品(包括原料与半成品)的特性、规格、安全性等进行全面的描述,尤其对下列内容要作具体定义和说明:

(1)原辅料(商品名称、学名、特点)。

(2)成分(如蛋白质、可溶性固形物、氨基酸等)。

(3)理化性质(水分活度、pH 值、硬度、流变性等)。

(4)加工方式(加热、冷冻、干燥、盐糖渍等到何种程度)。

(5)包装方式(密封、真空、气调等)。

(6)储藏、销售条件(温度、湿度等)。

(7)储存期限(保质期、保存期、货架期等)。

产品描述举例见表 4-1。

表 4-1 产品描述举例

产品名称	西番莲浓缩汁
重要特征(含水量、pH 值、矿物质、主要维生素量)	固形物:50±1°BX;总酸:11~16g/100g;维生素 C;硒;有机酸
食用方式	即时用水调配(13°BX)饮用或与其他饮料调配饮用
包装方式	无菌袋密封罐装
货架寿命	保存 18 个月
销售地点及对象	美国、澳大利亚等;普通健康人群、患者、体弱者、儿童
标签说明	开封后,请冷藏保存;无安全要求
特殊分销控制	储藏温度:-18℃

步骤 3:确定最终产品用途及消费对象

食品的最终用户或消费者对产品的使用期望即为产品的用途。应确定最终消费者,特别是要关注特殊消费人群,如儿童、老人、妇女、体弱者等;使用说明书要说明适合哪一类消费人群、食用目的、食用方法等;将有关内容填入 HACCP 计划表表头的相应位置。

步骤 4:编制流程图

编制流程图是一项必需的、基础性的工作。流程图没有统一的模式,但应包括所有操作步骤,依次标明,不可含糊不清。编制一个完整的 HACCP 流程图必须提前收集以下技术数据资料:

(1)原辅材料的组分、微生物、化学、物理数据资料。

(2)车间及设备布局、水电气供应等。

(3)所有工艺流程次序。

(4)所有原辅材料、中间产品、最终产品的工艺细节要求(时间、温度变化等)。

(5)产品再循环再利用路线。

(6)设备设计特征。

(7)清洁和消毒操作的有效性。

(8)环境卫生、人员卫生习惯。

(9)人员进出与工作路线、潜在的交叉污染路线。

(10)储运与销售条件、消费者使用说明。

图 4-2 是流程图示例。

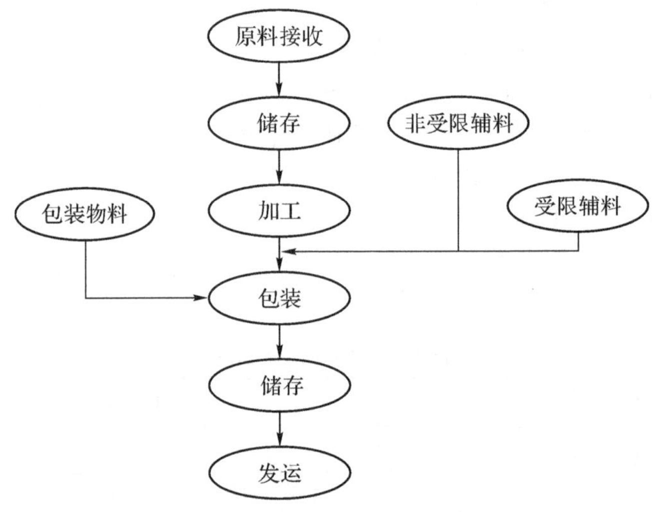

图 4-2 流程图示例

步骤 5:流程图现场验证

将流程图的每一步操作与实际操作过程进行比较,如有不相符之处,必须加以调整修改,以确保流程图的准确性、实用性、完整性。

步骤 6:危害分析及控制措施

危害分析是 HACCP 最重要的一环。危害分析强调要对危害出现的可能性、分类、程度等进行定性或定量的评估。对食品生产过程中每一个危害都要有相应的、有效的预防措施。通过采取措施,能排除或减少危害的出现,使其达到可接受的水平。针对不同危害种类所采取的相应的措施如下:

(1)微生物类:

①原辅材料:半成品的无害化生产、加强清洗、消毒、冷藏、快速干燥、气调保鲜;

②加工过程:调整 pH 值、控制水分活度、添加防腐剂、防止人流和物流交叉污染等;

③储运过程:包装物符合要求、运输过程防止损坏等。

(2)化学污染类:严格控制产品原辅材料的卫生,防止重金属污染和农药残留;不添加有害、不符合食品卫生法要求的添加剂;防止储运过程中有毒化学物质的产生。

(3)物理类:原辅材料的质量保证书;原料严格检测、妥善保存等。

步骤 7:确定关键控制点(CCP)

关键控制点的控制有一定的要求,并非有一定危害就要设为关键控制点。关键控制点判定的一般原则如下:

(1)在某点中存在 SSOP 无法消除的明显危害。

(2)在某点中存在能够将明显危害防止、消除或降低到允许水平以下的控制措施。

(3)在某点中存在的明显危害,通过本步骤中采取的控制措施的实施,将不会再现于后续的步骤中;或者在以后的步骤中没有有效的控制措施。

(4)在某点中存在的明显危害,必须通过本步骤中与后序步骤中控制措施的联动才能被有效遏制。

步骤 8:确定各 CCP 的关键限值(CL)

关键限值(CL)是在对产品全过程的分析研究、实验结果、科学理论指导、操作意见汇总的基础之上确定的,它直观合理、容易监测、可操作性强、方便实用,可以在不停产的情况下快速监控。关键限值(CL)必须是可见的或可测量的,如时间、温度、pH 值等;关键限值(CL)必须是有效的,能控制关键危害。

步骤 9:建立各 CCP 的监控制度

关键监控点监控对象,若酸度是 CCP,则 pH 值就是监控对象;若温度是 CCP,则监控对象就是加工或储运的温度;若蒸煮或加热、杀菌是 CCP,则温度与时间就是监控对象。监测方法一般有在线(生产线上)检测和不在线(离线)检测两种。在线检测可以连续地随时提供检测情况,如温度、时间的检测;离线检测是离开生产线的某些检测,可以是间歇的,如 pH 值、水分活度等的检测。与在线检测比较,离线检测稍显得有些滞后,不如在线检测那么及时。

应为每一个 CCP 设立一个能控制的监控体系,最好是连续、现场控制等,如温度记录仪等。

步骤 10:建立纠偏措施

纠偏措施包括:

(1)列出每个关键控制点对应的关键限值。

(2)寻查偏离的原因、途径。

(3)为纠正偏离所采用的措施。

(4)启用备用的工艺或设备。

(5)对有缺陷的产品应及时处理(返工或销毁)。对经过返工程序的食品,其安全性要经评估,无危害性的才可以流入市场。

(6)如果反复偏差,应重新设计加工过程以提高产品的可靠性。

步骤 11:设立验证程序

设立验证程序的目的如下:考察 HACCP 系统和它的记录、偏差和产品处理,验证 CCP 是否保持在受控状态,HACCP 计划的适宜性、实际操作的一致性,体系对危害控制的有效性。

步骤 12:建立记录保存和文件归档制度

HACCP 体系的每一个步骤和相关的每一个行为都要求有翔实的记录,并有效地保存下来。冷藏产品记录,至少保存一年;冷冻或货架期稳定的产品记录,至少保存两年;其他说明加工设备与加工工艺等方面的研究报告、科学评估结果,至少保存两年。记录应归档放置在安全、固定的场所,便于查阅。记录应由专人保存,采用档案化保存,有严格的借阅手续。

记录包括 SSOP 实施的记录、书面的危害分析、书面的 HACCP 计划、HACCP 实施的记录、CCP 监测记录、纠偏措施记录、验证和确认记录等。表 4-2 是 HACCP 计划表示例。

表 4-2 HACCP 计划表示例

关键控制点	危害	关键限值	监控				纠偏措施	记录	验证
			什么	方法	频率	谁			

步骤 13:回顾 HACCP 计划

HACCP 方法在经过一段时间的运行后,需要对整个实施过程进行回顾与总结,特别是发生以下变化时:原料、配方发生变化;加工体系发生变化;工厂布局和环境发生变化;加工设备改进;清洁和消毒方案发生变化;重复出现偏差或出现新危害、有新的控制方法;包装、储运、销售体系发生变化;市场反馈信息表明有关产品的卫生或变质等风险。

HACCP 计划包括:HACCP 计划手册内容封面(名称、版次、制定时间)、背景材料(厂名、厂址、卫生注册编号)、厂长颁令、工厂简介、工厂组织结构图、HACCP 小组名单及职责、产品加工说明、产品加工工艺流程图、危害分析工作单、HACCP 计划表、验证报告、记录空白表格、培训计划、培训记录、SSOP 文本、SSOP 有关记录、HACCP 体系建立的依据 GMP、适用范围、产品品种、体系文件构成、定义和术语、各类图表、所有文件清单和编号、文件控制说明等。

以上 13 个 HACCP 实施过程中前 5 个步骤为预备步骤,是准备阶段,需要预先完成;步骤 6～9 是危害分析、确定关键控制点和控制办法;步骤 10～13 是 HACCP 计划的维护措施的建立和实施。

第五节 HACCP 体系认证程序

食品企业建立和实施 HACCP 管理体系的目的,是提高企业质量管理水平。企业通过认证有利于向政府和消费者证明自身的质量保证能力,证明自己能提供满足顾客需求的安全食品和服务,因而有利于开拓市场,获取更大利润。

企业要申请认证应满足几个基本条件。首先,产品生产企业应为有明确法人地位的实体,产品有注册商标,质量稳定且批量生产;其次,企业应按 GMP 和 HACCP 基本原理的要求建立和实施了质量管理体系,并运行有效;另外,企业在申请认证前,HACCP 体系应至少有效运行三个月，至少做过一次内审，并对内审中发现的不合格实施了确认、整改和跟踪验证。要想顺利通过HACCP认证并取得效果，学好标准是前提，编好文件是基础，有效运行是保证，而每一个环节都需要时间作为基本保证条件。

当企业具备了以上基本条件后，可向有认证资格的认证机构提出意向申请。此时可向认证机构索取公开文件和申请表，了解有关申请者必须具备的条件、认证工作程序、收费标准等有关事项。这时认证机构通常要求企业填写企业情况调查表和意向书等。当然，不同的认证机构对此有不同的要求。在正式申请认证时，申请者应按认证机构的要求填写申请表，提交SSOP、HACCP计划书及其他有关证实材料。

HACCP体系认证通常分为四个阶段，即企业申请阶段、认证审核阶段、证书保持阶段、复审换证阶段(图4-3)。

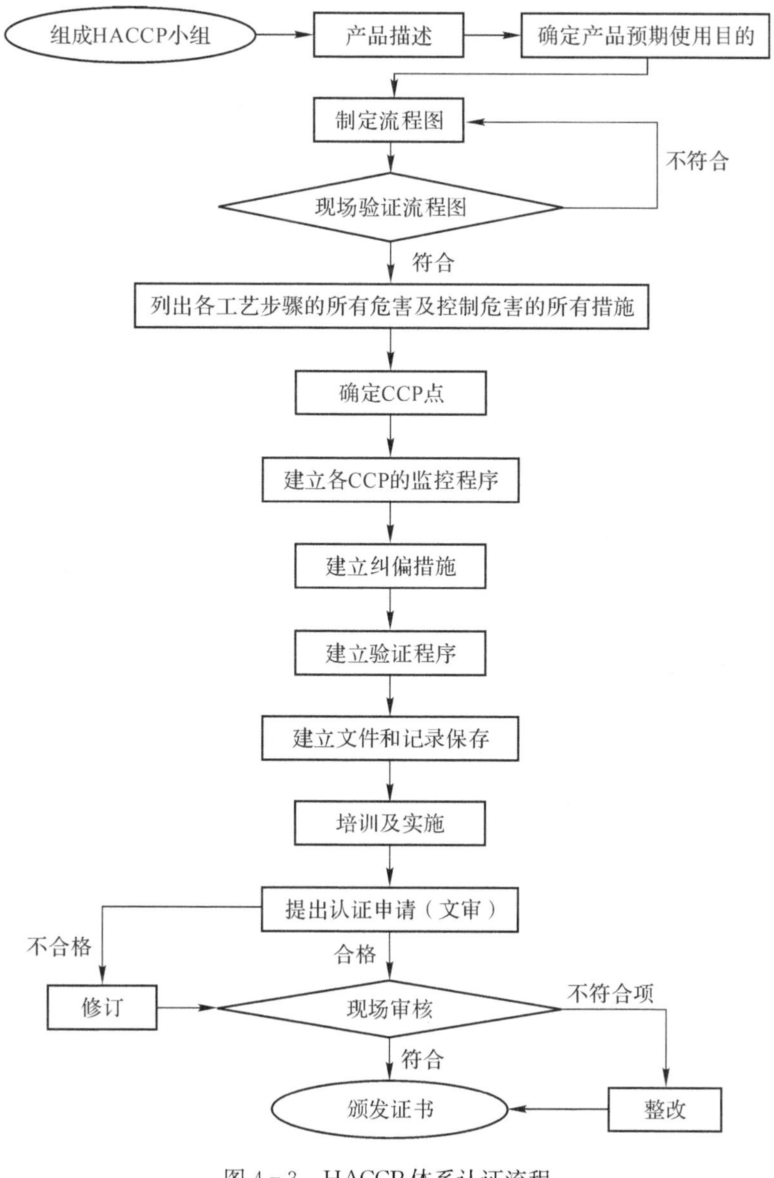

图4-3　HACCP体系认证流程

一、企业申请阶段

首先，企业申请 HACCP 认证必须注意选择经国家认可的、具备资格和资深专业背景的第三方认证机构，这样才能确保认证的权威性及证书效力，确保认证结果与产品消费国官方验证体系相衔接。在我国，认证认可工作由国家认证认可监督管理委员会统一管理，其下属机构中国合格评定国家认可委员会负责实施。

食品企业在提交认证申请前，应与认证机构进行全面有效的信息沟通。HACCP 要求食品企业应首先具备一定的基础，这些基础包括产品生产质量管理规范（GMP）、良好卫生操作（GHP）或卫生标准操作程序（SSOP），以及完善的设备维护保养计划、员工教育培训计划等。

在认证机构受理企业申请后，申请企业应提交与 HACCP 体系相关的程序文件和资料，如危害分析、HACCP 计划表、确定 CCP 的科学依据、厂区平面图、生产工艺流程图、车间布局图等。申请企业还应声明已充分运行了 HACCP 体系。认证机构对企业提供和传授的所有资料和信息负有保密责任。认证费将根据企业规模、认证产品的品种、工艺、安全风险及审核所需人天数，按照制定的标准计费。

二、认证审核阶段

认证机构受理申请后将确定审核小组，并按照拟订的审核计划对申请方的 HACCP 体系进行初访和审核。鉴于 HACCP 体系审核的技术深度，审核小组通常会包括熟悉审核产品生产的专业审核员。专业审核员是那些具有特定食品生产加工方面背景并从事以 HACCP 为基础的食品安全体系认证的审核员。必要时审核小组还会聘请技术专家对审核过程提供技术指导。申请方聘请的食品安全顾问可以作为观察员参加审核过程。

HACCP 体系的审核过程通常分为两个阶段，第一阶段是进行文件审核，包括 SSOP 计划、GMP 程序、员工培训计划、设备保养计划、HACCP 计划等。这一阶段的评审一般需要在申请方的现场进行，以便审核小组收集更多的必要信息。审核小组根据收集的信息资料将进行独立的危害分析，在此基础上同申请方达成关键控制点（CCP）判定的一致。审核小组将听取申请方有关信息的反馈，并与申请方就第二阶段的审核细节达成一致。第二阶段审核必须在审核方的现场进行。审核小组将主要评价 HACCP 体系、GMP 或 SSOP 的适宜性、符合性、有效性，其中会对 CCP 的监控、纠正措施、验证、监控人员的培训教育，以及在新的危害产生时体系是否能自觉地进行危害分析并有效控制等方面给予特别的注意。

现场审核结束，审核小组将根据审核情况向申请方提交不符合项报告，申请方应在规定时间内采取有效纠正措施，并经审核小组验证审核，同时，审核小组将最终审核结果提交认证机构作出认证决定，认证机构将向申请人颁发认证证书。

三、证书保持阶段

鉴于 HACCP 是一个安全控制体系，其认证证书有效期通常最多为一年，获证企业应在证书有效期内保证 HACCP 体系的持续运行，同时必须接受认证机构至少每半年一次的监督审核。如果获证企业在证书有效期内对其以 HACCP 为基础的食品安全体系进行了重大更改，应通知认证机构，认证机构将视情况增加监督认证频次或安排复审。

四、复审换证阶段

认证机构将在获证企业HACCP证书有效期结束前安排复审，通过复审后认证机构向获证企业换发新的认证证书。此外，根据法规及顾客的要求，在证书有效期内，获证方还可能接受官方及顾客对HACCP体系的验证。

根据“以HACCP为基础的食品安全体系认证机构认可实施指南”的有关规定，认证机构可对获证企业的以HACCP为基础的食品安全体系进行监督审核，通常为半年一次（季节性生产在生产季节至少每季度一次），如果获证企业对其以HACCP为基础的食品安全体系进行了重大的更改，或者发生了影响到其认证基础的更改，还需增加监督频次。复评是又一次完整的审核，对以HACCP为基础的食品安全体系在过去的认证有效期内的运行进行评审，认证机构每年对获证企业全部质量体系进行一次复评。

企业了解和熟悉认证的全过程，有助于企业进行认证前的准备。认证前企业要积极做好内审和培训，严格按程序办事。在认证过程中，要积极配合认证机构的审核，对审核中发现的不合格项及时查找原因，进行整改或提出整改计划，这样可以缩短认证时间，使企业早日通过认证。

以下为实施HACCP的参考文献，为食品企业提供了建立和实施HACCP的指导，有一定的参考价值。其中HACCP有关法规如下：

(1)食品生产企业危害分析与关键控制点(HACCP)管理体系认证管理规定（认监委2002年3号）。

(2)关于完善“危害分析与关键控制点(HACCP)体系”认证有关要求的公告（认监委2015年25号）。

(3)关于发布《危害分析与关键控制点(HACCP)体系审核员注册准则（第1版修订）》的通知（中认协注2014年197号）。

HACCP通用要求及指南如下：

(1)GB/T 19538—2004　危害分析与关键控制点(HACCP)体系及其应用指南。

(2)GB/T 27341—2009　危害分析与关键控制点(HACCP)体系　食品生产企业通用要求。

(3)SN/T 1252—2003　危害分析及关键控制点(HACCP)体系及其应用指南。

(4)SN/T 4422—2016　出口中小食品企业HACCP应用指南。

(5)CNAS-SC17：2014　危害分析与关键控制点(HACCP)体系认证机构认可方案。

食品加工类：

(1)GB/T 27342—2009　危害分析与关键控制点(HACCP)体系　乳制品生产企业要求。

(2)DB12/T 148—2003　低温熟肉制品HACCP通用模式。

(3)GB/T 31115—2014　豆制品生产HACCP应用规范。

(4)DB51/T 1504—2012　白酒生产企业HACCP应用指南。

(5)DB51/T 1503—2012　火锅底料生产企业HACCP应用指南。

(6)GB/T 22098—2008　啤酒企业HACCP实施指南。

(7)SB/T 10751—2012　豆芽生产HACCP应用规范。

(8)NY/T 1242—2006　奶牛场HACCP饲养管理规范。

(9)GB/T 22656—2008　调味品生产 HACCP 应用规范。
(10)SN/T 3257—2012　出口食品添加剂生产企业 HACCP 应用指南。
(11)GB/T 24400—2009　食品冷库 HACCP 应用规范。
(12)GB/T 25007—2010　速冻食品生产 HACCP 应用准则。
(13)GB/T 20572—2006　天然肠衣生产 HACCP 应用规范
农产品类：
(1)GB/T 20551—2006　畜禽屠宰 HACCP 应用规范。
(2)GB/T 20809—2006　肉制品生产 HACCP 应用规范。
(3)GB/T 19537—2004　蔬菜加工企业 HACCP 体系审核指南。
(4)GB/T 19838—2005　水产品危害分析与关键控制点(HACCP)体系及其应用指南。
HACCP 体系及其应用指南：
(1)SC/T 0003—2006　水产企业 HACCP 管理体系认证指南。
(2)NY/T 1336—2007　肉用家畜饲养 HACCP 管理技术规范。
(3)NY/T 1337—2007　肉用家禽饲养 HACCP 管理技术规范。
(4)NY/T 1338—2007　蛋鸡饲养 HACCP 管理技术规范。
(5)SB/T 10483—2008　活畜养殖场 HACCP 应用规范。

【参考文献】

[1]GB/T 27341—2011　危害分析与关键控制点体系食品生产企业通用要求[S].
[2]钱和. HACCP 原理与实施. 北京：中国轻工业出版社，2006.
[3]孙元元. HACCP 实施指南. 广州：广东人民出版社，2003.
[4]曹竑. 食品质量安全认证. 北京：科学出版社，2015.
[5]王大宁. 食品安全认证认可实施指南：创新及应用版. 北京：中国质检出版社，2014.

第五章

无公害农产品认证

第一节 无公害农产品认证概述

无公害农产品指产地环境、生产过程和产品质量符合国家有关标准和规范的要求，经认证合格获得认证证书并允许使用无公害农产品标志的未经加工或者初加工的食用农产品。

农产品质量认证始于20世纪初美国开展的农作物种子认证，并以有机食品认证为代表。到20世纪中叶，随着食品生产传统方式的逐步退出和工业化生产比重的增加，国际贸易的日益发展，食品安全风险程度的增加，许多国家引入“从农田到餐桌”的过程管理理念，把农产品认证作为确保农产品质量安全和同时能降低政府管理成本的有效政策措施。于是，出现了HACCP、ISO 22000(食品安全管理体系)、GMP(产品生产质量管理规范)、欧洲EurepGAP、澳大利亚SQF、加拿大on-farm等体系认证以及日本的JAS认证、韩国的亲环境农产品认证、法国的农产品标志制度、英国的小红拖拉机标志认证等多种农产品认证形式。

我国农产品认证始于20世纪90年代初农业部实施的绿色食品认证。2001年，在中央提出发展高产、优质、高效、生态、安全农业的背景下，农业部提出了无公害农产品的概念，并组织实施“无公害食品行动计划”，各地自行制定标准开展了当地的无公害农产品认证。在此基础上，2003年实现了“统一标准、统一标志、统一程序、统一管理、统一监督”的全国统一的无公害农产品认证。20世纪90年代后期，国内一些机构引入国外有机食品标准，实施了有机食品认证。有机食品认证是农产品质量安全认证的一个组成部分。

另外，我国还在种植业产品生产推行GAP(良好农业规范)和在畜牧业产品、水产品生产加工中实施HACCP和食品安全管理体系认证。当前，我国基本上形成了以产品认证为重点、体系认证为补充的农产品认证体系。

我国的无公害农产品认证经历了十多年的发展，截至2013年，通过产品13239个，列入认证目录的农产品种类达800余个，其中种植业产品546个，畜牧业产品65个，渔业产品204个，发布各类无公害农产品标准500余条，覆盖了种植业、畜牧业、水产养殖业，农产品质量安全水平稳步提升，连续多年抽检合格率保持在98%以上。无公害农产品品牌效应逐步显现，探索建立了符合我国实际的全程质量控制体系，有力地推动了我国农业生产方式的转变，明显促进了农业增效和农民增收，极大增强了质量安全意识和消费者的信心。

无公害农产品认证采取产地认定与产品认证相结合的模式，申请无公害农产品认证的产品其产地必须首先获得各级农业行政主管部门的产地认定，产品认证阶段由认证机构(即农产品质量安全中心)具体负责组织实施。无公害农产品认证仅限于列入无公害农产品认证目录的产品。

由于农产品的形态多样性，无公害农产品标志也相应有多种样式，有加贴在无公害农产品上或产品包装上的刮开式纸质标志，主要应用于鲜活类和需要进行捆扎的无公害农产品上的锁扣、捆扎带以及揭露式纸质标志、塑质标志等。这些标志均应有如图 5－1、图 5－2、图 5－3 所示的无公害农产品图标。

图 5－1　无公害农产品标志

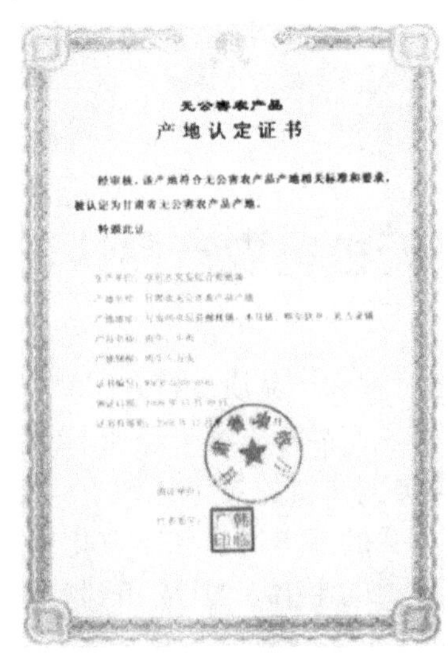
无公害农产品

产地认定证书

经审核，该产地符合无公害农产品产地相关标准和要求，被认定为甘肃省无公害农产品产地。

特颁此证

图 5－2　无公害农产品产地认定证书

无公害农产品证书

图 5－3　无公害农产品证书

农产品认证除具有认证的基本特征外，还具备其自身的特点，这些特点是由农业生产的特点所决定的。

(1)农产品生产周期长，认证的时令性强。农业生产季节性强、生产(生长)周期长，在作物(畜、禽、水产品)生长的一个完整周期中，需要认证机构经常进行检查和监督，以确保农产品生产过程符合认证标准要求。同时，农业生产受气候条件影响较大，气候条件的变化直接对一些危害农产品质量安全的因子产生影响，比如直接影响作物病虫害、动物疫病的发生和变化，进而不断改变生产者对农药、兽药等农业投入品的使用，从而产生农产品质量安全风险。因此，对农产品认证的时令性要求高。

(2)农产品认证的过程长、环节多。农产品生产和消费是一个“从土地到餐桌”的完整过程，要求农产品认证(包括体系认证)遵循全程质量控制的原则，从产地环境条件、生产过程(种植、养殖和加工)到产品包装、运输、销售实行全过程现场认证和管理。

(3)农产品认证的个案差异性大。一方面，农产品认证产品种类繁多，认证的对象既有植物类产品，又有动物类产品，物种差异大，产品质量变化幅度大。另一方面，现阶段我国农业生产分散，组织化和标准化程度较低，农产品质量的一致性较差，且由于农民技术水平和文化素质的差异，生产方式有较大不同。因此，与工业产品认证相比，农产品认证的个案差异较大。

(4)农产品认证的风险评价因素复杂。农业生产的对象是复杂的动植物生命体,具有多变的、非人为控制因素。农产品受遗传因素及生态环境影响较大,其变化具有内在规律,不以人的意志为转移,产品质量安全控制的方式、方法多样,与工业产品质量安全控制的工艺性、同一性有很大的不同。

(5)农产品认证的地域性特点突出。农业生产地域性差异较大,相同品种的作物,在不同地区受气候、土壤、水质等影响,产品质量也会有很大的差异。因此,保障农产品质量安全采取的技术措施也不尽相同,农产品认证的地域性特点比较突出。

第二节　无公害农产品认证性质和方式

一、认证性质

无公害农产品认证执行的依据是无公害食品标准,认证的对象主要是百姓日常生活中离不开的"菜篮子"和"米袋子"产品。也就是说,无公害农产品认证的目的是保障基本安全,满足大众消费,其是政府推动的公益性认证。

二、认证方式

无公害农产品认证采取产地认定与产品认证相结合的模式,运用了"从农田到餐桌"全过程管理的指导思想,打破了过去农产品质量安全管理分行业、分环节管理的理念,强调以生产过程控制为重点,以产品管理为主线,以市场准入为切入点,以保证最终产品消费安全为基本目标。产地认定主要解决生产环节的质量安全控制问题,产品认证主要解决产品安全和市场准入问题。无公害农产品认证的过程是一个自上而下的农产品质量安全监督管理行为。产地认定是对农业生产过程的检查监督行为,由省级农业行政主管部门实施,主要解决生产环节的质量安全控制问题。产品认证是对管理成效的确认,由农业部组织实施,主要解决产品安全和市场准入的问题,其内容包括监督产地环境、投入品使用、生产过程的检查及产品的准入检测等方面。

三、技术制度

无公害农产品认证推行"标准化生产、投入品监管、关键点控制、安全性保障"的技术制度。从产地环境、生产过程和产品质量三个重点环节控制危害因素含量,保障农产品的质量安全。无公害农产品认证制度的层次如下:

第一层次为国家认证认可条例等无公害认证的法律。

第二层次为无公害农产品管理办法、无公害农产品标志管理办法、产地环境管理办法、检测机构选定委托管理办法、检查员管理办法及注册准则等关于无公害认证的部门规章。

第三层次为无公害农产品产地认定程序、无公害农产品产品认证程序、无公害农产品认证产品目录、检测抽样规范、现场检测工作规范、认证审查分工调整实施意见、其他制度等无公害认证的工作制度。

第三节 无公害农产品认证申请条件

一、申请主体

无公害农产品认证申请主体应为具备国家相关法律法规规定的资质条件，具有组织管理无公害农产品生产和承担责任追溯的能力的农产品生产企业、农民专业合作经济组织。

二、产地要求

按照NY/T 5343—2006《无公害食品 产地认定规范》的要求，无公害农产品产地环境必须经有资质的检测机构检测，灌溉用水（畜禽饮用、加工用水）、土壤、大气等符合国家无公害农产品生产环境质量要求，产地周围3km范围内没有污染企业，蔬菜、茶叶、果品等产地应远离交通主干道100m以上；无公害农产品产地应集中连片、产品相对稳定，并具有一定规模。

三、申报范围

无公害农产品认证申报范围，须在《实施无公害农产品认证的产品目录》公布的食用农产品目录内，该目录随时更新，最新目录详见网站 www. aqsc. agri. gov. cn/wghncp/jsgf/201401/t20140114_122158. htm。

第四节 无公害农产品认证流程

根据农业部《关于印发〈无公害农产品产地认定与产品认证一体化推进实施意见〉的通知》（农质安发〔2006〕9号），我国从2007年开始实施无公害农产品产地认定与产品认证一体化推进工作。一体化推进从根本上解决了无公害农产品产地认定与产品认证脱节问题，提高了产地认定和产品认证的工作效率，加快了产地认定与产品认证工作步伐。

一、材料要求

申请人可以直接向所在地县级农产品质量安全工作机构（以下简称工作机构）提出无公害农产品产地认定和产品认证一体化申请，并提交以下材料：

1. 首次认证

（1）《无公害农产品产地认定与产品认证申请和审查报告》（以下简称《申请和审查报告》）；

（2）国家法律法规规定申请人必须具备的资质证明文件复印件（营业执照、食品卫生许可证、动物防疫合格证等）；

（3）《无公害农产品内检员证书》复印件；

（4）无公害农产品生产质量控制措施（内容包括组织管理、投入品管理、卫生防疫、产品检测、产地保护等）；

（5）最近生产周期农业投入品（农药、兽药、渔药等）使用记录复印件；

(6)《产地环境检验报告》及《产地环境现状评价报告》(由省级工作机构选定的产地环境检测机构出具)或《产地环境调查报告》(由省级工作机构出具);

*(7)《产品检验报告》原件或复印件加盖检测机构印章(由农业部农产品质量安全中心选定的产品检测机构出具);

*(8)《无公害农产品认证现场检查报告》原件(由负责现场检查的工作机构出具);

(9)无公害农产品认证信息登录表(电子版);

(10)其他要求提交的有关材料。农民专业合作经济组织及"公司+农户"形式申报的需要提供与合作农户签署的含有产品质量安全管理措施的合作协议和农户名册,包括农户名单、地址、种植或养殖规模、品种等。

申请材料须装订2份报送县级无公害农产品工作机构,统一以《申请和审查报告》作为封面,其中1份按照材料清单顺序装订成册,另1份将标"*"材料装订成册。

2. 扩项认证

扩项认证是指申请主体在已经进行过产地认定和产品认证基础上增加产品种类(同一产地)的认证情形。申请人除了需要提交《申请和审查报告》外还须提交第(5)、(7)、(8)、(9)项材料和《无公害农产品产地认定证书》复印件及已获得的《无公害农产品证书》复印件。

3. 复查换证

复查换证是指证书3年有效期满前按照相关规定和要求提出复查换证申请,经确认合格准予换发新的无公害农产品产地认定或产品证书。复查换证申报材料除了提交《申请和审查报告》外,还须提交第(8)、(9)项材料。产品检验按各省要求执行。

二、工作流程

(1)县(区)级工作。县(区)级工作机构自收到申请之日起10个工作日内,负责完成对申请人申请材料的形式审查。符合要求的,在《无公害农产品产地认定与产品认证报告》(以下简称《认证报告》)签署推荐意见,连同申请材料报送地级工作机构;不符合要求的,书面通知申请人整改、补充材料。

(2)地级工作。地级工作机构自收到申请材料、县(区)级工作机构推荐意见之日起15个工作日内,对全套申请材料进行符合性审查,符合要求的,在《认证报告》上签署审查意见报送省级工作机构;不符合要求的,书面告知县(区)级工作机构通知申请人整改、补充材料。

(3)省级工作。省级工作机构自收到申请材料及县(区)、地两级工作机构推荐、审查意见之日起20个工作日内,应当组织或者委托地、县(区)两级有资质的检查员按照《无公害农产品认证现场检查工作程序》进行现场检查,完成对整个认证申请的初审,并在《认证报告》上提出初审意见。通过初审的,报请省级农业行政主管部门颁发《无公害农产品产地认定证书》,同时将申请材料、《认证报告》和《无公害农产品产地认定与产品认证现场检查报告》及时报送部直各业务对口分中心复审;未通过初审的,书面告知地、县(区)级工作机构通知申请人整改、补充材料。

(4)农业部农产品质量安全中心。农产品质量安全中心对材料审核、现场检查(限于需要对现场进行检查的)和产品检测结果符合要求的,自收到现场检查报告和产品检测报告之日起30个工作日内颁发无公害农产品认证证书;对不符合要求的,应当书面通知申请人。

无公害农产品认证证书有效期为3年。期满需要继续使用的,应当在有效期满90日前按照无公害农产品复查换证的程序进行复查换证。

原则上从县级工作机构受理认证申请(时间从收到申请主体全部合格材料时开始计算)到省级工作机构完成初审时间不超过45个工作日。农业部农产品质量安全专业分中心复审和农业部农产品质量安全中心终审时间各不超过20个工作日。工作时限不包括材料邮寄、补充材料、整改等时间。补充材料或整改时限不超过30个工作日。总计完成时限不超过95个工作日。具体办理进度可在网站(http://www.aqsc.agri.gov.cn/wghncp/cpcx/)“无公害农产品”栏目下“产品查询”→“无公害农产品获证产品目录动态查询”中查看。

第五节 无公害农产品认证现场评定项目及产品检验

一、无公害农产品认证现场评定项目

无公害申报主题可对照无公害农产品认证现场检查评定项目表5-1、表5-2、表5-3进行自查,找出不符合的条款,提前整改,便于现场检查通过。

表5-1 无公害农产品(种植业产品)认证现场检查评定项目

条款	检查项目	结论	情况描述	备注
一、质量管理				
1※	申请主体资质:证照齐全有效,具有组织管理无公害农产品生产和承担责任追溯的能力。 查:资质证明文件及相关材料			
2	质量安全管理责任制:明确领导、管理和生产人员职责。 查:关键岗位职责分工			
3※	质量管理制度:包括质量控制措施、生产操作规程、人员培训制度、生产记录及档案管理制度、基地农户管理制度、投入品管理制度等。 查:各类质量管理体系文件			
4※	内检员:有经培训合格的无公害农产品内检员。 查:无公害农产品内检员证书原件			
5	生产管理人员:质量安全管理人员、生产人员定期接受相关培训。 查:培训记录、培训资料等			
6※	记录档案:生产和销售记录档案至少保存两年。 查:文件记录档案			
二、产地环境及设施				
7	周边环境:清洁,无生产及生活废弃物。 查:现场查看			

续表

条款	检查项目	结论	情况描述	备注
8※	产区环境:产地区域范围明确,无对农业生产活动和产地造成潜在危害的污染源。 查:现场查看			
三、生产过程管理				
9※	植保产品选购:购买的植保产品应具有农药登记证、生产许可证和执行标准,保留购货凭证、出入库凭证并记录相关情况。 查:植保产品标签、购货凭证、出入库记录			
10	植保产品储存:植保产品及其器械应有专门的地方进行储存,并有专人进行管理。 查:现场查看、查领用记录			
11※	植保产品使用:应遵守国家相关法律法规,针对病、虫、草害或靶标,合理选择植保产品;严格执行安全间隔期的规定;不得使用国家禁止使用的植保产品;不得使用过期植保产品。 查:用药记录、采收记录,现场查看			
12	用药记录:包括地块、作物名称和品种、使用日期、药名、使用方法、使用量和施用人员。 查:用药记录			
13	肥料选购:应保留肥料的购货凭证,并记录相关情况。 查:肥料的购货凭证、入库记录			
14※	肥料使用:严格遵守国家相关规定,不使用城市垃圾和未经无害化处理的人类生活的污水淤泥。 查:施肥记录			
15	施肥记录:应包括地块、作物名称与品种、施用日期、肥料名称、施用量、施用方法和施用人员。 查:施肥记录			
16	废弃物管理:生产废弃物应按规定进行收集和处理。 查:现场查看			
四、产品质量管理				
17※	产品质量报告:产品质量应符合国家相关法律法规和标准的要求。 查:产品自检记录、监督抽检报告或产品检验报告			
18	产品储存:产品应用符合要求的容器采收、运输、存储。收获的产品应与植保产品、有机肥料及化肥等农业投入品分开储存。 查:现场查看			

续表

条款	检查项目	结论	情况描述	备注
19	包装标识：产品的包装标识应符合农产品包装和标识管理相关规定。 查：现场查看			
五、初级加工产品管理(适用于申报产品为初级加工产品的)				
20※	加工场资质：具有国家规定的资质条件。 查：食品卫生许可证或食品生产许可证			
21	卫生制度：制定卫生管理和消毒制度，并严格执行。 查：文件资料、现场查看			
22	加工规程：制定食品加工生产技术规程。 查：加工技术规程、加工生产记录			
23※	加工原料：符合相关规定的要求，不非法添加非食用物质和滥用食品添加剂。 查：原辅料使用记录、现场查看			
24	产品储运：应有符合要求的产品储藏和运输设施。 查：现场查看			
六、标志使用管理(适用于复查换证产品)				
25※	标志使用：获证产品应按要求使用无公害农产品标志。 查：标志使用记录			

注：条款带“※”的为关键项。下同。

表 5-2 无公害农产品(畜牧业产品)认证现场检查评定项目

条款	检查项目	结论	情况描述	备注
畜禽养殖场				
一、质量管理				
1※	申请主体资质：资质证明文件(如营业执照、动物防疫条件合格证等)齐全有效，具有组织管理无公害农产品生产和承担责任追溯的能力。 查：资质证明文件及相关材料			
2	质量安全管理责任制：有质量安全管理组织机构，明确领导、管理和生产人员职责。 查：成立质量安全机构的文件、相关人员岗位职责			
3※	质量管理制度：包括生产操作规程、卫生防疫制度、投入品管理制度、产品管理及无害化处理制度、培训制度。 查：相关文件			
4※	内检员：有经培训合格的无公害农产品内检员。 查：无公害农产品内检员证书原件			

续表

条款	检查项目	结论	情况描述	备注
5	生产管理人员：有一名或一名以上畜牧兽医专业技术人员，员工职责及岗位要求明确，经过畜牧兽医法律法规和相应的无公害生产技术培训，生产人员健康证齐全有效。 查：岗位职责文件、健康证等有关证件、培训记录			
6※	记录档案：建立批生产记录、可追溯的产品销售记录，记录至少保存两年以上。 查：批生产和销售记录（包括数量、批次、购买方信息等）及保存情况			
7※	无害化处理：具有病死畜禽、污水、粪便等污染物无害化处理的设备设施，且运转有效。 查：相关设备设施，无害化处理记录			
8	质量检验能力：奶牛养殖场设立了质检科（或检验室）并与生产能力相适应。 查：仪器设备和检验人员资质证明及实际操作能力			奶牛养殖适用
二、产地环境及设施				
9※	周边环境：养殖场建立在地势高燥，排水良好，无有害气体、烟雾及其他污染的地区，远离化工厂、肉类加工厂或其他畜牧场等污染源，有围墙等有效屏障。 查：现场查看			
10	场区布局：养殖场有生活管理区、生产区、生产辅助区、隔离圈和无害化处理区。隔离圈、无害化处理区应处于畜舍的下风口。 查：现场查看			
11	场区道路：养殖场人员、畜禽和物资运转采取单一流向，净道和污道分开。 查：现场查看			
12	车辆消毒：养殖场入口设有车辆消毒池，池内消毒液保持有效浓度；池宽和消毒液高度能保证入场车辆所有车轮外沿充分浸没，池长不短于进场大型车车轮一周半长。 查：现场查看			
13	畜舍条件：宽敞明亮，坚固耐用，排水畅通，通风良好，地面和墙面材质耐酸、碱，并便于清洗消毒。 查：现场查看			
14※	消毒设施：场区或生产区入口设更衣换鞋间、消毒室或淋浴室。畜舍入口处设置长 1m 的消毒池，或设置消毒盆。 查：现场查看			

续表

条款	检查项目	结论	情况描述	备注
15	防鼠鸟虫害:有防鸟、防鼠设施,定期除虫灭害。 查:现场查看,相关记录			禽类养殖适用
16	蛋品存放:设有与生产能力相适应的禽蛋储存库。 查:现场查看			蛋禽养殖适用
17	生产设备:具有与生产规模相适应的机械化挤奶设备、冷藏储罐和生鲜乳运输车。 查:现场查看			奶牛养殖适用
18	设备清洁:保持挤奶设备及所有容器具的清洁卫生,有完善的清洗系统。 查:现场设施,清洗消毒制度、记录			奶牛养殖适用
19※	鲜乳存放:设单间存放,有防尘、防蝇、防鼠的设施。 查:现场设施			奶牛养殖适用
三、投入品管理				
20※	畜禽引进:具有《动物及动物产品运载工具消毒证明》和《动物产地检疫合格证明》等证明,经当地动物卫生监督机构查证验物,合格的方可入场,并隔离饲养。 查:活畜购买合同(发票)、检疫合格证明、运输工具消毒证明、活畜入场检疫监督记录、隔离观察记录			
21※	引种:从有《种畜禽生产经营许可证》的种畜禽场引进。 查:引种来源场的《种畜禽生产经营许可证》			
22	牛只引进:隔离观察至少 45d,经动物卫生监督机构检查确认健康合格后方可并群饲养。 查:隔离记录、隔离后检疫合格记录			奶牛养殖适用
23※	兽药选购:所购兽药均来自具有《兽药生产许可证》,并获得农业部颁发《中华人民共和国兽药 GMP 证书》的兽药生产企业,或是农业部批准注册进口的兽药,并具有在有效期内的批准文号。 查:兽药购进记录、药房			
24※	兽药储存:兽药有专门的药品柜、冰箱分类存放,有醒目标记,由专人管理。 查:兽药领用记录,现场查看			
25※	兽药使用:严格遵守国家规定,不使用违禁药物;凭兽医处方用药,严格执行休药期规定,并作好兽药使用记录,记录在清群后保存 2 年以上。 查:兽药使用记录,记录档案管理情况			

续表

条款	检查项目	结论	情况描述	备注
26	饲料选购：外购饲料的养殖场提供所购饲料生产企业的饲料生产许可证复印件、购销合同（或发票、收据等）和检测报告。 查：相关记录、凭证、检测报告			
27	自配饲料管理：自配生产饲料的养殖场提供饲料原料采购、配方档案及生产记录；饲料原料和各批次饲料产品均留样，并保留至该批产品保质期满后3个月。 查：相关记录			
28※	饲料添加剂管理：饲料库房及配料库中饲料添加剂和药物添加剂存放和使用情况。 查：有无违禁药物、非法添加物和兽药原料药			
29※	药物饲料添加剂使用：药物饲料添加剂使用符合《饲料药物添加剂使用规范》要求，严格执行休药期规定。 查：药物饲料添加剂使用记录			
30	饲料及添加剂使用：配合饲料、浓缩饲料、添加剂预混和饲料使用遵照饲料标签所规定的用法和用量。 查：饲料使用记录、饲料标签			
31※	饲料的使用：在饲料中不添加和使用除乳制品外的动物源性饲料原料（如肉骨粉、血粉、羽毛粉、鱼粉等）。 查：饲料配方			反刍动物养殖适用
四、饲养管理（适用于养殖类产品）				
32※	场内环境：不得在场内饲养其他畜禽。 查：现场查看			
33※	防疫管理：养殖场人员不对外进行动物疫病诊疗和配种工作；食堂不从外购入与养殖产品同类生鲜肉及其副产品。 查：相关制度，询问			
34	人员卫生防疫：工作人员进入生产区时洗手、换鞋和更衣，工作服不得穿出场外。外来人员进场前彻底消毒，更换场区工作服和工作鞋，并遵守场内防疫制度。 查：现场操作			
35※	饲养方式：实行“全进全出”制。 查：相关制度和记录			禽类养殖适用
36	鼠害控制：投放鼠药定时、定点，及时收集死鼠和残余鼠药。 查：鼠药购货发票、使用记录			

续表

条款	检查项目	结论	情况描述	备注
37	转群消毒:每批畜禽转群或出栏后对畜舍、运动场和通道进行清洗、消毒。 查:消毒记录			
38※	疫病监控:结合当地实际情况制定免疫和疫病监测制度,做好免疫接种和疫病监测,奶牛养殖场必须做好"结核"和"布病"监测。 查:免疫记录和疫病监测记录			
39	带畜消毒:用低毒消毒剂定期进行带活畜环境消毒,各类消毒剂应轮换使用。 查:消毒记录、消毒剂配制记录,杀虫药物购买发票			
40※	工具消毒:兽医用具、助产用具、配种用具、挤奶设备和奶罐车在使用前后进行彻底清洗和消毒。 查:消毒记录、消毒剂配制记录			奶牛养殖适用
41	蛋鸡消毒:不使用酚类消毒剂,产蛋期不用醛类消毒剂。 查:兽药库房、消毒记录			蛋禽养殖适用
五、产品质量管理				
42※	不合格品处理:初乳、病牛所产乳和休药期所产乳不作为商品乳出售。 查:相关管理制度、无害化处理记录			奶牛养殖适用
43※	产品质量检验:对每天生产的生鲜乳进行质量检验,含感官指标、理化指标、微生物指标和抗生素指标等。 查:检验记录			奶牛养殖适用
44	不合格品处理:产蛋期使用治疗药物时,在弃蛋期内所产鸡蛋不供人类食用。 查:用药记录、无害化处理记录			蛋禽养殖适用
45※	质量安全承诺:养殖场应建立活畜出栏无"瘦肉精"承诺制度。承诺不使用"瘦肉精"等违禁物质,保证所销售的家畜不含有"瘦肉精"等违禁物质。 查:相关制度			畜类养殖适用
46※	产品检疫:商品畜禽上市前,经动物卫生监督机构进行检疫,并出具检疫合格证明。 查:相关制度,询问			
六、标志使用管理(适用于复查换证产品)				
47※	标志使用:获证产品应按要求使用无公害农产品标志。 查:标志使用记录			

续表

条款	检查项目	结论	情况描述	备注
屠宰厂和蜂产品加工厂				
一、质量管理(屠宰厂和蜂产品加工厂均适用)				
1※	申请主体资质:资质证明文件(如营业执照、动物防疫条件合格证、生猪定点屠宰许可证等)齐全有效,具有组织管理无公害农产品生产和承担责任追溯的能力。 查:资质证明文件及相关材料			
2	质量安全管理责任制:有质量安全管理相关机构,建立质量安全管理责任制,明确领导、管理和生产人员职责。 查:成立质量安全机构的文件,组织机构图,相关人员岗位职责			
3※	质量管理制度:包括生产操作规程、原料(投入品)管理制度、卫生防疫制度、产品管理制度、无害化处理制度、培训制度等。 查:相关文件			
4	内检员:具有经培训合格的无公害农产品内检员。 查:无公害农产品内检员证书(畜牧业)			
5	生产管理人员:员工职责及岗位要求明确,经过畜牧兽医法律法规和相应的无公害生产技术培训,生产人员健康证齐全有效。 查:员工岗位职责文件、健康证、培训记录			
6※	记录档案:建立批生产记录、可追溯的产品销售记录,记录保存至少两年以上。 查:批生产和销售记录(包括数量、批次、购买方、联系方式等)及保存情况			
7※	无害化处理:具有病死畜禽、污水、粪便等污染物无害化处理的设备设施,且运转有效。 查:相关设备设施、无害化处理记录			
8	质量检验能力:建有质检科(或检验室),并与生产能力相适应。 查:所需的仪器设备和检验人员资质证明等			
二、产地环境及设施(屠宰厂适用)				
9※	周边环境:厂区选址远离污染源及其他有害场所;远离水源保护区和饮用水取水口,避开居民住宅区、公共场所及畜禽饲养场。 查:现场查看			
10	厂区布局:生产区与生活管理区严格分开,生产区位于生活管理区的下风向。 查:现场查看			

续表

条款	检查项目	结论	情况描述	备注
11	厂区出入口:人员进出、畜禽入厂、产品出厂分别设置出入口,不交叉。 查:现场查看			
12	车辆消毒:有与生产规模相适应的车辆清洗、消毒设施和场地。 查:现场查看			
13	鼠虫害控制:厂区内定期进行除虫灭害工作,采取有效措施防止鼠类、蚊、蝇、昆虫等。 查:现场查看相应设施、管理制度和记录			
14	厂区布局:有待宰圈、疑似病畜圈、病畜隔离圈、急宰间和无害化处理间等,并位于生活管理区和生产加工区的下风向。 查:现场查看相应设施、管理制度和记录			
15	厂区条件:厂区除待宰畜禽外,一律不得饲养其他动物。 查:现场查看			
16	屠宰加工设备:表面光滑、无毒、不渗水、耐腐蚀、不生锈,并便于清洗消毒。 查:现场查看			
17	地面:用不渗水、不吸收、无毒、防滑材料铺砌,有适当坡度,在地面最低点设置地漏,无积水。 查:现场查看			
18	屋顶或天花板:选用不吸水、表面光洁、耐腐蚀、耐温、浅色材料覆涂或装修。 查:现场查看			
19	墙壁:平整光滑,四壁及其与地面交界处呈弧形,墙壁用浅色、不吸水、不渗水、无毒材料覆涂,并用易清洗、防腐蚀材料装修高度不低于2.0m的墙裙。 查:现场查看			
20	供水:具有冷热两套供水系统,车间内排水沟底为“U”形,有防鼠设施。 查:现场查看			畜类屠宰适用
21	车间照明:车间内有充足的自然光线或人工照明,亮度能满足动物检疫人员和生产操作人员的工作需要。吊挂在肉品上方的灯具必须装有安全防护罩。 查:现场查看			
22※	卫生消毒设备:设有非手动洗手设施、消毒池;靴鞋消毒池、更衣室等卫生设施有专人管理。 查:现场查看			

续表

条款	检查项目	结论	情况描述	备注
23	产品转运:车间内有专用的产品运送设备和容器,容器由无毒、无害、无锈、无污染的材料制成,不污染肉品,且与盛装废弃物的容器标识分明。 查:现场设施			
24	清洗消毒:生产设备、工具、容器、场地等在使用前后均清洗、消毒。 查:消毒记录			
25	分割车间温度:冷分割环境温度在15℃以下,热分割环境温度不高于20℃。 查:记录和温度计实际温度			畜产品分割屠宰适用
26	包装车间温度:包装车间的温度在15℃以下,接触分割肉的塑料薄膜符合国家相关标准的规定。 查:记录和温度计实际温度			畜产品分割屠宰适用
27	分割冷却水:水温在4℃以下,并保持清洁卫生。 查:现场查看			畜产品分割屠宰适用
28	分割终冷却水:水温应保持0～2℃,禽体在冷却槽内与水流逆向移动。 查:现场查看			禽产品分割屠宰适用
29	分割冷却槽:内应加消毒液,单设禽体消毒池,禽体出预冷槽后,经2～3min转动沥干。 查:现场查看			禽产品分割屠宰适用
30	冻结入库条件:从屠宰放血到成品进入冻结库所需时间,不得超过100min,成品不准堆积,不准进行二次冻结;装箱前须测试肉温,中心温度达－15℃后方可装箱入库。 查:现场查看			畜产品分割屠宰适用
31	冻结库温:保持－30℃以下,相对湿度为90%～95%,肌肉中心温度在10h内降到－15℃以下。 查:现场查看			畜产品分割屠宰适用
32	预冷间温度:应设有预冷间(0～4℃)。 查:记录和温度计实际温度			具有冷库的畜禽屠宰适用
33	冷藏库条件:应设有冷藏库(－18℃以下)。冷藏库产品必须由企业质检部门检验合格后方可办理出入库,产品进入冷藏库,应分品种、规格、生产日期、批次,分批堆放在垫仓板上,标识清晰,并与墙面、顶棚、排管有一定间距,温度－18℃以下。 查:记录和温度计实际温度			具有冷库的畜禽屠宰适用

续表

条款	检查项目	结论	情况描述	备注
三、投入品管理(屠宰厂和蜂产品加工厂均适用)				
34※	原料来源:待宰畜禽或蜂产品原料来自申请(或通过)认定的无公害农产品产地。 查:委托加工或购销合同,产地认定范围说明			
35※	药品储存:清洗剂、消毒剂、杀虫剂、灭鼠剂等药品标识明显,储存于专门库房或柜橱内,分类存放,并由专人负责保管。 查:药品库房、管理制度文件和领用记录			
36	其他药品储存:除卫生和工艺需要,均不得在生产车间使用和存放可能污染食品的任何种类的药品,如存放应在指定处标示。 查:现场查看			
37※	药品使用:各类药品的使用由经过培训的人员按照使用方法进行。 查:药品使用记录、培训记录、询问			
38※	加工用水:符合畜禽加工用水水质或饮用水水质要求 查:水质检验报告			
四、加工操作管理				
39	人员卫生:进车间前,穿戴整洁的工作服、帽、靴、鞋,工作服盖住外衣,头发不得露于帽外,洗净双手。 查:实施情况			
40	屠宰操作:胴体、内脏、头蹄(爪)不落地。 查:现场操作			
41	屠宰操作:开膛时不得割破胃、肠、胆囊、膀胱、孕育子宫等。 查:现场操作			畜类屠宰适用
42	副产品及污物处理:副产品中内脏、血、毛、皮、蹄壳及废弃物的流向不对产品和周围环境造成污染。 查:现场查看			
43	刀具卫生:屠宰或检疫过程中,被污染的刀具要立即更换,并经过彻底消毒处理后方可继续使用。 查:现场操作、询问			畜类屠宰适用
44	剥皮卫生:剥皮前冷水湿淋,在剥皮过程中,凡是接触过皮毛的手和工具,未经消毒不得再接触胴体。 查:现场操作			剥皮屠宰适用

续表

条款	检查项目	结论	情况描述	备注
45	脱毛卫生:浸烫水保持清洁卫生,水温达到脱毛要求并脱毛后用清水冲洗禽体,体表不得被粪便污染。 查:现场操作			禽类屠宰适用
46	内脏摘取:取脏区有标识容器,盛放放血不良、病变和污染的家禽,摘取内脏时消化道内容物、胆汁不得污染禽体。 查:现场操作			禽类屠宰适用
47	检疫:由动物防疫监督机构实施,并做到严格实施宰前检疫、宰后检疫,检疫人员的数量应与生产规模相适应;厂内设有专门的检疫工作室和化验室。 查:证件、现场操作、检疫工作室、检验仪器等			
48※	宰前检疫:待宰畜禽具有产地检疫证明,经查证验物后,合格的方可入厂屠宰。 查:随机抽查本年度最近 1 个月或 2 个月回收的检疫合格证明、宰前检疫记录			
49	宰后检疫:屠宰车间设有同步检疫设施,在各个检疫点处有可供检疫人员操作的足够空间,运行速度能满足要求。 查:现场设施			
50	宰后检疫:检疫不合格的产品,按国家相关标准的规定做无害化处理。 查:宰后检疫记录和无害化处理记录			
51※	合格胴体检疫:在规定的部位加盖"检疫验讫"印章并出具检疫证明,印色须使用食用级色素配制;分割肉外包装应当印有或加贴规定的检疫合格标志。 查:现场查看			猪牛羊屠宰适用
52※	鲜肉运输:使用专用冷藏车或保温车,猪牛羊等大中型动物胴体肉实行悬挂式运输。运输车辆进出厂前应彻底清洗、装运前消毒。 查:相应设施、管理制度和实施情况的记录			
53	原料控制:制定原料验收、储存、使用、检验等制度,并由专人负责。 查:相关制度及记录			蜂产品加工适用
54	生产管理:按生产关键工序控制要求,对每一批次产品从原料加工、产品质量和卫生指标等情况进行记录。 查:生产记录			蜂产品加工适用
55	灌装:产品的灌装、装填使用自动机械设备。 查:现场查看			蜂产品加工适用

续表

条款	检查项目	结论	情况描述	备注
56	卫生条件:有专用洁具清洗间和洁具存放间。 查:现场查看			蜂产品加工适用
57	内包装材料:直接接触产品的内包装材料必须达到卫生要求。 查:检验报告			蜂产品加工适用
58※	杀菌:建立并执行杀菌或灭菌操作规程。 查:相关文件,现场查看			蜂产品加工适用
五、产品质量管理				
59※	产品质量检测:屠宰厂应按国家相关规定对宰后的畜禽产品进行质量检验(生猪、肉牛、肉羊屠宰厂对入厂的生猪、肉牛、肉羊进行“瘦肉精”批批自检)。 查:相关文件、检验记录等			屠宰厂适用
60	标签及说明书:产品标签由专人管理,产品说明书、标签的印制符合有关部门批准的内容。 查:相关记录			蜂产品加工适用
61	成品出库记录:内容至少包括批号、出货时间、地点、对象、数量等。 查:成品出库记录			蜂产品加工适用
62	产品检验:成品逐批检验。 查:企业自检记录			蜂产品加工适用
63	委托检验:对不具备成品或出厂检验能力的企业,必须委托符合法定资格的检验机构进行产品出厂检验。 查:委托检验报告			蜂产品加工适用
64	产品留样:每批产品均有留样,留样存放于专设的留样库(或区)内,按品种、批号分类存放,并有明显标志。 查:留样观察制度和记录			蜂产品加工适用
65	特殊要求:供少数民族食用的动物产品生产,尊重少数民族习惯。 查:认证标识或证书、文件等			
六、标志使用管理(适用于复查换证产品)				
66※	标志使用:获证产品应按要求使用无公害农产品标志。 查:标志使用记录			

注:对于暂未包括其中的产品类别进行现场检查时,应参照相应国家法规和标准的要求实施。

表 5－3　无公害农产品(渔业产品)认证现场检查评定项目

条款	检查项目	结论	情况描述	备注
一、质量管理				
1※	申请主体资质:资质证明文件齐全有效,具有组织管理无公害农产品生产和承担责任追溯的能力。 查:资质证明文件及相关材料			
2	质量安全管理责任制:明确领导、管理和生产人员职责。 查:关键岗位职责分工			
3	质量控制措施:针对影响养殖产品质量安全的关键环节,制定适宜的、具可操作性的质量控制措施。 查:质量控制文件资料			
4	养殖户管理:制定养殖户质量安全管理措施,并同养殖户签订含有质量安全管理相关内容的协议书。 查:从养殖户清单中按规定随机抽查			“分户生产,统一管理”主体适用
5	生产操作规程:制定或采用适宜的生产技术操作规程,内容覆盖所有生产环节。 查:生产技术操作规程文本			
6※	内检员:经培训合格的无公害农产品内检员。 查:无公害农产品内检员证书原件			
7	生产管理人员:每年参加质量安全相关法律法规知识和技能培训。内容至少包括:(1)水产养殖质量安全相关的法律法规和标准知识;(2)标准化生产及健康养殖技术;(3)本单位质量控制措施和相关技术规程。 查:培训记录、培训资料等			
8※	记录档案:建立与产品质量安全相关的记录档案,并保存 2 年以上。 查:用药记录、水产养殖生产记录、销售记录等			
9	法律法规和标准:收集并保存现行有效的水产养殖质量安全相关的法律、法规和标准等文件。 查:法律法规、标准等文件(纸质或电子版本)			
10	国家禁用兽(渔)药清单:在养殖区范围内合适位置明示国家禁用兽(渔)药清单。 查:禁用兽(渔)药清单明示情况			
二、产地环境及设施				
11※	周边环境:无工业、农业、医疗及城市生活废弃物和废水等其他对渔业水质构成威胁的污染物。 查:现场查看,防污染措施			

续表

条款	检查项目	结论	情况描述	备注
12	产区环境:养殖场内养殖区、办公和生活设施的布局不应对养殖水体构成污染风险。不应从事畜禽养殖生产。 查:现场查看			
13※	设施:养殖区的进排水系统应分开设置。 查:进、排水渠道设置情况			
14	底泥:养殖生产开始前应清理池塘底泥。 查:生产记录或现场查看			池塘养殖适用
15	污物处理:及时处理养殖区域内的污水和垃圾等污染物,保持养殖水体清洁。 查:养殖区及养殖水体清洁状况			
三、生产过程管理				
16※	渔药选购:选择通过 GMP 认证或取得进口登记许可证的兽药企业生产的渔药。不得购买国家禁用渔药和其他渔用化合物。 查:渔药包装,购买凭证、清单			
17※	渔药储存:应有专门的渔药和其他渔用化合物存储区。养殖区内不得存放禁用的渔药和其他渔用化合物及其包装物。 查:现场查看			
18※	渔药使用:不得将原料药或人用药用于水产养殖。不得使用国家禁用渔药和其他渔用化合物。严格执行休药期规定。 查:渔药标签、用药和捕捞记录			
19	饲料选购:应采购有生产许可证或进口登记证的企业生产的饲料。 查:购买凭证、饲料标签			
20	饲料储存:应有专门的饲料存放场所,保持干燥、通风、清洁、避免日光暴晒。变质和过期饲料应做好标识,隔离禁用,并及时处理销毁。 查:现场查看			
21	饲料加工:自行加工饲料的,其饲料产品应符合相关标准的规定。加工场所应干净整洁,原料及成品堆放整齐、分区有序、标识清晰。 查:饲料检验报告,现场查看加工场所			
22※	饲料使用:不得添加未获国家批准使用的饲料添加剂和药物添加剂。不得长期投喂或在饲料中添加抗生素类药物。 查:饲料配方,用药记录中抗生素的相关记录			

续表

条款	检查项目	结论	情况描述	备注
23	苗种选购:应从具有水产苗种生产许可证的苗种场购买苗种,索取并保存苗种购买凭证。 查:购买凭证、苗种供应方生产许可证			
24	有机肥使用:有机肥应完全发酵熟化。 查:现场查看			
四、标志使用管理(适用于复查换证产品)				
25※	标志使用:获证产品应按要求使用无公害农产品标志。 查:标志使用记录			

二、无公害农产品认证产地和产品的检测

无公害农产品认证检测是无公害农产品认证工作的重要环节,包括产地环境和农产品的检测。由检测机构,依据相关产地标准对产地环境进行检测并出具《无公害农产品产地环境检测报告》和《无公害农产品产地环境现状评价报告》,依据《农业部办公厅关于印发茄果类蔬菜等55类无公害农产品检测目录的通知》(农办质〔2013〕17号)等规定的要求对产品进行检验并出具《无公害农产品检验报告》。其中检测机构一定要求有相应检测项目资质,并且在无公害农产品定点检测资质目录中,未经农业部农产品质量安全中心委托授权的检测机构出具的无公害农产品检验数据和结果,在认证评审时一律不予认可。

【参考文献】

[1]农业部.关于加强无公害农产品产地认定产品认证审核工作的通知(农质安发〔2009〕8号)[Z].

[2]农业部.无公害农产品产地认定与产品认证申请书(2016版)[Z].

[3]农业部.关于印发《无公害农产品认证审查规范》的通知(农质安发〔2011〕23号)[Z].

[4]农业部,质检总局.无公害农产品管理办法(农业部、质检总局2002年第12号令)[Z].

[5]农业部.无公害农产品产地认定和产品认证申请指南[Z].

[6]农业部办公厅.关于印发茄果类蔬菜等55类无公害农产品检测目录的通知(农办质〔2013〕17号)[Z].

第六章

绿色食品认证

第一节　绿色食品认证概述

一、绿色食品及认证

绿色食品在中国是对无污染的安全、优质、营养类食品的总称。获证绿色食品是指按特定方式生产，并经国家有关专门机构认定，准许使用绿色食品标志的无污染、无公害、安全、优质、营养型的食品。类似的食品在其他国家被称为有机食品、生态食品或自然食品。绿色食品标志如图 6－1、图 6－2 所示。绿色食品证书如图 6－3 所示。

图 6－1　AA 级绿色食品标志

图 6－2　A 级绿色食品标志

绿色食品

证　书

图 6－3　绿色食品证书

中国绿色食品认证创立了“以技术标准为基础、质量认证为形式、商标管理为手段”的运行模式，实行质量认证制度与证明商标管理制度相结合。绿色食品标准参照联合国粮农组织(FAO)与世界卫生组织(WHO)的国际食品法典委员会(CAC)标准以及欧盟、美国、日本等发达国家标准制定，整体上达到国际先进水平。绿色食品认证按照国际标准化组织(ISO)和我国相关部门制定的基本规则和规范来开展，具备科学性、公正性和权威性。绿色食品标志为质量证明商标，依据我国《中华人民共和国商标法》《集体商标、证明商标注册和管理办法》和农业部《绿色食品标志管理办法》等法律法规来监督和管理，以维护绿色食品的品牌信誉，保护广大消费者的合法权益。

绿色食品生产满足食品质量安全更高层次需求，既是一项增进消费者身体健康、保护生态环境、具有鲜明社会公益性特点的事业，又能够有效地提高生产者的经济效益，因而采取政府推动与市场运作相结合的发展机制。政府推动，主要体现在制定技术标准、政策、法规及规划，组织实施质量管理和市场监督等方面；市场运作，是指利用优质优价市场机制的作用，引导企业和农户发展绿色食品。

绿色食品生产推行“以品牌为纽带、龙头企业为主体、基地建设为依托、农户参与为基础”的产业一体化组织形式。这样既有利于落实标准化生产，保障原料和产品质量，实行产品质量安全可追溯制度，又有利于打造绿色食品整体品牌形象，提高产品的市场竞争力，实现品牌价值，推动农业产业化和“订单农业”的发展，促进企业增效、农民增收。

绿色食品事业创立的发展模式，不仅是我国安全优质农产品生产、加工、流通组织方式的创新，而且也是食品安全保障制度和健康消费方式的创新。这两个具有中国特色和时代特征的“创新”，奠定了绿色食品的制度优势、品牌优势和产品优势，全面提升了绿色食品事业发展的核心竞争力。

二、中国绿色食品认证的特点

1. 提出了环保、安全的鲜明概念

绿色食品事业创立之初，正是我国城乡居民生活在解决温饱问题之后向更高水平迈进，农业向“高产、优质、高效”方向发展，国际社会倡导走可持续发展道路之时。这项事业蕴含的保护环境、保障食品安全、可持续发展的理念，是建立科学的生产方式和倡导健康的消费方式的一个富有现实意义和前瞻影响的大胆创新。

2. 确立了“从土地到餐桌”全程质量控制的技术路线

在市场经济条件下，改变了计划经济时代单一运用行政手段控制产品质量安全的做法，即由被动式监管转向主动式引导。开发绿色食品，从保护和改善生态环境入手，在种植、养殖、加工过程中执行规定的技术标准和操作规程，限制或禁止使用有毒有害、高残留农业投入品，从而保证了最终产品的安全。

3. 建立了一套具有国际先进水平的技术标准体系

绿色食品技术标准体系包括产地环境质量技术条件、生产过程投入品使用准则、产品质量标准以及包装标识标准。绿色食品标准参照相关国际组织和部分发达国家标准，并结合我国农业生产力发展水平制定，不仅操作性强，而且能够有效地突破农产品国际贸易领域中的技术壁垒，保证绿色食品顺利地进入国际市场。目前，农业部已累计发布各类绿色食品行业标准70余项。

4. 创建了农产品质量安全认证制度

绿色食品率先将质量认证作为一项重要的技术手段，运用于农产品质量安全管理工作中，构建了一套较为完善、规范的认证管理制度，不仅有效地保证了绿色食品产品质量安全水平，而且有力地促使生产企业建立起了可靠的产品质量安全保障体系，从而也树立起了广大消费者对绿色食品的安全消费信心。

5. 开创了我国质量证明商标的先河

1996 年，绿色食品标志在国家工商行政管理总局成功注册，正式成为我国第一例质量证明商标。绿色食品标志商标，已由事业开创之初保护知识产权和监督管理的一种基本手段，发展到在国内外有较高知名度和影响力，在广大消费者心目中有较高认知度和可信度的品牌，现正在成为代表我国农产品精品形象的国家品牌。此外，为了保护自主知识产权，促进绿色食品出口贸易发展，我国绿色食品标志商标已在日本注册，在欧盟国家和中国香港地区的注册工作正在加快进行。

6. 创新了符合国情和事业特点的工作运行机制

绿色食品事业依托我国农业系统，创造性地采取委托管理方式，建立起了一个以中国绿色食品发展中心和各级绿色食品管理机构为主体、以环境监测和产品检测机构为支撑、以社会专家为补充的工作体系，形成了共同推动事业发展、工作各有侧重的体制安排和运行机制。目前，中国绿色食品发展中心委托的地方绿色食品管理机构有 42 个，其中省级 35 个，地市级 7 个；各省委托的地市管理机构 180 个、县级管理机构 840 个。全国各级管理机构现有人员约 2400 人。全国共有绿色食品环境定点监测机构 71 家，产品定点检测机构 38 家。绿色食品专家队伍由覆盖全国各地、分布 70 多个专业的 439 名专家组成。目前，绿色食品可以分成农业产品、林产品、畜产品、渔业产品、加工食品、饲料等，产品可以分成 53 类。

第二节　绿色食品标准体系

绿色食品标准体系以“从土地到餐桌”全程质量控制为核心，由六个部分构成。

一、绿色食品产地环境质量标准

制定绿色食品产地环境质量标准的目的：一是强调绿色食品必须产自良好的生态环境地域，以保证绿色食品最终产品的无污染、安全性；二是促进对绿色食品产地环境的保护和改善。

绿色食品产地环境质量标准规定了产地的空气质量标准、农田灌溉水质标准、渔业水质标准、畜禽养殖用水标准和土壤环境质量标准的各项指标以及浓度限值、监测和评价方法，提出了绿色食品产地土壤肥力分级和土壤质量综合评价方法。对于一个给定的污染物，在全国范围内其标准是统一的，必要时可增设项目，适用于绿色食品（AA 级和 A 级）生产的农田、菜地、果园、牧场、养殖场和加工厂。

二、绿色食品生产技术标准

绿色食品生产过程的控制是绿色食品质量控制的关键环节。绿色食品生产技术标准是绿色食品标准体系的核心，它包括绿色食品生产资料使用准则和绿色食品生产技术操作规程两部分。

绿色食品生产资料使用准则是对生产绿色食品过程中物质投入的一个原则性规定，它包括生产绿色食品的农药、肥料、食品添加剂、饲料添加剂、兽药和水产养殖用药的使用准则，对允许、限制和禁止使用的生产资料及其使用方法、使用剂量、使用次数和休药期等给出了明确规定。

绿色食品生产技术操作规程是以上述准则为依据，按作物种类、畜牧种类和不同农业区域的生产特性分别制定的，用于指导绿色食品生产活动，规范绿色食品生产技术的技术规定，包括农产品种植、畜禽饲养、水产养殖和食品加工等技术操作规程。

三、绿色食品产品质量标准

该标准是衡量绿色食品最终产品质量的指标。它虽然跟普通食品的国家标准一样，规定了食品的外观品质、营养品质和卫生品质等内容，但其卫生品质要求高于国家现行标准，主要表现在对农药残留和重金属的检测项目种类多、指标严，而且使用的主要原料必须是来自绿色食品产地的、按绿色食品生产技术操作规程生产出来的产品等方面。绿色食品产品质量标准反映了绿色食品生产、管理和质量控制的先进水平，突出了绿色食品产品无污染、安全的卫生品质。

四、绿色食品包装标签标准

该标准规定了进行绿色食品产品包装时应遵循的原则，包装材料选用的范围、种类，包装上的标识内容等。要求产品包装从原料、产品制造、使用、回收和废弃的整个过程都应有利于食品安全和环境保护，包括包装材料的安全、牢固性，节省资源、能源，减少或避免废弃物产生，易回收循环利用，可降解等具体要求和内容。

绿色食品产品标签，除要求符合国家《食品标签通用标准》外，还要求符合《中国绿色食品商标标志设计使用规范手册》的规定，该手册对绿色食品商标的标准图形、标准字形、图形和字体的规范组合、标准色、广告用语以及在产品包装标签上的规范应用均作了具体规定。

五、绿色食品储藏、运输标准

该项标准对绿色食品储运的条件、方法、时间作出规定，以保证绿色食品在储运过程中不遭受污染、不改变品质，并有利于环保、节能。

六、绿色食品其他相关标准

与绿色食品相关的其他标准包括"绿色食品生产资料"认定标准、"绿色食品生产基地"认定标准等，这些标准都是促进绿色食品质量控制管理的辅助标准。

以上六项标准对绿色食品产前、产中和产后全过程质量控制技术和指标作了全面的规定，构成了一个科学、完整的标准体系，如图 6－4 所示。

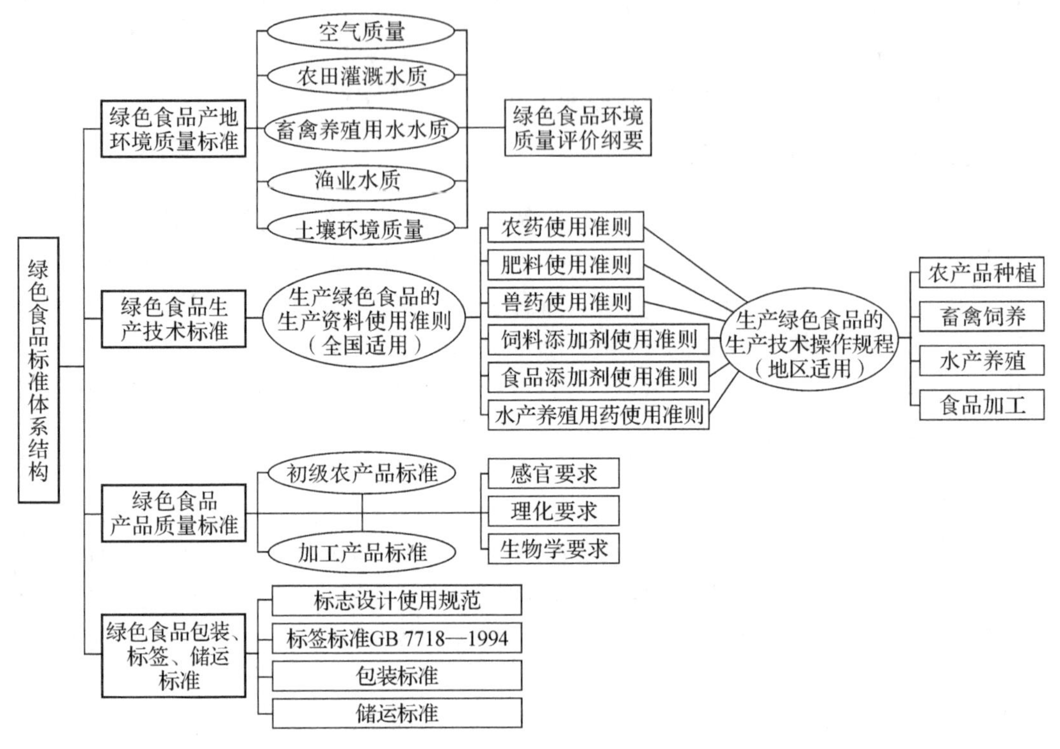

图 6-4　绿色食品标准体系结构

第三节　绿色食品认证条件及要求

一、申请主体资质的要求

凡具有绿色食品生产条件的国内企业均可申请绿色食品认证。申请人必须是企业法人。社会团体、民间组织、政府和行政机构等不可作为绿色食品的申请人。同时，绿色食品标志许可审查程序还要求申请人具备以下条件：

(1)能够独立承担民事责任，如企业法人、农民专业合作社、个人独资企业、合伙企业、家庭农场、国有农场、国有林场和兵团团场等生产单位。

(2)具有稳定的生产基地。

(3)具有绿色食品生产的环境条件和生产技术。

(4)具有完善的质量管理体系，并至少稳定运行一年。

(5)具有与生产规模相适应的生产技术人员和质量控制人员。

(6)申请前三年内无质量安全事故和不良诚信记录。

(7)与绿色食品工作机构或检测机构不存在利益关系。

二、技术要求

申请使用绿色食品标志的产品，应当符合《食品安全法》和《中华人民共和国农产品质量安全法》等法律法规规定，在国家工商行政管理总局商标局核定的绿色食品标志商标涵盖商品范围内，并具备下列条件：

(1)产品或产品原料产地环境符合绿色食品产地环境质量标准。

(2)农药、肥料、饲料、兽药等投入品使用符合绿色食品投入品使用准则。

(3)产品质量符合绿色食品产品质量标准。

(4)包装储运符合绿色食品包装储运标准。

第四节　绿色食品认证申请

绿色食品认证流程如图6-5所示。

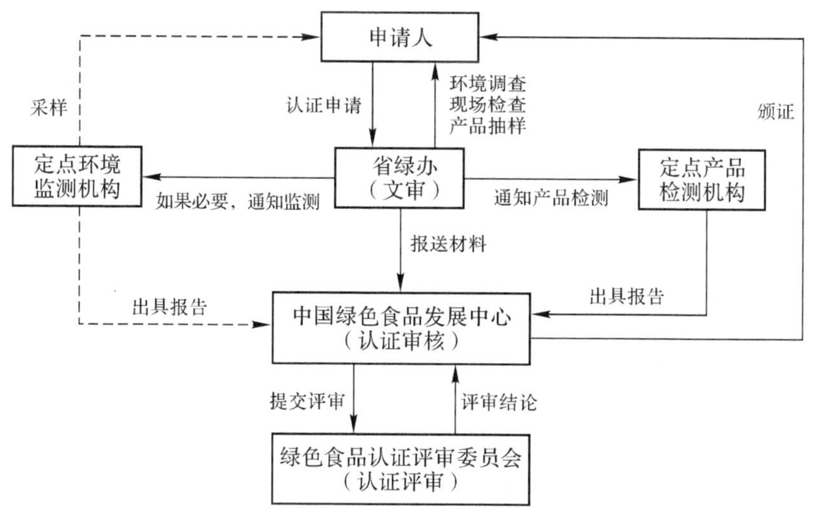

图6-5　绿色食品认证流程

一、要求提供的材料

绿色食品采用网上在线申报的形式，申请人至少在产品收获、屠宰或捕捞前三个月，向所在省级工作机构提出申请，提交下列文件：

(1)《绿色食品标志使用申请书》及《调查表》。

(2)资质证明材料，如《营业执照》《全国工业产品生产许可证》《动物防疫条件合格证》《商标注册证》等证明文件复印件。

(3)质量控制规范。

(4)生产技术规程。

(5)基地图、加工厂平面图、基地清单、农户清单等。

(6)合同、协议，购销发票，生产、加工记录。

(7)含有绿色食品标志的包装标签或设计样张(非预包装食品不必提供)。

(8)应提交的其他材料。

二、申请审查

省级工作机构应当自收到申请材料之日起十个工作日内完成材料审查。符合要求的,予以受理,向申请人发出《绿色食品申请受理通知书》,并在现场检查前,应提前告知申请人并向其发出《绿色食品现场检查通知书》,明确现场检查计划。申请人应当根据现场检查计划做好安排。检查期间,要求主要负责人、绿色食品生产负责人、内检员或生产管理人员、技术人员等在岗,开放场所设施设备,备好文件记录等资料。不符合要求的,不予受理,书面通知申请人本生产周期不再受理其申请,并告知理由。

三、现场检查程序

(1)召开首次会议,由检查组长主持,明确检查目的、内容和要求,申请人、主要负责人、绿色食品生产负责人、技术人员和内检员等参加。

(2)实地检查,检查组应当对申请产品的生产环境、生产过程、包装储运、环境保护等环节逐一进行严格检查。

(3)查阅文件、记录,核实申请人全程质量控制能力及有效性,如质量控制规范、生产技术规程、合同、协议、基地图、加工厂平面图、基地清单、记录等。

(4)随机访问,在查阅资料及实地检查过程中随机访问生产人员、技术人员及管理人员,收集第一手资料。

(5)召开总结会,检查组与申请人沟通现场检查情况并交换现场检查意见。

最后,省级工作机构根据申请产品类别,组织至少两名具有相应资质的检查员组成检查组,在材料审查合格后四十五个工作日内组织完成现场检查(受作物生长期影响可适当延后),向省级工作机构提交《绿色食品现场检查报告》。如果审核结论合格的,省级工作机构依据《绿色食品现场检查报告》向申请人发出《绿色食品现场检查意见通知书》。

四、产地环境、产品检测和评价

(1)申请人按照《绿色食品现场检查意见通知书》的要求委托检测机构对产地环境、产品进行检测和评价。

(2)检测机构接受申请人委托后,应当分别依据《绿色食品　产地环境调查、监测与评价规范》(NY/T 1054—2013)和《绿色食品　产品抽样准则》(NY/T 896—2015)及时安排现场抽样,并自环境抽样之日起三十个工作日内、产品抽样之日起二十个工作日内完成检测工作,出具《环境质量监测报告》和《产品检验报告》,提交省级工作机构和申请人。

(3)申请人如能提供近一年内绿色食品检测机构或国家级、部级检测机构出具的《环境质量监测报告》,且符合绿色食品产地环境检测项目和质量要求的,可免做环境检测。

经检查组调查确认产地环境质量符合《绿色食品　产地环境质量》(NY/T 391—2013)和《绿色食品　产地环境调查、监测与评价规范》(NY/T 1054—2013)中免测条件的,省级工作机构可做出免做环境检测的决定。

省级工作机构应当自收到《绿色食品现场检查报告》《环境质量监测报告》和《产品检验报

告》之日起二十个工作日内完成初审。初审合格的，将相关材料报送中心，同时完成网上报送；不合格的，通知申请人本生产周期不再受理其申请，并告知理由。

五、作出审核结论

中国绿色食品发展中心应当自收到省级工作机构报送的完备申请材料之日起三十个工作日内完成书面审查，提出审查意见，并通过省级工作机构向申请人发出《绿色食品审查意见通知书》。

(1)需要补充材料的，申请人应在《绿色食品审查意见通知书》规定时限内补充相关材料，逾期视为自动放弃申请。

(2)需要现场核查的，由中心委派检查组再次进行检查核实。

(3)审查合格的，中心在二十个工作日内组织召开绿色食品专家评审会，并形成专家评审意见。

中心根据专家评审意见，在五个工作日内作出是否颁证的决定，并通过省级工作机构通知申请人。同意颁证的，进入绿色食品标志使用证书(以下简称“证书”)颁发程序；不同意颁证的，告知理由。

六、续展申请审查

证书有效期三年。证书有效期满，需要继续使用绿色食品标志的，标志使用人应当在有效期满三个月前向省级工作机构提出续展申请，同时完成网上在线申报。标志使用人逾期未提出续展申请，或者续展未通过的，不得继续使用绿色食品标志。

标志使用人除应当向所在省级工作机构提供与初次一致的材料外还需要提供：

(1)上一用标周期绿色食品原料使用凭证。

(2)上一用标周期绿色食品证书复印件。

(3)《产品检验报告》(标志使用人如能提供上一用标周期第三年的有效年度抽检报告，经确认符合相关要求的，省级工作机构可作出该产品免做产品检测的决定)。

(4)《环境质量监测报告》(产地环境未发生改变的，申请人可提出申请，省级工作机构可视具体情况作出是否进行环境检测和评价的决定)。

省级工作机构收到申请材料后，应当在四十个工作日内完成材料审查、现场检查和续展初审。初审合格的，应当在证书有效期满二十五个工作日前将续展申请材料报送中心，中心收到省级工作机构报送的完备的续展申请材料之日起十个工作日内完成书面审查。审查合格的，准予续展，同意颁证；不合格的，不予续展，并告知理由。

注册地址在境外的申请人，应直接向中心提出申请。注册地址在境内，其原料基地和加工场所在境外的申请人，可向所在行政区域的省级工作机构提出申请，亦可直接向中心提出申请。初审及后续工作由中心负责。

七、绿色食品标志的申请

通过绿色食品认证后，单位可在相应的产品上使用绿色食品标志作为证明。食品单位申请在产品上使用绿色食品标志的程序是：

(1)申请人填写《绿色食品标志使用申请书》一式两份(含附报材料)，报所在省(自治区、直辖市、计划单列市，下同）绿色食品管理部门。

（2）省绿色食品管理部门委托通过省级以上计量认证的环境保护监测机构，对该项产品或产品原料的产地进行环境评价。

（3）省绿色食品管理部门对申请材料进行初审，并将初审合格的材料报中国绿色食品发展中心。

（4）中国绿色食品发展中心会同权威的环境保护机构，对上述材料进行审核。合格的由中国绿色食品发展中心指定的食品监测机构对其申报产品进行抽样，并依据绿色食品质量和卫生标准进行检测。对不合格的，当年不再受理其申请。

（5）中国绿色食品发展中心对质量和卫生检测合格的产品进行综合审查（含实地核查），并与符合条件的申请人签订“绿色食品标志使用协议”，由农业部颁发绿色食品标志使用证书及编号，报国家工商行政管理总局商标局备案，同时公告于众。对卫生检测不合格的产品，当年不再受理其申请。

【参考文献】

[1]NY/T 391—2013　绿色食品　产地环境质量标准[S].

[2]GB 7718—2004　食品标签通用标准[S].

[3]中国绿色食品发展中心.中国绿色食品商标标志设计使用规范手册[Z].

[4]NY/T 896—2015　绿色食品　产品抽样准则[S].

[5]NY/T 391—2013　绿色食品　产地环境质量[S].

[6]NY/T 1054—2013　绿色食品　产地环境调查、监测与评价规范[S].

[7]中国绿色食品发展中心.省级绿色食品工作机构续展审核工作实施办法[Z].2015-03-01.

[8]国家质量监督检验检疫总局.认证证书和认证标志管理办法[Z].2004-08-01.

第七章

有机食品认证

第一节　有机产品认证概述

一、有机产品

有机产品是指生产、加工、销售过程符合中国有机产品国家标准，获得有机产品认证证书，并加贴中国有机产品认证标志的供人类消费、动物食用的产品。有机产品包括食品及棉、麻、竹、服装、化妆品、饲料等非食品。有机产品必须同时具备四个条件：第一，原料必须来自已经建立或正在建立的有机农业生产体系，或采用有机方式采集的野生天然产品；第二，产品在整个生产过程中必须严格遵循有机产品的加工、包装、储藏、运输等要求；第三，生产者在有机产品的生产和流通过程中，有完善的跟踪审查体系和完整的生产、销售档案记录；第四，必须通过独立的有机产品认证机构认证审查。

为促进食品安全，保障人体健康，防止农药、化肥等化学物质对环境的污染和破坏，有机食品认证机构依据有机食品认证技术准则、有机农业生产技术操作规程，对申请的农产品及其加工产品实施规定程序的系统评估，并颁发证书，该过程称为有机食品认证。认证以规范化的检查为基础，包括实地检查、可追溯体系和质量保证体系的实施。

2013 年 11 月 15 日，国家质量监督检验检疫总局（以下简称国家质检总局）发布了《有机产品认证管理办法》（国家质检总局第 155 号令），于 2014 年 4 月 1 日正式实施，并于 2015 年 8 月进行了修订，修订后该办法主要有以下变化：

（1）统一认证范围，设立有机产品认证目录制度。国家认监委先后公布了《有机产品认证目录》以及《有机产品认证增补目录》，只有列入目录的产品才能够获得有机认证。

（2）建立有机码和证书编号制度，统一认证证书和认证标志。建立“一品一码”的 17 位有机码管理制度，获证产品的最小销售包装上，必须使用有机码；建立统一的认证证书编号制度，所有认证机构根据系统生成的证书编号发放证书。有机码和证书编号都可以通过国家认监委网站进行查询，方便消费者对有机产品的真伪进行验证。

（3）取消了有机转换认证标志。但有机转换认证仍然存在，有机产品获得认证前仍然要经过2～3年的转换期,转换期产品只能作为常规产品销售。

(4)建立有机产品认证销售证制度,确保未超范围销售。为了保证认证委托人所销售的有机产品类别、范围和数量与认证证书中的产品类别、范围和数量一致,要求认证机构通过颁发销售证书确保其未超范围销售。

(5)规范进口有机产品的监督,保护国内市场。建立进口有机产品入境验证制度,这有利于保护我国消费者的合法权益和国内有机产品市场的健康发展。为确保新《有机产品认证管理办法》针对进口有机食品进行监管的有效实施,国家认监委组织制定了《进口有机产品入境验证工作指南》,并要求各出入境检验检疫部门参照实施。

(6)增加罚则,建立退出机制,淘汰不合格企业。新有机产品认证罚则,包括伪造、变造、冒用、非法买卖、转让、涂改认证证书等行为的处罚。新《有机产品认证管理办法》针对认证委托人提供虚假信息、违规使用禁用物质、超范围使用有机产品认证标志,或者出现产品质量安全重大事故的,认证机构5年内不得受理该企业及其生产基地、加工场所的有机产品认证委托。《有机产品认证管理办法》明确规定了认证机构和认证委托人违法行为的制裁依据和具体措施。

根据《中华人民共和国认证认可条例》《有机产品认证管理办法》相关规定,只有经国家认监委批准的认证机构才能开展有机产品认证。截至2016年9月,经批准可以开展有机产品认证的机构有31家(有机产品认证机构最新情况可通过food.cnca.cn网站查询)。有机产品认证由有资质的认证机构按照《有机产品认证实施规则》规定的程序进行,实行市场化运作。

二、取得有机产品认证的优势

(1)企业用自然、生态平衡的方法从事农业生产和管理,保护环境,满足人们需求,实现可持续发展。

(2)顺应国际市场潮流,扩大有机农业生产及有机产品出口,提高产品市场竞争力。

(3)满足“绿色”“环保”的消费需求。

(4)保护生产者,特别是通过有机产品的增值来提高生产者的收益,同时有机认证是消费者可以信赖的重要证明。

三、有机食品认证范围

有机食品认证范围包括种植、养殖和加工产品。国家认监委先后公布了《有机产品认证目录》以及《有机产品认证增补目录》,只有列入目录的产品才能够获得有机认证。

第二节　有机食品认证程序

有机食品认证的一般程序包括生产者向认证机构提出申请和提交符合有机食品生产加工的证明材料,认证机构对材料进行评审、现场检查后批准(图7-1)。其流程与其他认证类似。

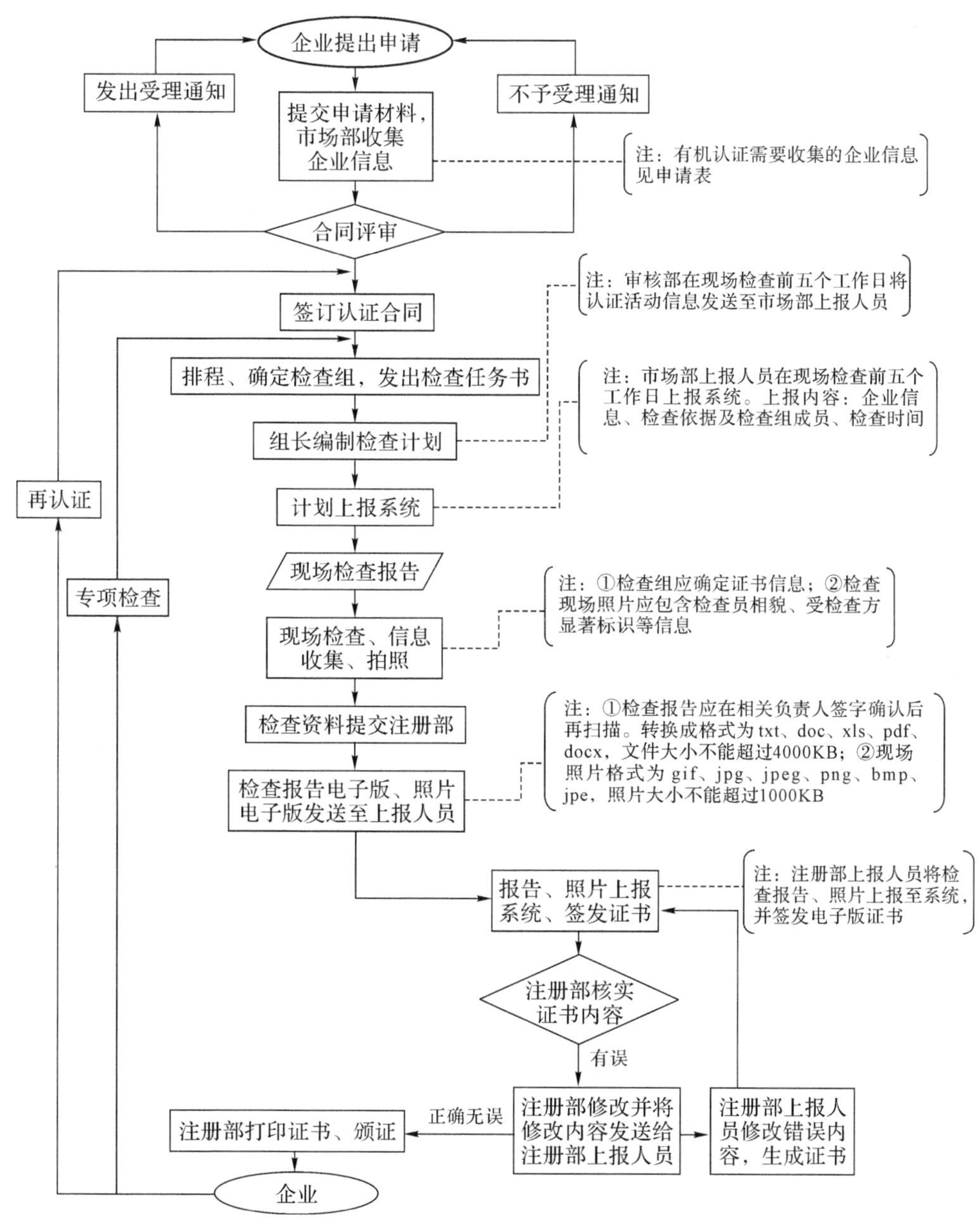

图7-1　有机认证的基本流程

一、有机认证的要求

1. 认证申请主体基本条件

(1)取得国家工商行政管理部门或有关机构注册登记的法人资格。

(2)已取得相关法规规定的行政许可(适用时)。

(3)生产加工的产品符合中华人民共和国相关法律、法规、安全卫生标准和有关规范的要求。

(4)建立和实施了文件化的有机产品管理体系,并有效运行3个月以上。

(5)申请认证的产品种类应在国家认监委公布的《有机产品认证目录》内。

2. 生产要求

生产基地在近三年内未使用过农药、化肥等禁用物质；种子或种苗未经基因工程技术改造过；生产基地应建立长期土地培肥、植物保护、作物轮作和畜禽养殖计划；生产基地无水土流失、风蚀及其他环境问题；作物在收获、清洁、干燥、储存和运输过程中应避免污染；在生产和流通过程中，必须有完善的质量控制和跟踪审查体系，并有完整的生产和销售记录档案。

3. 加工要求

原料来自获得有机认证的产品和野生(天然)产品；获得有机认证的原料在最终产品中所占的比例不少于 95%；只允许使用天然的调料、色素和香料等辅助原料和有机认证标准中允许使用的物质，不允许使用人工合成的添加剂；有机产品在生产、加工、储存和运输的过程中应避免污染；加工和贸易全过程必须有完整的档案记录，包括相应的票据。

二、认证委托人应提交的文件和资料

一般地，申请认证的产品不同需要提供的材料也不同，但均需提供以下材料：

(1)认证委托人的合法经营资质文件复印件，如营业执照副本、组织机构代码证、土地使用权证明及合同等。

(2)认证委托人及其有机产品生产、加工、经营的基本情况：认证委托人名称、地址、联系方式；当认证委托人不是产品的直接生产、加工者时，生产、加工者的名称、地址、联系方式；生产单元或加工场所概况；申请认证产品名称、品种及其生产规模，包括面积、产量、数量、加工量等；同一生产单元内非申请认证产品和非有机方式生产的产品的基本信息；过去三年间的生产历史，如植物生产的病虫草害防治、投入物使用及收获等农事活动描述；野生植物采集情况的描述；动物、水产养殖的饲养方法、疾病防治、投入物使用、动物运输和屠宰等情况的描述；申请和获得其他认证的情况。

(3)产地(基地)区域范围描述，包括地理位置、地块分布、缓冲带及产地周围临近地块的使用情况等；加工场所周边环境描述、厂区平面图、工艺流程图等。

(4)有机产品生产、加工规划，包括对生产、加工环境适宜性的评价，对生产方式、加工工艺和流程的说明及证明材料，农药、肥料、食品添加剂等投入物质的管理制度以及质量保证、标识与追溯体系建立、有机生产加工风险控制措施等。

(5)本年度有机产品生产、加工计划，上一年度销售量、销售额和主要销售市场等。

(6)承诺守法诚信，接受行政监管部门及认证机构监督和检查，保证提供材料真实、执行有机产品标准、技术规范的声明。

(7)有机生产、加工的管理体系文件。

(8)有机转换计划(适用时)。

(9)当认证委托人不是有机产品的直接生产、加工者时，认证委托人与有机产品生产、加工者签订的书面合同复印件。

(10)其他相关材料。

三、认证受理

对符合要求的认证委托人，认证机构应根据有机产品认证依据、程序等要求，在 10 个工作日内对提交的申请文件和资料进行评审并保存评审记录，申请材料齐全、符合要求的，予以受理认证申请，认证中心向企业寄发《受理通知书》《有机食品认证检查合同》(简称《检查合同》)

并根据检查时间和认证收费管理细则，制订初步检查计划和估算认证费用。对不予受理的，应当书面通知认证委托人，并说明理由，通知申请人当年不再受理其申请。申请人确认《受理通知书》后，与认证中心签订《检查合同》，申请人缴纳相关费用，以保证认证前期工作的正常开展。

四、现场检查准备与实施

根据所申请产品的对应的认证范围，认证机构将委派具有相应资质和能力的检查员组成检查组。检查员取得申请人相关资料，依据本准则的要求，对申请人的质量管理体系、生产过程控制体系、追踪体系以及产地、生产、加工、仓储、运输、贸易等进行实地检查评估。必要时，检查员需对土壤、产品抽样，由申请人将样品送指定的质检机构检测。每个检查组应至少有一名相应认证范围注册资质的专业检查员。

五、编写检查报告

(1)检查员完成检查后，按认证中心要求编写检查报告。

(2)检查员在检查完成后两周内将检查报告送达认证中心。

六、综合审查评估意见

(1)认证中心根据申请人提供的申请表、调查表等相关材料以及检查员的检查报告和样品检验报告等进行综合审查评估，编制颁证评估表。

(2)提出评估意见并报技术委员会审议。

七、颁证决定

认证决定人员对申请人的基本情况调查表、检查员的检查报告和认证中心的评估意见等材料进行全面审查，作出同意颁证、有条件颁证、有机转换颁证或拒绝颁证的决定。证书有效期为 1 年。

当申请项目(如养殖、渔业、加工等项目)较为复杂时，由技术委员会召开工作会议，对相应项目作出认证决定。

(1)同意颁证。申请内容完全符合有机食品标准，颁发有机食品证书。

(2)有条件颁证。申请内容基本符合有机食品标准，但某些方面尚需改进，在申请人书面承诺按要求进行改进以后，亦可颁发有机食品证书。

(3)有机转换颁证。申请人的基地进入转换期一年以上，并继续实施有机转换计划，颁发有机转换基地证书。从有机转换基地收获的产品，按照有机方式加工，可作为有机转换产品，即“转换期有机食品”销售。

(4)拒绝颁证。申请内容达不到有机食品标准要求，技术委员会拒绝颁证，并说明理由。

(5)有机食品标志的使用根据证书和《有机食品标志使用管理规则》的要求，签订《有机食品标志使用许可合同》，并办理有机食品商标的使用手续。

(6)保持认证。有机食品认证证书有效期为 1 年，在新的年度里，认证机构会向获证企业发出《保持认证通知》。获证企业在收到《保持认证通知》后，应按照要求提交认证材料，与联系人沟通确定实地检查时间并及时缴纳相关费用。保持认证的文件审核、实地检查、综合评审、颁证决定的程序同初次认证。

第三节　有机食品标志的使用

一、有机食品标志

根据证书和《有机食品标志使用管理规则》的要求，签订《有机食品标志使用许可合同》，并办理有机食品商标的使用手续。有机产品标志如图 7－2 所示。有机产品认证证书如图 7－3 所示。

图 7－2　有机产品标志

有机产品认证证书

遂昌文泰山茶油厂

CHTC
CNAS

图 7－3　有机产品认证证书

二、标志的使用

根据《有机产品认证管理办法》及《有机产品》国家标准中第三部分“标识与销售”的有关规定，有机产品的标志应符合以下要求：

(1)有机产品认证标志应当在有机产品认证证书限定的产品范围、数量内使用。

(2)获证单位或者个人可以将有机产品认证标志印制在获证产品标签、说明书及广告宣传材料上，并可以按照比例放大或者缩小，但不得变形、变色。

(3)在获证产品或者产品最小包装上加施有机产品认证标志时，应当在相邻部位标注有机产品认证机构的标识或者机构名称，其相关图案或者文字应当不大于有机产品认证标志。

(4)未获得有机产品认证的产品，不得在产品或者产品包装及标签上标注“有机产品”“有机转换产品”(“ORGANIC”“CONVERSION TO ORGANIC”)和“无污染”“纯天然”等其他误导公众的文字表述。

(5)按有机产品国家标准生产并获得有机产品认证的产品，方可在产品名称前标识“有机”，在产品或者包装上加施中国有机产品认证标志并标注认证机构的标识或者认证机构的名称。

有机配料含量等于或者高于95%并获得有机产品认证的加工产品，方可在产品名称前标识“有机”，在产品或者包装上加施中国有机产品认证标志并标注认证机构的标识或者认证机构的名称。

三、有机码

为保证有机产品的可追溯性，国家认证认可监督管理委员会(以下简称国家认监委)要求认证机构在向获得有机产品认证的企业发放认证标志或允许有机食品生产企业在产品标签上印制有机产品认证标志前，必须按照统一编码要求赋予每枚认证标志一个唯一编码，该编码由17位数字组成，其中认证机构代码3位、认证标志发放年份代码2位、认证标志发放随机码12位，并且要求在17位数字前加“有机码”三个字。每一枚有机标志的有机码都需要报送到“中国食品农产品认证信息系统”(http://www.cnca.gov.cn/ywzl/rz/spncp/)，可以在该网站上查到该枚有机标志对应的有机产品名称、认证证书编号、获证企业等信息。

(1)认证机构代码(3位)由认证机构批准号后3位代码形成。内资认证机构为：该认证机构批准号的3位阿拉伯数字批准流水号；外资认证机构为：9+该认证机构批准号的2位阿拉伯数字批准流水号。

(2)认证标志发放年份代码(2位)采用年份的最后2位数字，例如2014年为14。

(3)认证标志发放随机码(12位)是认证机构发放认证标志数量的12位阿拉伯数字随机号码。数字产生的随机规则由各认证机构自行制定。

【参考文献】

[1]国务院. 中华人民共和国认证认可条例[Z]. 2003-11-01.

[2]国家质量监督检验检疫总局. 有机产品认证管理办法(修订)[Z]. 2015-08-25.

[3]国家认监委. 有机产品认证实施规则(国家认监委2014年第11号公告)[Z]. 2014-04-23.

[4]GB/T 19630—2011. 有机产品国家标准[S].

[5]中国国家认证认可监督管理委员会. 有机产品认证目录[Z]. 2012-03-01.

[6]中国国家认证认可监督管理委员会. 有机产品认证增补目录(二)[Z]. 2014-07-24.

[7]中国国家认证认可监督管理委员会. 进口有机产品入境验证工作指南(国认注〔2014〕21号)[Z]. 2014-03-14.

[8]中国国家认证认可监督管理委员会，中国农业大学. 中国有机产业与有机产品认证发展(2015)[M]. 北京：中国标准出版社，2016.

第八章

与食品相关的其他认证简介

第一节　BRC 全球食品安全标准

BRC 全球食品安全标准是 1998 年由英国零售商协会(British Retail Consortium,BRC)为确保零售商自有品牌的食品安全而创立的,现在已成为全球各个贸易领域广泛应用的保证生产安全食品的框架性标准。为了适应食品安全最新形势的变化,这个标准定期进行更新。

为了适应全球食品安全标准被翻译成多国语言,更适合在全球食品贸易中应用,2015 年 7 月 1 日生效的第七版标准在先前版本的基础上继续加强管理层承诺、基于危害分析与关键控制点(HACCP)的食品安全计划和支持质量管理体系。其目标旨在将审核的关注点引导到在生产区良好操作规范的贯彻和落实上,加大对传统上曾导致召回和撤回区域的重视。全球食品安全标准是为满足食品生产商在法律和消费者保护方面应符合的安全、质量和操作标准而建立并发展的。

BRC 全球食品安全标准针对零售品牌或自有品牌的加工食品制造和初级产品制作,或供食品服务公司、餐饮公司和食品生产商使用的食品或配料,制定了一系列要求。

BRC 全球食品安全标准认证标识如图 8-1 所示。认证适用于现场生产或制作的产品,并包括生产场所直接管理控制的仓储设施。粗加工或者粗加工的准备工序外包给外协厂的公司,可以进行 BRC 认证,但该公司需要能够证明他们对外协厂有适当的控制,并且认证的范围明确写明不包括这些产品的粗加工或者粗加工的准备工序。

图 8-1　BRC 全球食品安全标准认证标识

该标准只适用于食品生产企业,不适用于除食品生产以外的活动。如您是贸易商,可以申请 BRC 全球标准存储和分销。

第二节　ISO 22000 食品安全管理体系

随着经济全球化的发展，生产、制造、操作和供应食品的组织逐渐认识到，顾客越来越希望这些组织具备和提供足够的证据证明自己有能力控制食品安全危害和那些影响食品安全的因素。然而，各国标准不一致，使顾客的要求难以满足，因此，有必要协调各国标准使之上升到国际标准。同时，一个统一的国际性标准和国际通用的管理体系认证方式，将对突破技术壁垒起到积极作用。

ISO 22000 自 2005 年 9 月 1 日正式生效，这是世界上第一部食品安全管理体系的国际标准。ISO 22000 采用了 ISO 9000 标准体系结构，这为大多数已经熟悉了 ISO 9001 标准的企业实施 ISO 22000 提供了便利。

在食品危害风险识别、确认以及系统管理方面，参照了国际食品法典委员会颁布的《食品卫生通则》中有关 HACCP 体系和应用指南部分。ISO 22000 的使用范围覆盖了食品链全过程，即种植、养殖、初级加工、生产制造、分销，一直到消费者使用，其中也包括餐饮。另外，与食品生产密切相关的行业也可以采用这个标准建立食品安全管理体系，如杀虫剂、兽药、食品添加剂、储运、食品生产设备、食品清洁服务、食品包装材料等。ISO 22000 是适合于所有食品加工企业的标准，它是通过对食品链中任何组织在生产（经营）过程中可能出现的危害（指产品）进行分析，确定关键控制点，将危害降低到消费者可以接受的水平。

ISO 22000 引用了国际食品法典委员会提出的 5 个初始步骤，这 5 个初始步骤是：①建立 HACCP 小组；②产品描述；③预期使用；④绘制流程图；⑤现场确认流程图。

ISO 22000 建立的 7 个原理是：①对危害进行分析；②确定关键控制点；③建立关键限值；④建立关键控制点的监视体系；⑤当监视体系显示某个关键控制点失控时确立应当采取的纠正措施；⑥建立验证程序以确认 HACCP 体系运行的有效性；⑦建立文件化的体系。ISO 22000 表达了食品安全管理中的共性要求，而不是针对食品链中一类组织的特定要求。

ISO 22000 作为管理体系标准，要求组织应确定各种产品和（或）过程种类的使用者和消费者，并应考虑消费群体中的易感人群，应识别非预期但可能出现的产品不正确的使用和操作方法。一方面通过事先对生产（经营）全过程的分析，运用风险评估方式，对确认的关键控制点进行有效的管理；另一方面将“应急预案及响应”和“产品召回程序”作为系统失效的后续补救手段，以减少食品安全事件对消费者产生的不良影响。该标准也要求组织与对可能影响其产品安全的上、下游组织进行有效的沟通，将食品安全保证的概念传递到食品链中的各个环节，通过体系的不断改进，系统性地降低整个食品链的安全风险。

食品安全需要由食品链中各个组织来保证。比如“三聚氰胺事件”，发生源是在供应链上游，是饲养、饲料等，作为终端产品的制造者三鹿公司只是管理中出现了纰漏，最终导致了经营危机。ISO 22000 适用于整个食品链，这就为终端产品的制造者将食品安全管理通过标准实施、认证向上游供应商延伸，找到了共同的平台，对非食品供应商，如包装、运输、仓储的食品安全管理找到了共同的语言。这一标准可以单独用于认证、内审或合同评审，也可与其他管理体系，如 ISO 9001：2015 组合实施。

第三节　良好农业规范(GAP)

从广义上讲，良好农业规范(Good Agricultural Practices，GAP)作为一种适用方法和体系，通过经济的、环境的和社会的可持续发展措施，来保障食品安全和食品质量。GAP主要针对未加工和经最简单加工(生的)出售给消费者和加工企业的大多数果蔬的种植、采收、清洗、摆放、包装和运输过程中常见的微生物的危害控制，其关注的是新鲜果蔬的生产和包装，但不限于农场，包含"从农田到餐桌"的整个食品链的所有步骤。

通过GAP认证，能够提升农业生产的标准化水平，有利于提高农产品的内在品质和安全水平，有利于增强消费者的消费信心。

在我国加入世界贸易组织之后，GAP认证成为农产品进出口的一个重要条件，通过GAP认证的产品将在国内外市场上具有更强的竞争力。GAP允许有条件合理使用化学合成物质，并且其认证在国际上得到广泛认可。因此，进行GAP认证，可以从操作层面上落实农业标准化，从而提高我国常规农产品在国际市场上的竞争力，促进获证农产品的出口。

通过GAP认证的产品，其销售价格高于非认证的同类产品，因此，通过GAP认证可以提升产品的附加值，从而增加认证企业和生产者的收入。

通过GAP认证，有利于增强生产者的安全意识和环保意识，有利于保护劳动者的身体健康。

通过GAP认证，有利于保护生态环境和增加自然界的生物多样性，有利于自然界的生态平衡和农业的可持续性发展。

中国GAP认证标志如图8-2所示。中国GAP认证分为2个级别：一级认证要求符合良好农业规范相关技术规范中一级控制点的要求，并且至少符合良好农业规范相关技术规范中适用的二级控制点总数的95%的要求，不设定三级控制点的最低符合百分比；二级认证要求至少符合适用模块中一级控制点总数的95%的要求，不设定二级控制点、三级控制点的最低符合百分比。

图8-2　中国良好农业规范认证标志

我国制定了GB/T 20014不同农产品良好农业规范系列标准指导实际操作。

不同行业、不同类型申请人开展GAP认证执行不同的标准，如农场基础控制点与符合性规范，作物基础控制点与符合性规范，大田作物控制点与符合性规范。

以农业生产经营者组织申请认证时还需满足质量管理体系要求。

第四节　国际食品标准(IFS)

国际食品标准(International Food Standard,IFS)的主要内容是食品安全、危害管理及与相关的法律及标准衔接,其他品质要求如产品的色、香及味都不包括在IFS范围内。该标准内的单一条款一般含数个要求,常以"应"及"宜"把要求组合起来,共计五大章、246条。国际食品标准标识如图8-3所示。

通过IFS认证,使选择自有品牌供应商的过程更有效率,能够确保食品生产过程的质量要求,使自身品牌更具价值,并且免于承担法律责任。

图8-3　国际食品标准标志

第五节　食品安全与质量(SQF)认证

食品安全与质量2000(Safety Quality Food 2000,SQF 2000)是目前国际食品行业(生产及零售企业)广为认可和采用的食品安全与质量体系标准,它源于澳大利亚农业委员会为食品链相关企业制定的食品安全与质量保证体系标准。目前,SQF 2000的全球认证权归属美国的食品零售业信息公会(FMI),该组织的成员拥有全美国三分之二的零售额。日本最大的超市连锁企业"佳世客"要求其在韩国和中国的食品供应商取得SQF 2000的认证资格。我国目前取得SQF 2000认证的企业有蒙牛乳业集团、山东凤祥集团和山东华誉集团等20多家。

SQF 2000是将HACCP和ISO 9000这两套体系融合的标准,该标准具有很强的综合性和可操作性。通过SQF 2000认证,食品企业可以将认证标志直接使用在企业的广告和产品包装上,这也是SQF 2000与其他认证体系(诸如HACCP、ISO 9000等)最大的区别。在由独立第三方认证机构的监督管理下,该标志展示其生产高质量安全食品的能力和承诺。通过实施SQF 2000认证,企业能够提升其良好的社会形象,扩大产品市场占有率。因此,SQF 2000标准在全球范围内获得市场普遍认可。

SQF 2000帮助和督促食品加工企业实施食品质量及安全计划,如果食品企业正在申请HACCP、ISO 9000等认证,建议采用SQF 2000认证,那样更为合算。SQF 2000标准认证体系的有效实施可提高品牌价值,增强客户购买产品的信心,使产品能够满足市场及法规的要求。SQF 2000标准的主要内容包括承诺、供应商、生产控制、检验与测试、文本控制及质量记录、产品识别和追踪等。认证程序包括认证培训、提交认证计划和申请书、申请资料的审阅、预审、正式认证审核、注册及跟踪监督等。

SQF证书的价值如下:

(1)SQF认证是在供应商和零售商之间建立起信任的有效工具。

(2)企业通过SQF认证是生产商证明自己在产品品质和安全上所做的努力,以及对法律法规遵从,是建立产品可追溯性的必要条件。

(3)SQF 2000标准是国际认可的标准,适合所有在当地市场和全球市场运作的食品供应商。因此,通过 SQF 认证是降低昂贵且彼此冲突的各类审核的频率的有效策略。

(4)企业通过 SQF 认证有利于供应商在与未获得认证的竞争对手的竞争中占据有利地位。

(5)SQF 2000 标准是一个通过降低生产消耗从而提高收益的管理体系。

【参考文献】

[1]申海鹏.英国零售商协会(BRC)发布新版食品安全标准[J].食品安全导刊,2015(4):16-16.

[2]BRC 食品安全全球标准(第七版)[S].2015.

[3]ISO 22000:2005 食品安全管理体系——食品链中各类组织的要求[S].

[4]SN/T 1443.2—2004 食品安全管理体系审核指南[S].

[5]李怀林.ISO 22000 食品安全管理体系通用教程[M].北京:中国计量出版社,2007.

[6]中国标准出版社第一室.良好农业规范及相关标准汇编[M].北京:中国标准出版社,2008.

[7]李莉.良好农业规范(GAP)实施与认证指南[M].北京:中国标准出版社,2010.

[8]刘雄,陈宗道.食品质量与安全[M].北京:化学工业出版社,2009.

[9]邹翔.寻求适合企业的食品安全质量认证[J].食品安全导刊,2007(1):44-46.

第三部分
食品企业检验员基础知识

第九章

食品分析检验基础

第一节　食品分析检验的责任

《食品安全法》规定食品、食品添加剂和食品相关产品的生产者，应当依照食品安全标准对所生产的食品、食品添加剂和食品相关产品进行检验，检验合格后方可出厂或者销售。我国现有食品生产加工企业和食品经营企业数量众多，仅靠监管部门的监管，无法保障食品安全，只有每个食品生产经营者真正承担起相应的主体责任，主动把住食品安全关卡，食品安全才有保障。

出厂检验是食品生产中的最后一道工序，是食品生产者能够控制的最后一道关卡。食品企业如果把关不严，不符合食品安全标准的食品就会流入市场，生产企业即使召回食品，也会对企业声誉造成较大的影响，也可能对消费者身体健康造成伤害，企业也将面临索赔的风险。企业作为食品安全的第一责任人，有责任、有义务对自己生产的产品进行自验，确保出厂产品合格、安全。因此，食品企业产品检验是保障食品安全的重要的第一关。

食品企业的检验人员作为产品质量安全把关的实际执行者，应充分发挥检验工作在保障食品安全、提高产品质量中的关键作用，在学好基础知识的同时不断提高检验检测能力，保证检测结果的准确、可靠。

第二节　食品企业实验室设置和管理

一、实验室布局和设施

根据食品企业产品和检验的参数要求，有一定规模的食品企业应设置综合实验室，对于规模较小的食品企业，若无法设置综合实验室，但至少应该对实验室进行功能分区。一般食品企业的检测实验室主要包括以下三大功能区：辅助室、理化分析实验室、微生物实验室。辅助室一般包括办公室、气瓶室、档案（资料）室。理化分析实验室包括理化分析室（兼作感官检验室)、仪器室(兼放微生物室显微镜等少量仪器)。微生物实验室包括微生物检验操作室、无菌室、培养基制作室、洗涤消毒室。

1. 办公室

办公室是食品企业检验人员进行原始记录等各项工作的场所,是与非检验人员交往较多的场所,因此,应设在整体综合检验室的最外层,只需有桌、椅等简单设施即可。

2. 微生物实验室

微生物实验室是微生物培养与检验主要的操作室。

(1)实验台的要求:

①实验台面积一般不小于2.4m×1.3m;

②实验台应位于实验室中心,要有充足光线(也可以做边台);

③实验台两侧安装小盆与水龙头;

④实验台中间设置试剂架,架上装有日光灯与插座;

⑤实验台材料要以耐热、耐酸碱为宜。

(2)无菌室:无菌室通过空气的净化和空间的消毒为微生物实验提供一个相对无菌的工作环境。无菌室是处理样品和接种培养的主要工作间,应与微生物检验操作室紧密相连。为满足无菌要求,无菌室应满足以下布局要求:

①入口避开走廊,设在微生物检验操作室内;

②与操作室用两道缓冲间隔开;

③无菌室与缓冲间均装有紫外灯,要求每3m^2安装30W紫外灯一盏;

④无菌室内设有实验台(中央实验台与边台皆可),紫外灯距实验台面要小于1.5m;

⑤无菌室与操作室之间设有双层窗构成小通道。

(3)培养基制作室:培养基制作室是制作、配制微生物培养所需培养基及检验用试剂的场所,其主要设备应为边台与药品柜。

①边台上要放置电炉,以备熔化煮沸培养基时用;

②边台材料要耐高热、耐酸碱;

③药品柜分门别类存放一般药品及试剂;

④危险、易腐、易燃、有毒有害药品单独设保险柜存放;

⑤边台上要放天平,以称取药品。

(4)洗涤消毒室:洗涤消毒室供食品企业的实验员消毒洗涤待用与已用之玻璃器皿。

为满足洗涤消毒的功能,洗涤消毒室应设有:

①1~2个洗涤池,洗涤池上下水网要畅通;

②器皿柜或实验台,以放置洗涤好的器皿;

③高压灭菌锅,其所用电源应满足用电负荷;

④室内安装有通风装置(通风柜)或换气扇;

⑤有条件的单位还可在该室内安装日常检验用纯水等供应装置。

3. 理化分析实验室

理化分析实验室是物理化学分析的主要操作室,实验台与微生物实验室要求相同,应设置通风柜以满足加热、消化、干燥、烧灼和化学处理等工作需要,要求设置足够的洗涤池。

4. 仪器室

一般用以放置显微镜、电子天平及理化分析用小型仪器和大型分析仪器。要注意仪器间的隔离，防止互相干扰；要求清洁干燥、防潮防虫、避光；仪器台要稳固、牢靠。

以上设置适合中型以上的食品企业检验部门的要求。对于微小型食品企业实验室，应该通过房间分区，以保证实验室不同工作区之间有一定区分，因此，最少应保证4个分区。

(1)洗刷消毒区。这个区域要求相对独立，最好以房间间隔，因为这个区域处理废物，有一定的污染源和湿度。

(2)培养基配制区。用于培养基的配制，经常有水等，需要相对独立一些。

(3)主要操作区。在这个区域，微生物试验结果的观察、显微镜操作、一般的简单理化操作、仪器设备操作等都可以合并在这个区域进行。

(4)无菌操作区。无菌室要求独立房间。

二、实验室环境要求

1. 通风

实验室经常使用有毒有害的化学试剂或易挥发的有机溶剂，在实验过程中会产生一些有害气体。为了防止实验室工作人员吸入或咽入有毒、可致病或毒性不明的化学物质和有机气体，实验室中应有良好的通风或换气设备。通风设备有通风柜、通风罩、排风扇或局部通风装置，也可以在室内设通风竖井，利用竖井通风换气。

2. 湿度和温度

实验室要求适宜的温度和湿度，因此一些区域应配备防潮吸湿装置及空调装置等。室内的小环境，包括气温、湿度和气流速度等，对在实验室工作的人员和仪器设备性能有影响。一般夏季的适宜温度应是18～28℃，冬季为16～20℃，相对湿度一般维持在30%～70%，仪器有特殊要求的按特殊要求设置。一般温湿度对大多数理化实验影响不大，但是天平室和精密仪器室应根据需要对温湿度进行控制。

3. 洁净度

经常保持实验室的清洁是非常重要的，一般实验室内地面和墙裙可采用水磨石，或铺耐酸陶瓷板、塑料地板等，实验台面可贴耐酸的塑料板或橡胶板。

室外大气中的尘埃会通过通风换气过程进入实验室，不但影响检测结果，而且灰尘落在仪器设备的元件表面上，影响仪器的性能，甚至可能造成短路或其他潜在危险。微生物检验对室内的洁净度要求较高，灰尘和空气中携带的细菌或孢子对检验的结果影响很大，一般需对送入的新风进行过滤。一般食品企业检测室达到万级净化要求即可。若有多个洁净实验室，送排风系统应各自独立设计，独立使用。

三、实验室设施要求

1. 供水与排水、排污

实验室都应有供排水装置。化学检验实验台根据需要应安装水管、水龙头、水槽、紧急冲淋器、洗眼器等。实验室的一般废水无须处理就可排入城市下水网道，而实验室的有害废水必须净化处理后才能排入下水网道。一般高浓度的酸碱废水应先中和再排入城市下水网道，对此类废水的排放建议采用耐酸碱的排水管道。对有机溶剂，实验室不应直接排入下水管道，应集中收集送有资质的处理机构处理。

实验室用水有自来水和实验用纯水两类。根据用水量及检测标准的要求安装纯水处理装置，以满足检验方法及精密仪器使用要求。

实验室的水源除用于洗涤外，还用于抽滤、蒸馏、冷却等，所以水槽上要多装几个水龙头，如普通龙头、尖嘴龙头、高位龙头等。下水管的水平段倾斜度要稍大些，以免管内积水；弯管处宜用三通，留出地面用堵头堵塞，便于疏通。此外，实验室内应有地漏，下水管须耐腐蚀。

2. 供电

电力是实验室重要动力来源。为保障正常工作，电源供应的质量、安全可靠及连续性必须得到保障。一般用电和实验用电应分开；对一些精密、贵重仪器设备，要求提供稳压、恒流、稳频、抗干扰的电源；必要时须配备专用电源，如不间断电源(UPS)等。对于大功率的仪器或检测设备，应单独放线，防止影响其他仪器的工作。

实验室中的供电电源功率应根据用电总负荷设计，设计时要留有余地。进户线要用三相电源，整个实验室要有总闸，各间实验室内设分闸，每个实验台都应有插座。凡是仪器用电，即使是单相，也应采用三头插座，零线与地线分开，不要短接。精密仪器要单设地线，以保证仪器稳定运行。

3. 供气与排气

实验室用气一般使用压缩钢瓶气和气体发生器，具体使用哪种应从气体纯度、用气量、稳定性、成本方面考虑。压缩气体以够用并保持最低备用量为宜，须用金属链拴牢固定。压缩气体钢瓶不能靠近火源、直接日晒，不能置于高温环境中。对于易燃、易爆和助燃气应隔离，定期检查钢瓶和气体管路的密封性。

实验室的废气排出管必须高出附近房顶3m左右。对毒性较大或数量多的废气，可参考工业废气处理方法(如用吸附、吸收、氧化、分解等)来进行处理。如果实验室不是在最高一层，废气必须采用专用管道从楼顶排放。

第三节　食品企业实验室常用仪器设备

企业实验室可根据生产的产品品种、检测项目的多少和生产规模的大小来配备仪器设备，以够用、经济、简便为原则。

食品检验按产品的检测参数分为品质类项目和卫生理化类项目；按检测方法来分，分为化学分析法和仪器法。品质类和化学分析法类的项目一般不需要特别大型的仪器设备，感官项目仅凭训练有素的检验员就可进行，卫生理化类项目的检测过程相对复杂，一般需要大型的仪器设备。

一、按所检项目配置仪器设备

按食品检验的项目所需的仪器如下：

1. 化学分析、感官及常规项目

水分、含盐量、含糖量、蛋白含量、脂肪含量、纤维含量、维生素含量、酸度等。对于这些项目的检测，一般采用化学分析，只需一些玻璃器皿，再配置最简单的烘箱、水浴、电炉、搅拌器、粉碎机、pH 计等设备即可。如果经费充足或检验批次较多，这些检测项目可配专用检测仪器。

2. 微生物检测

微生物检测是食品的必检项目。生产企业一般应建立微生物实验室。微生物实验室应按照生物实验室标准进行布局。必要的设备有洁净台、培养箱、高压灭菌锅、电炉等，其他设备则根据具体检测项目和要求来配置，经费少、要求不高的可以配置国产设备，经费充足、要求高的可以考虑买性能好、价格高的进口设备。

3. 食品添加剂检测

食品添加剂检测中的一部分项目可以用化学法进行，如亚硝酸盐、二氧化硫、重金属、总砷等含量，但化学法的灵敏度低且检测限高，不适合微量或痕量物质的检测。微量或痕量物质的检测应该配置气相色谱（氢火焰检测器）、液相色谱（紫外/可见光检测器），如防腐剂（苯甲酸、山梨酸等）、甜味剂（甜蜜素、糖精钠等）、色素（柠檬黄、胭脂红等）等添加剂就需要用到色谱检测技术。

4. 食品中有害重金属检测

虽然一些分光光度法能用于食品中有害重金属的检测，但由于干扰大，检测限高，操作复杂，不能满足要求，现在已很少在国家标准中出现。目前，原子吸收分光光度计（含火焰/石墨炉部分）成为食品中有害重金属检测的标配，它可以用来检测铅、铬、镉、铜、镍等有害元素。如需要检测食品中的砷和汞，则需要配备原子荧光分光光度计。这两类仪器基本能检测食品企业所要求检测的重金属参数。

5. 食品中农药残留

气相色谱是检测残留农药必不可少的设备，根据检测项目不同，配备不同的检测器：检测有机氯农药，需配电子俘获检测器（ECD）；检测有机磷农药，需配火焰光度检测器（FPD）或氮磷检测器（NPD）。随着食品（农产品）中农药残留检测的项目要求越来越多，检测的灵敏度要求越来越高，为提高通用性，建议气相色谱配置毛细管柱分流/不分流进样口，安装毛细管色谱柱，以提高分离度，减少频繁更换色谱柱，提高分析效率。要求更高的食品企业，如大型食品出口加工企业可以配置气相色谱—质谱仪。一般只需配置电子轰击离子（EI）源，如果有必要可再配一个负化学离子（NCI）源。

6. 兽药残留

一般小型肉制品加工企业进行残留兽药的检测，可以考虑配置酶联免疫仪（ELISA），能满足项目单一且批次多的检测要求。该仪器一次投入不大，操作简便，检测灵敏度高，但该方法也有缺点：一是试剂盒为长期的消耗品，若检测的批次少成本会较高；二是特异性不好，可能会有假阳性；三是如果在相对长的一段时间内检测项目较多，成本甚至比仪器分析还高。对于有一定规模的出口食品企业，为适应当前欧盟、美国、日本等发达国家检测限量要求，最好配置一台液相色谱—串联质谱仪，建议配置三重四极质谱仪，因为该仪器灵敏度高、重现性好。仪器够用就行，但灵敏度、稳定性、抗污染等性能要好。最好买用户较多的型号，便于今后技术交流。

食品企业实验室应配置的仪器总结如表 9－1 所示。

表 9-1 食品企业实验室仪器配置总结

<table>
<tr><th colspan="3">项 目</th><th>简单配置</th><th>高配置</th></tr>
<tr><td rowspan="4">品质项目</td><td colspan="2">水分、含盐量、含糖量、蛋白含量、脂肪含量、纤维含量、维生素含量、酸度等</td><td>化学法分析，只需配置最简单的烘箱、水浴、电炉、搅拌器、粉碎机、pH 计等设备</td><td>通用仪器如紫外—可见分光光度计、近红外分析仪、自动滴定仪等</td></tr>
<tr><td colspan="4">根据对应的检测项目配置专用仪器</td></tr>
<tr><td colspan="2">维生素 A、E 等</td><td colspan="2">荧光光度计</td></tr>
<tr><td colspan="2">营养元素，如钙、锌、铁等</td><td colspan="2">原子吸收仪（火焰检测器）</td></tr>
<tr><td rowspan="10">卫生项目</td><td>微生物</td><td>微生物实验室，必建</td><td>按照生物实验室标准进行布局。必要的设备有洁净台、培养箱、高压灭菌锅、电炉等，其他设备则根据具体检测项目配置。简单配置为国产设备</td><td>高配置为进口设备</td></tr>
<tr><td rowspan="4">添加剂和有害元素</td><td>亚硝酸盐、二氧化硫、重金属、总砷等</td><td colspan="2">化学法</td></tr>
<tr><td>国际卫生标准：防腐剂（苯甲酸、山梨酸等）、甜味剂（甜蜜素、糖精钠等）、色素（柠檬黄、胭脂红等）</td><td colspan="2">气相色谱（氢火焰检测器）、液相色谱（紫外/可见光检测器）</td></tr>
<tr><td>铅、铬、镉、铜、镍等有害元素</td><td colspan="2">原子吸收仪（石墨炉检测器）</td></tr>
<tr><td>砷和汞等</td><td colspan="2">原子荧光</td></tr>
<tr><td rowspan="3">残留农药</td><td>气相色谱，必配</td><td>气相色谱，毛细管柱分流/不分流进样口，安装毛细管色谱柱</td><td rowspan="3">气相色谱—质谱仪（四极杆、离子阱均可），EI 够用，可选配 NCI</td></tr>
<tr><td>有机氯农药</td><td>电子俘获检测器（ECD）</td></tr>
<tr><td>有机磷农药</td><td>火焰光度检测器（FPD）或氮磷检测器（NPD）</td></tr>
<tr><td rowspan="2">残留兽药</td><td>项目不多，且批次多</td><td colspan="2">酶联免疫仪（ELISA）。注：项目特别多时比用仪器成本高</td></tr>
<tr><td>有一定规模的出口食品企业</td><td colspan="2">三重四极杆液相色谱—串联质谱仪</td></tr>
</table>

二、常用的玻璃器皿

要准备足够的玻璃器皿用于对样品进行研磨、称量、干燥、分离、提取、消化、定容、蒸馏、浓缩处理、试剂配制及储存等。常用的玻璃器皿可分为量器、容器和特定用途的玻璃器皿。

量器类有吸管、滴定管、量杯、量筒、容量瓶、称量瓶等。

容器类有烧杯、烧瓶、锥形瓶、试剂瓶、滴瓶、试管、培养皿等。

特定用途的玻璃器皿有研钵、漏斗、分液漏斗、干燥器、凯氏分解烧瓶、K-D 浓缩器、层析柱、索氏脂肪抽提器及凯氏定氮蒸馏装置等。

常用玻璃仪器用法见表 9-2。

表 9-2　常用玻璃仪器图例和用法

仪　器	规格及表示法	一般用途	使用方法和注意事项	理　由
(a)普通试管 (b)离心试管 试管架	试管:有刻度的按容积(mL)分;无刻度的用管口直径(mm)×管长(mm)表示,如硬质试管 10mm×75mm。 试管分普通试管(a)和离心试管(b),又分硬质试管和软质试管。普通试管又有翻口、平口、有支管、无支管、有塞、无塞等几种。 试管架有木质、铝制和塑料制等,有大小不同、形状不一的各种规格。	1.反应容器,便于操作、观察,用药量少。也可用于少量气体的收集。 2.离心管用于沉淀分离。 3.试管架用于存放试管。	1.反应液体不超过试管容积的 1/2,若加热则不超过 1/3。 2.加热前试管外面要擦干,加热时应用试管夹夹持。 3.加热液体时,管口不要对人,并将试管倾斜,与桌面成 45°,同时不断振荡,火焰上端不能超过管里液面。 4.加热固体时,管口略向下倾斜。 5.离心管只能用于水浴加热。 6.硬质试管可以加热至高温,但不宜骤冷;软质试管在温度急剧变化时极易破裂。 7.一般大试管直接加热,小试管用水浴加热。 8.加热后的试管应以试管夹夹好悬放架上。	1.防止振荡液体溅出或受热溢出。 2.防止有水滴附着受热不匀,使试管破裂;以免烫手。 3.防止液体溅出伤人。扩大加热面防止爆沸。防止受热不均匀使试管破裂。 4.增大受热面,避免管口冷凝水流回灼热管底而引起破裂。
烧　杯	玻璃质。以容积(mL)表示,如硬质烧杯 400mL。有一般型、高型、有刻度和无刻度几种。	1.反应容器,尤其是在反应物较多时用,易混合均匀。 2.也用作配制溶液时的容器或简易水浴的盛水器。	1.反应液体不能超过烧杯用量的 2/3。 2.加热时放在石棉网上,使受热均匀。 3.刚加热后不能直接置于桌面上,应垫以石棉网。	1.防止搅动时液体溅出或沸腾时液体溢出。 2.防止玻璃受热不均匀而破裂。
锥形烧瓶	以容积(mL)表示,有有塞、无塞、广口、细口和微型几种。	1.反应容器,加热时可避免液体大量蒸发。 2.振荡方便,用于滴定操作。	同上。	同上。
量　筒	玻璃质。以所能量度的最大容积(mL)表示,上口大、下口小的叫量杯。	量取一定体积的液体。	1.不能作为反应容器,不能加热,不可量热的液体。 2.读数时视线应与液面水平,读取与弯月面最低点相切的刻度。	1.防止破裂。容积不准确。 2.读数准确。

续表

仪　器	规格及表示法	一般用途	使用方法和注意事项	理　由
表面皿	以口径(cm)表示	1.用来盖在蒸发皿、烧杯等容器上,以免溶液溅出或灰尘落入。 2.作为称量试剂的容器。	1.不能用火直接加热。 2.作盖用时,其直径应比被盖容器略大。 3.用于称量时应洗净烘干。	防止破裂。
(a)吸量管 (b)移液管	以所能量度的最大容积(mL)表示,分分度吸管(吸量管)和无分度吸管(移液管)两类。	用于精确移取一定体积的液体。	1.将液体吸入,液面超过刻度,用食指按住管口,轻轻转动放气,使液面降至刻度时,用食指按住管口,移往指定容器上,放开食指,使液体注入。 2.用时先用少量所移取液淋洗三次。 3.一般吸管残留的最后一滴液体,不要吹出(完全流出式应吹出)。 4.吸管用后立即清洗,置于吸管架(板)上,以免玷污。 5.具有精确刻度的量器,不能放在烘箱中烘干,不能加热。 6.读取刻度的方法同量筒。	1.确保量取准确。 2.确保所取液浓度或纯度不变。 3.制管时已考虑。
容量瓶	玻璃材质,以容积(mL)表示,分量入式(In)和量出式(Ex)。塞子有玻璃、塑料两种。	配制标准溶液用。	1.溶质先在烧杯内全部溶解,然后移入容量瓶。 2 不能加热,不能用毛刷洗刷。不能代替试剂瓶用来存放溶液。 3.读取刻度的方法同量筒。 4.不能放在烘箱内烘干。 5.瓶的磨口瓶塞配套使用,不能互换。	1.配制准确。 2.避免影响容量瓶容积的精确度。
吸滤瓶和布式漏斗	布式漏斗:磁制或玻璃制,以容量(mL)或斗径(cm)表示。 吸滤瓶:以容积(mL)表示。 过滤管:直径(mm)×管长(mm),磨口的以容积表示。	两者配套,用于无机制备中晶体或粗颗粒沉淀的减压过滤。当沉淀量少时,用小号漏斗与过滤管配合使用。	1.滤纸要略小于漏斗的内径,才能贴紧。 2.先开抽气管,再过滤。过滤完毕后,先分开抽气管与抽滤瓶的连接处,后关抽气管。 3.不能用火直接加热。 4.注意漏斗与滤瓶大小配合。 5.漏斗大小与过滤的沉淀或晶体量的配合。	1.防止滤液由边上漏滤,过滤不完全。 2.防止抽气管水流倒吸。 3 防止玻璃破裂。

续表

仪　器	规格及表示法	一般用途	使用方法和注意事项	理　由
漏　斗	以直径(cm)表示，有短颈(a)、长颈(b)、粗颈(c)、无颈(d)等几种。	1. 过滤。 2. 引导溶液入小口容器中。 3. 粗颈漏斗用于转移固体。	1. 不能用火直接灼烧。 2. 过滤时，漏斗颈尖端必须紧靠承接滤液的容器壁。 3. 长颈漏斗作加液时斗颈应插入液面内。	1. 防止破裂。 2. 防止滤液漏出。 3. 防止气体自漏斗泄出。
称量瓶	以外径(mm)×高(cm)表示，分扁形(a)、筒形(b)。	用于准确称量一定量的固体。	1. 盖子是磨口配套的，不得丢失、弄乱。 2. 用前应洗净烘干。不用时应洗净，在磨口处垫一小纸条。 3. 不能直接用火加热。	1. 易使药品玷污。 2. 防止粘连，打不开玻璃盖。 3. 防止玻璃破裂。
(a)　(b)　(c) 滴定管	滴定管分酸式(a)、碱式(b)两种，以容积(mL)表示；管身颜色为棕色或无色。 滴定管架：金属制。 滴定管夹：木质或金属。	1. 用于滴定或量取准确体积的液体。 2. 滴定管夹夹持滴定管，固定在滴定管架上。	1. 用前洗净，装液前用预装溶液淋洗三次。 2. 滴定时，酸式管用左手开启旋塞，碱式管用左手轻捏橡皮管内玻璃珠，溶液即可放出。碱式管要注意赶净气泡。 3. 酸式管旋塞应擦凡士林，碱式管下端橡皮管不能用洗液洗。 4. 酸式管、碱式管不能对调使用。 5. 酸液放在具有玻塞的滴定管中，碱液放在带橡皮管的滴定管中。 6. 滴定管要洗净，溶液流下时管壁不得挂有水珠。活塞下部要充满液体，全管不得留有气泡。 7. 滴定管用后应立即洗净。 8. 不能加热及量取热的液体，不能用毛刷洗涤内管壁。	1. 保证溶液浓度不变。 2. 防止将旋塞拉出而喷漏，便于操作。赶出气泡是为读数准确。 3. 旋塞旋转灵活；洗液腐蚀橡皮。 4. 酸液腐蚀橡皮，碱液腐蚀玻璃，使旋塞黏住而损坏。
滴　管	由尖嘴玻璃管和橡胶乳头构成。	吸取少量(数滴或1～2mL)试剂。	1. 溶液不得吸进橡皮头。 2. 用后立即洗净内、外管壁。	吸取少量(数滴或1～2mL)试剂。
干燥管	以大小表示，有直形(a)、弯形(b)、U形(c)几种。	盛装干燥剂干燥气体。	1. 干燥剂置球形部分，不宜过多。小管与球形交界处放少许棉花填充。 2. 大头进气，小头出气。	盛装干燥剂干燥气体。

续表

仪　器	规格及表示法	一般用途	使用方法和注意事项	理　由
洗气瓶	以容积表示。	净化气体用,反接可用作安全瓶(缓冲瓶)。	1.接法要正确(进气管通入液体中)。 2.洗涤液注入至容器高度的1/3,不得超过1/2。	1.接法不对,起不到洗气作用。 2.防止洗涤液被气体冲出。
干燥塔	以容积表示。	净化干燥气体用。	1.塔体上室底部放少许玻璃棉,上面容器放干燥剂(固体)。 2.干燥塔下面进气,上面出气,球形干燥塔内管进气。	
干燥器	以内径(cm)表示,分普通(a)、真空干燥(b)两种。	1.内放干燥剂。存放物品,以免物品吸收水汽。 2.定量分析时,将灼烧过的坩埚放在其中冷却。	1.灼烧过的物品放入干燥器前,温度不能过高,并在冷却过程中要每隔一定时间开一开盖子,以调节器内压力。 2.干燥器内的干燥剂要按时更换。 3.小心盖子滑动而打破。	
洗　瓶	以容积(mL)表示,有玻璃(a)、塑料(b)两种。	1.用蒸馏水洗涤沉淀和容器。 2.塑料洗瓶使用方便、卫生。 3.装适当的洗涤液洗涤沉淀。	1.不能装自来水。 2.塑料洗瓶不能加热。	
滴　瓶	以容积(mL)表示,分无色、棕色两种。	盛放液体试剂和溶液。	1.不能加热。 2.棕色瓶盛放见光易分解或不稳定的试剂。 3.取用试剂时,滴管要保持竖直,不能接触容器内壁,不能插入其他试剂中。	
广口瓶　细口瓶	以容积表示,有广口瓶、细口瓶两种,又分磨口、不磨口,无色、棕色等。	1.广口瓶盛放固体试剂。 2.细口瓶盛液体试剂和溶液。	1.不能直接加热。 2.取用试剂时,瓶盖应倒放在桌上,不能弄脏、弄乱。 3.有磨口塞的试剂瓶不用时应洗净,并于磨口处垫上纸条。 4.盛放碱液时用橡皮塞,防止瓶塞被腐蚀粘牢。 5.有色瓶盛见光易分解或不太稳定的物质的溶液或液体。	1.防止破裂。 2.防止玷污。 3.防止粘连,不易打开玻璃塞。 4.防止碱液与玻璃作用,使塞子打不开。 5.防止物质分解或变质。

续表

仪 器	规格及表示法	一般用途	使用方法和注意事项	理 由
比色管	以最大容积表示，有无塞和有塞两种。	在目视比色法中，用于比较溶液颜色的深浅。	1. 一套比色管应由同一种玻璃制成，且大小、高度、形状应相同。 2. 不能用试管刷刷洗，以免划伤内壁。 3. 比色管应放在特制的、下面垫有白色瓷板或配有镜子的木架上。	
普通圆底烧瓶 磨口圆底烧瓶 蒸馏烧瓶	以容积(mL)表示。有普通型和标准磨口型。磨口的还以磨口标号表示其口径大小，如 10、14、19 等。 从形状分，有圆形(b)、茄形(c)、梨形(d)，有细口、厚口、磨口，还有平底(a)、圆底(b)，长颈(a)、短颈(b)，二口、三口(e)等。	1. 圆底烧瓶：常温或加热条件下作反应容器，因圆形受热面积大，耐压大。 2. 平底烧瓶：配制溶液或代替圆底烧瓶，还可作洗瓶，它不耐压，不能用于减压蒸馏。 3. 梨形烧瓶：少量使用时用。 4. 三口烧瓶：用于需要搅拌的实验，中间插搅拌器，两边插温度计、加料管或滴液漏斗、冷凝管等。 5. 蒸馏烧瓶：用于液体蒸馏，也可用作少量气体发生装置。	1. 盛放液体量不能超过烧瓶容积的 2/3，也不能太少。 2. 固定在铁架台上，下垫石棉网加热，不能直接加热。 3. 放在桌面上时，下面要有木环或石棉环，以防滚动而破裂。	1. 避免加热时喷溅或破裂。 2. 避免受热不均匀而破裂。
分液漏斗 滴液漏斗	以容积(mL)、漏斗颈长短表示，有球形(a)、梨形(b)、筒形(c)、锥形几种。	1. 用于液体分离、洗涤和萃取。 2. 气体发生器装置中加液用。 3. 滴液漏斗(d)用于反应中滴加液体。 4. 恒压漏斗(e)可在上口塞紧的情况下滴加液体，用于滴加挥发性强、刺激性大的液体。	1. 不能加热。 2. 使用前，将活塞涂一薄层凡士林，插入转动直至透明。如凡士林少了，会造成漏液；若太多又会溢出而玷污仪器和试液。 3. 分液时，下层液体从漏斗管流出，上层液体从上口倒出。 4. 装气体发生器时漏斗管应插入液面内(若漏斗管不够长，可接管)。 5. 漏斗间活塞应用细绳系于漏斗颈上，防止滑出跌碎。 6. 萃取时，振荡过程中应放气数次，以免漏斗内气压过大。	1. 防止玻璃破裂。 2. 旋塞旋转灵活，又不漏水。 3. 防止分离不清。 4. 防止气体自漏斗管喷出。

续表

仪　器	规格及表示法	一般用途	使用方法和注意事项	理　由
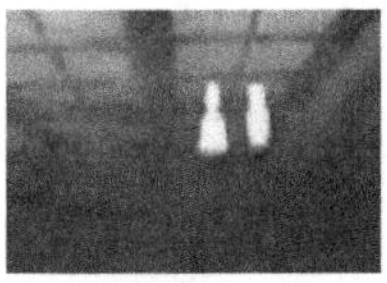 接　头 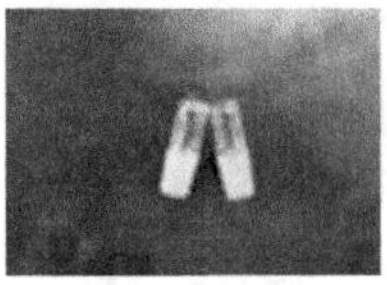 塞　子	磨口仪器三口瓶。	1. 接头(a)可接不同规格的磨口。 2. 搅拌头(b)多用于装置搅拌棒，也可作温度计导管或气体导管。 3. 用作塞子(c)。	同上。	
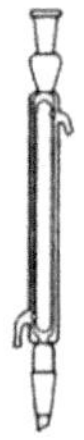 直形冷凝管 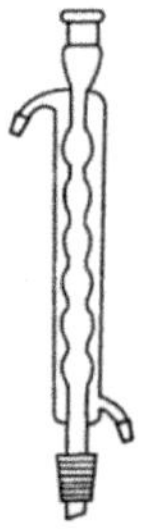 球形冷凝管 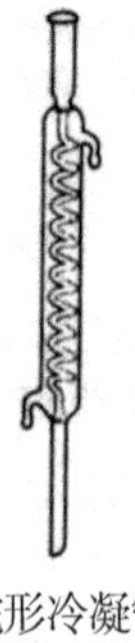 蛇形冷凝管	以外套管长(cm)表示，分空气(a)、直形(b)、球形(c)、蛇形(d)冷凝管几种。	1. 蒸馏操作中作冷凝用。 2. 球形冷凝管冷却面积大，适用于加热回流。 3. 直形、空气冷凝管用于蒸馏。沸点低于140℃的物质用直形；沸点高于140℃的用空气冷凝管。	1. 装配仪器时，先装冷却水橡皮管，再装仪器。 2. 套管的下面支管进水，上面支管出水。开冷却水需缓慢，水流不能太大。	

续表

仪　器	规格及表示法	一般用途	使用方法和注意事项	理　由
蒸馏头 加料管	磨口仪器。	1. 蒸馏头(a)用于简单蒸馏，上口装温度计，支管接冷凝管。 2. 克式蒸馏头(b)用于减压蒸馏，特别是易发生泡沫或爆沸的蒸馏。正口安装毛细管，带支管的瓶口插温度计。 3. Y形加料管(c)接在三口瓶上呈四口，可与蒸馏头或蒸馏弯管(d)合用，组成克式蒸馏头。	1. 磨口处需洁净，不得有脏物。 2. 注意不要让磨口结死，用后立即洗净。	
应接管	有磨口、普通两种，分单尾(a)、双尾(b)、三尾(c)等。	1. 承接液体用，上口接冷凝管，下口接接收瓶。 2. 单尾应接管可用于简单蒸馏，支管出尾气。也可用于减压蒸馏，支管连接减压系统。 3 双尾应接管用于减压蒸馏，便于接受不同馏分。	1. 同上。 2. 单尾应接管的支管接橡皮管排尾气。	
培养皿	以玻璃底盖外径(cm)表示。	放置固体样品。	1. 固体样品放在培养皿中，可放在干燥器或烘箱中烘干。 2. 不能加热。	
水分离器		分离不相混合的液体，在脂化反应中分离微量水。		
T形管		1. 连接仪器。 2. 导管。		

第四节　食品企业实验室管理

食品企业的实验室管理主要是人和物的管理。与食品检测活动有关的人，包括抽样员、收样员、检测人员、设备管理员、资料档案管理员等；食品企业中的物指食品检测中涉及的各种物品，包括实验室、环境、仪器设备、试剂、消耗品等。要实现良好的食品企业实验室管理，尤其是较大型实验室的管理，必须依靠完善的制度和严格的执行来实现。

建立食品企业实验室质量管理体系是一种成熟的方法，若结合企业的 ISO 9000 标准来建立就更方便了。首先要明确食品企业实验室组织机构图，确定相关人员的职责和权限，落实实验室各项设备和检测项目的操作和保养人员，通过制定制度把这些职责和权限固定下来，及时记录各项检测活动。

一、实验室安全管理

实验室涉及水，电，气和有毒、易爆的化学试剂，做好安全防护十分重要，制定好相关的安全和防护规章并严格执行是基础。实验室安全重点关注以下内容：

(1)实验室负责人应全面负责实验室的安全管理工作，定期检查实验室的安全情况，做好安全检查记录，并组织实验室人员学习有关安全方面的文件、法规，制定有关安全防范措施。

(2)实验室技术人员应兼任所管实验区的安全员，具体负责本室的安全工作，并应经常检查本室的不安全因素，及时消除事故隐患。

(3)实验室使用易燃易爆和剧毒危险品，要严格按有关制度办理领用手续，并应制定相应安全措施，有关人员应认真执行。

(4)实验室工作人员应熟练掌握消防器材的使用方法，并将本室的消防器材放在干燥、通风、明显和便于使用的位置，周围不许堆放杂物，严禁消防器材挪作他用。

(5)各实验室的钥匙应有专人保管，不得私自配备或转借他人。

(6)保证实验室环境整洁，走道畅通，设备器材摆放整齐，严禁占用走廊堆放杂物。未经实验室管理人员许可，任何人不许随意动用实验室的仪器设备。凡使用贵重、大型精密仪器及压力容器或电器设备，使用人员必须遵守操作规程，要坚守岗位，发现问题及时处理。因不听指导或违反操作规程导致仪器设备损坏，要追究当事者责任，并按有关规定给予必要的处罚。

(7)下班后和节假日，要切断电源、水源，关好门窗，保管好贵重物品，清理实验用品和场地。做好实验室的通风和防护，以防仪器设备锈蚀和霉变。

(8)在重大事故和被盗案件发生时，要保护现场，并立即向部门报告。

(9)在实验室内禁止从事与实验无关之工作及活动；实验室内严禁吸烟。

(10)未经许可，外来人员不得擅自进入实验室实验区域；实验室应经常由使用人负责保持整洁。

(11)离开实验室前切断所有仪器电源。若断电时间较长，要做好停电起始记录。

二、试剂的管理与使用

实验室常用到各种试剂，对试剂的规范管理是实验室安全和检验结果准确的保障。试剂管理应注意以下原则：

(1)搬运或使用具有高度腐蚀性的酸、碱及其他化学品时应戴橡皮手套；危险物、易燃物、毒性物应存放在指定位置，使用后不得随意倒入水槽或垃圾箱中。

(2)实验后应根据废液的性质，分类存放，集中收集统一处理。

(3)使用易燃易爆物品时，必须远离明火和高温热源，在通风橱中进行，取用后立即塞紧瓶塞。

(4)开启易挥发性试剂瓶时，要求在通风橱中进行。开启时瓶口禁止朝向人体。

(5)稀释硫酸时，必须在硬质耐热的烧杯或锥形瓶中进行，加入顺序只能为将浓硫酸缓缓注入水中(严禁以水注入浓硫酸中)，边倒边搅拌，如发生浓烟雾或飞溅等高温现象，应冷却几分钟，待其降温后继续进行，在通风橱中操作的同时打开风机。

(6)所有试剂都应有明显标签，标明药品名称、质量规格及有效日期。

(7)试剂应分类存放。互相作用药品不能混放，必须隔离存放，一般原则如下：

①易挥发试剂：远离热源火源，于避光阴凉处保存，通风良好，不能装满。这类药品多属易燃物、有毒液体。储存这类药品时要特别加以注意，建议不必大量、长期储存这类试剂，以免挥发损失或形成安全隐患。在存放试剂的地方应挂有易燃物标志和不准吸烟的牌子，存放地附近应有灭火器材。

②腐蚀性液体试剂：放于低处以免不慎跌下洒出而发生事故。

③易产生有毒气体或烟雾的试剂：存于通风橱中。

④剧毒药品和致癌试剂：放置于保险柜中实行双人双锁管理，有明显的标示，符合公安机关的相关要求。

⑤一些特殊保存的试剂：金属钠、钾等碱金属，储于煤油中。黄磷，储于水中。苦味酸，湿保存，时常检查是否放干了。镁、铝(粉末或条片)，避潮保存，以免积聚易燃易炸氢气。吸潮物、易水解物，储于干燥处，封口应严密。易氧化易分解物，存于阴凉暗处，用棕色瓶或瓶外包黑纸盛装。但双氧水不要用棕色瓶(有铁质促使分解)装，最好用塑胶瓶装外包黑纸。其他需要特殊保存的试剂请按照标签上的要求保存。

(8)经常检查药品瓶子或其他包装完整情况，标签是否完整，无名物、变质试剂要及时清理销毁。

三、精密仪器管理

(1)精密仪器应按其性质、灵敏度、精密程度要求，固定房间及位置，做到防震、防晒、防潮、防腐蚀、防灰尘。

(2)应定期检查仪器性能，较长时间不用时，应经常通电试机。

(3)精密仪器应建立技术档案，保留使用记录、维修记录、校准记录、安装调试及验收记录等。

(4)精密仪器做到专人专用。

四、应急情况的处理

实验室使用的各类易燃、易爆、有毒、有腐蚀性的试剂较多，极易出现各种可能的紧急情况，需要食品企业检验人员具有相应的应急处理措施。

1. 火灾

(1)有机溶剂类失火(如酒精、乙醚、石油醚等)应切断电源、水源,熄灭其他火源,迅速移开周围易燃品,保护精密仪器免遭损坏。

(2)如火势小,可用湿布、灭火毯、防火沙等覆盖或外罩,隔离空气,使火熄灭;严禁以水灭有机溶剂火灾,可以用二氧化碳灭火器灭火;如火势较大,通知公司负责人,并及时向"119"紧急报告救援。

(3)除指定救援人外,其余人员按预定疏散路线疏散至室外待命,不得逗留现场观望。

2. 灼伤

(1)化学品灼伤:迅速脱掉污染衣物,离开污染源;以大量水冲洗患部15min以上。

(2)酸灼伤:若皮肤上酸液较多,则立即以可吸收液体的毛巾、纸巾擦去酸液,再以大量清水冲洗灼伤处;如酸液较少,则可直接用清水冲洗。然后用3%碳酸氢钠溶液洗涤,最后用水冲洗10~15min,必要时送医治疗。

(3)碱灼伤:立即用大量水洗,再用1%醋酸或2%硼酸溶液洗涤,最后用水冲洗10~15min,必要时送医治疗。

(4)烫伤:把伤处浸于冷水,直至不痛为止,涂上防烫伤药膏;如果皮肤起水疱,不要刺破或放出里面的水,必要时送医治疗,以免引起并发症,延误治疗。

(5)试剂溅入眼中:一般情况下,用洗眼器多次冲洗。如为酸液,先用1%碳酸氢钠溶液冲洗,再用大量蒸馏水冲洗;如为碱液,先用饱和硼酸水洗,再用大量蒸馏水冲洗。如事态严重,立即送往医院处理。

上面只是部分安全和防护措施,平时实验人员应加强安全、防护和急救的学习与训练,对各种紧急情况的应对措施做到心中有数。

第五节 试剂及溶液配制基础知识

一、食品中所用化学试剂种类

1. 国内化学试剂的种类

我国的试剂规格基本上按纯度(杂质含量的多少)划分,有高纯、光谱纯、基准、分光纯、优级纯、分析纯和化学纯等7种。国家主管部门颁布的质量指标有优级纯、分析纯、化学纯和实验试剂4种,英文代号、瓶签颜色及适用范围见表9-3。

表9-3 化学试剂分类及适用范围

纯度等级	优级纯	分析纯	化学纯	实验试剂
英文代号	G. R.	A. R.	C. P.	L. R.
瓶签颜色	绿色	红色	蓝色	黄色
适用范围	用作基准物质,主要用于精密的科学研究和分析实验	用于一般科学研究和分析实验	用于要求较高的无机和有机化学实验,或要求不高的分析检验	用于一般的实验和要求不高的科学实验

除了表9-3中所列的4个国家规定级别的试剂外，目前市场上尚有各种不同名称的试剂，如基准试剂(primary reagent，PT)，专门用作基准物，可直接配制标准溶液；光谱纯试剂(spectrum pure，SP)，表示符合光谱检测的要求。但由于有机物在光谱上显示不出，所以有时主成分达不到99.9%以上，使用时必须注意，特别是用作基准物时，必须进行标定。

2. 国际化学试剂分类

国外试剂厂生产的化学试剂的规格趋向于按用途划分，有利于用户选择使用。常见的试剂品种如下：生化试剂(biochemical，BC)、生物试剂(biological reagent，BR)、生物染色剂(biological stain，BS)、络合滴定用(for complexometry，FCM)、色谱、电泳、光谱(for chromatography purpose，FCP)、荧光分析用(FIA)、微生物用(FMB)、显微镜用(for microscopic purpose，FMP)、合成用(for synthesis，FS)、气相色谱(gas chromatography，GC)、高压液相色谱(high pressure liquid chromatography，HPLC)、指示剂(indicator，Ind)、红外吸收(IR)、液相色谱(LC)、核磁共振(NMR)、有机分析标准(organic analytical standard，OSA)、分析用(pro analysis，PA)、实习用(practical use，Pract)、特纯(purissmum，Puriss)、合成(SYN)、工业用(techincal grade，Tech)、薄层色谱(thin layer chromatography，TLC)、分光纯、光学纯、紫外分光光度纯(ultraviolet pure，UV)等。例如，默克公司生产的硝酸有13种规格。试剂规格按用途划分的优点是简单明了，从规格即可知此试剂的用途，用户不必在使用哪一种纯度级别试剂上反复考虑。

3. 高纯试剂

一般来说，纯度远高于优级纯的试剂叫作高纯试剂(纯度≥99.99%)。高纯试剂是在通用试剂基础上发展起来的，它是为了专门用途而生产的纯度最高的试剂。它的杂质含量要比优级纯试剂低2个、3个、4个或更多个数量级。因此，高纯试剂特别适用于一些痕量分析。目前，除对少数产品制定国家标准外(如高纯硼酸、高纯冰醋酸、高纯氢氟酸等)，大部分高纯试剂的质量标准还很不统一，在名称上有高纯、特纯、超纯、光谱纯等不同叫法，具体根据实验要求选择使用。其中等离子体质谱纯级试剂、等离子体发射光谱纯级试剂、原子吸收光谱纯级试剂等在食品重金属检测中比较常用。

等离子体质谱纯级试剂(ICP-mass pure grade)：绝大多数杂质元素含量低于0.1ppb，适合等离子体质谱仪(ICP mass)日常分析工作。等离子体发射光谱纯级试剂(ICP pure grade)：绝大多数杂质元素含量低于1ppb，适合等离子体发射光谱仪(ICP)日常分析工作。原子吸收光谱纯级试剂(AA pure grade)：绝大多数杂质元素含量低于10ppb，适合原子吸收光谱仪(AA)日常分析工作。

二、常用溶液浓度的表示

食品检验经常用到各种不同浓度的溶液。对常用溶液浓度的表示方法和含义的了解是配制溶液的基础。

1. 质量摩尔浓度

若溶质B的量以mol表示，则溶质B的物质的量n_B(mol)与溶剂的质量$m_{总}$(kg)之比，称为溶质B的质量摩尔浓度，用符号b_B表示。质量摩尔浓度的SI单位为mol·kg^{-1}。

$$b_B=\frac{n_B}{m_{总}}$$

2. 物质的量浓度

其定义为溶质B的物质的量n_B(mol)与溶液的体积V之比，用符号c_B表示。物质的量浓度的 SI 单位为 mol·m^{-3}。化学计算中常用单位为 mol·L^{-1}或 mol·dm^{-3}。

$$c_B = \frac{n_B}{V}$$

3. 物质的量分数

混合物中组分 B 的物质的量 n_B(mol)与混合物的总量 $n_总$ 之比，称为组分 B 的物质的量分数，用符号 X_B 表示，即

$$X_B = \frac{n_B}{n_总}$$

显然，溶液中各组分物质的量分数之和等于 1，即 $\sum X_i = 1$ 。

4. 质量分数

溶质 B 的质量 m_B 与溶液的质量 m 之比，称为溶质 B 的质量分数，用符号 ω_B 表示，即

$$\omega_B = \frac{m_B}{m}$$

5. 体积分数

在与混合气体相同温度和压强的条件下，混合气体中组分 B 单独占有的体积 V_B 与混合气体总体积 $V_总$之比，叫作组分 B 的体积分数(volume fraction)，用符号 φ_B 表示，即

$$\varphi_B = \frac{V_B}{V_总}$$

体积分数、质量分数和物质的量分数一样，SI 单位均为 1。

6. 质量浓度

溶质 B 的质量浓度(mass concentration)定义为：溶质 B 的质量 m_B 与混合物的体积 V 之比，以 ρ_B 表示。

$$\rho_B = \frac{m_B}{V}$$

质量浓度的 SI 单位为 kg·m^{-3}，常用单位为 g·L^{-1}或 mg·L^{-1}。

7. 滴定度

在食品企业实验室中，由于测定对象比较固定，常使用同一标准溶液测定同一种物质，因此常用滴定度表示标准溶液的浓度，使计算简便、快速。滴定度是指 1mL 标准溶液相当于被测物质的质量(单位为 g·mL^{-1}或 mg·mL^{-1})，以符号 $T_{A/B}$表示，其中 A 为被测物质，B 为滴定剂。例如，1.00mL $K_2Cr_2O_7$ 标准溶液恰好能与 0.005682g Fe 完全反应，则此 $K_2Cr_2O_7$ 溶液对 Fe 的滴定度 $T_{Fe/K_2Cr_2O_7} = 0.005682$g·mL^{-1}。如上例中若已知滴定时消耗 $K_2Cr_2O_7$ 标准溶液的体积 V(mL)，则被测组分的质量 m_{Fe}为

$$m_{Fe} = T_{Fe/K_2Cr_2O_7} \cdot V$$

三、溶液的配制及标定

1. 一般溶液配制

一般溶液是指非标准滴定溶液，在食品化验过程中常用于溶解样品、调节 pH 值、分离和掩蔽离子、显色等。这类溶液配制精度要求不高，溶液浓度只要求保留 1～2 位有效数字，试剂质量由托盘天平称量(精度 0.01g)，体积用量筒量取，就能达到要求。

2. 标准滴定溶液配制

标准滴定溶液是已知准确浓度的溶液。用于滴定分析的溶液，其浓度的准确度直接影响分析结果的准确度。因此，标准滴定溶液配制在方法、使用仪器、量具和试剂方面有严格要求。标准滴定溶液的配制与标定方法按 GB/T 5009.1—2003 中的附录 B 进行操作。

配制标准滴定溶液用水，未注明其他要求时，应符合 GB/T 6682—2008《分析实验室用水规格和实验方法》中三级水的规格；所用试剂纯度应在分析纯以上，标定标准滴定溶液所用的基准试剂应为容量分析工作基准试剂；所用的分析天平、滴定管、容量瓶及移液管等均需进行校正，以确保准确。标准滴定溶液的配制方法有如下两种：

(1)直接配制

准确称量一定量的已干燥的基准物质，溶解后定量转移入容量瓶中，加蒸馏水稀释至刻度，充分摇匀，根据称取基准物质的量和容量瓶的体积，可直接计算出标准滴定溶液的准确浓度。

如配制 250mL 浓度为 0.0500mol/L 的 $K_2Cr_2O_7$ 标准滴定溶液。先计算须称取 $K_2Cr_2O_7$ 物质的质量为 $m(K_2Cr_2O_7)=cVM_r(K_2Cr_2O_7)=0.05\times250/1000\times294.19g=3.6774g$，用水溶解后置于 250mL 容量瓶中定容，摇匀，即可得到浓度为 0.0500mol/L 的标准滴定溶液。

能用于直接配制或标定标准滴定溶液的物质，为基准物质。基准物质必须符合下列要求：

①物质必须有足够的纯度，纯度至少达到 99.9%以上。杂质含量应低于滴定分析所允许的误差限度。

②物质组成(包括其结晶水含量)应恒定并与化学式相符。

③试剂性质稳定，不与空气中的水、二氧化碳或其他组分发生化学反应。

④具有较大的摩尔质量。

常用基准物质干燥及应用见表 9-4。

表 9-4　常用基准物质干燥及应用一览表

基准物质		干燥后的组成	干燥条件	标定对象
名称	化学式			
碳酸氢钠	$NaHCO_3$	Na_2CO_3	270～300℃	酸
十水合碳酸钠	$Na_2CO_3\cdot10H_2O$	$Na_2CO_3\cdot10H_2O$	270～300℃	酸
硼砂	$Na_2B_4O_7\cdot10H_2O$	$Na_2B_4O_7\cdot10H_2O$	放在装有 NaCl 和蔗糖饱和溶液的密闭器皿中	酸
二水合草酸	$H_2C_2O_4\cdot2H_2O$	$H_2C_2O_4\cdot2H_2O$	室温空气干燥	碱或 $KMnO_4$
邻苯二甲酸氢钾	$KHC_8H_4O_4$	$KHC_8H_4O_4$	110～120℃	碱
重铬酸钾	$K_2Cr_2O_7$	$K_2Cr_2O_7$	140～150℃	还原剂
溴酸钾	$KBrO_3$	$KBrO_3$	130℃	还原剂
草酸钠	$Na_2C_2O_4$	$Na_2C_2O_4$	130℃	$KMnO_4$
碳酸钙	$CaCO_3$	$CaCO_3$	110℃	EDTA
锌	Zn	Zn	室温干燥器中保存	EDTA
氯化钠	NaCl	NaCl	500～600℃	$AgNO_3$
硝酸银	$AgNO_3$	$AgNO_3$	220～250℃	氯化物

(2)间接配制法(标定法)

大多数需要用来配制标准溶液的试剂不能完全符合上述基准物质必备的条件,如 NaOH 极易吸收空气中的二氧化碳和水分且纯度不高,市售盐酸中 HCl 的准确含量难以确定且易挥发,$KMnO_4$ 和 $Na_2S_2O_3$ 等均不易提纯、见光分解且在空气中不稳定等。因此,这类试剂不能用直接法配制标准溶液,只能用间接法配制,即先配制成接近于所需浓度的溶液,然后用基准物质(或另一种物质的标准溶液)来测定其准确浓度,这种确定其准确浓度的操作称为标定。大多数标准溶液的准确浓度是通过标定的方法确定的。

如欲配制 0.1mol/L 盐酸标准溶液,先用一定量的浓盐酸加水稀释,配制成浓度约为 0.1mol/L 的稀溶液,然后用该溶液滴定经准确称量的无水碳酸钠基准物质,直至两者定量反应完全,再根据滴定中消耗盐酸溶液的体积和无水碳酸钠的质量,计算出盐酸溶液的准确浓度。

在常量组分的测定中,标准溶液的浓度大致范围为 0.01mol/L 至 1mol/L,通常根据待测组分含量的高低来选择标准溶液浓度的大小。为了提高标定的准确度,标定时应注意以下几点:

①标定标准滴定溶液须采取双人标定,每人标定不少于 4 次,4 次结果的极差(最大值与最小值之差)与浓度平均值之比不得大于 0.15%,8 次结果的极差与浓度平均值之比不得大于 0.18%,最终结果取两人 8 次结果的平均值,保留 4 位有效数字。

②为了减少测量误差,称取基准物质的量不应太少,最少应称取 0.2g 以上;同样,滴定到终点时消耗标准溶液的体积也不能太小,最好在 20mL 以上。

③制备标准滴定溶液的浓度系指 20℃时的浓度,在标定和使用时,如有温度差异,应按温度补正值进行补正,温度补正表详见 GB/T 601—2002 附录 A。因此,配制和标定溶液时使用的量器,如滴定管、容量瓶和移液管等,在必要时应校正其体积,并考虑温度的影响。

④标定好的标准溶液应该妥善保存,避免因水分蒸发而使溶液浓度发生变化;有些不够稳定的标准溶液,如见光易分解的 $AgNO_3$ 和 $KMnO_4$ 等标准溶液应储存于棕色瓶中置于暗处保存;能吸收空气中二氧化碳并对玻璃有腐蚀作用的强碱溶液,最好装在塑料瓶中,并在瓶口处装一碱石灰管,以吸收空气中的二氧化碳和水。对不稳定的标准溶液放置一段时间后使用前还需重新标定其浓度。

⑤制备的标准滴定溶液浓度与规定浓度相对误差不得大于 5%。

⑥配制浓度等于或低于 0.02mol/L 的标准滴定溶液时,应于临用前将浓度高的标准滴定溶液用煮沸并冷却的水稀释,必要时重新标定。

⑦标准滴定溶液在常温(15~25℃)保存时间一般不得超过 2 个月,当溶液出现沉淀、浑浊和变色时,应重新配制。

第六节 玻璃仪器的使用

一、玻璃仪器的洗涤

1. 洗涤液的选择

在洗涤玻璃仪器时,应根据实验要求、污物的性质及玷污程度,合理选用洗涤液。实验室常用的洗涤液有以下几种。

(1)水是最普通、最廉价、最方便的洗涤液,可用来洗涤水溶性污物。

(2)热肥皂液和合成洗涤剂是实验室常用的洗涤液,洗涤油脂类污垢效果较好。

(3)铬酸洗液。铬酸洗液具有强酸性和强氧化性,适用于洗涤有无机物玷污和器壁残留少量油污的玻璃仪器。用洗液浸泡玷污仪器一段时间,洗涤效果更好。洗涤完毕后,用过的洗液要回收在指定的容器中,不可随意乱倒。此洗液可重复使用,当其颜色变绿时即为失效。该洗液要密闭保存,以防吸水失效。

(4)碱性 $KMnO_4$ 溶液。该洗液能除去油污和其他有机污垢。使用时将碱性 $KMnO_4$ 溶液倒入欲洗仪器中,浸泡一会儿后再倒出,但会留下褐色 MnO_2 痕迹,须用盐酸或草酸洗涤液洗去。

(5)有机溶剂。乙醇、乙醚、丙酮、汽油、石油醚等有机溶剂均可用来洗涤各种油污。但有机溶剂易着火,有的有毒,使用时应注意安全。

(6)特殊洗涤液。有一些污物用一般的洗涤液不能除去,可根据污物的性质,用适当的试剂进行处理。例如,被硫化物玷污可用王水溶解,沾有硫磺时可用 Na_2S 处理,被 AgCl 玷污可用氨水或 $Na_2S_2O_3$ 处理。

用一般方法很难洗净的有机污物,可用乙醇—浓硝酸溶液洗涤。先用乙醇润湿器壁并留下约 2mL,再向容器内加入 10mL 浓硝酸静置片刻,立即发生剧烈反应并放出大量的热,反应停止后用水冲洗干净。此过程会产生红棕色的 NO_2 有毒气体,必须在通风橱内进行。

2. 洗涤的一般程序

洗涤玻璃仪器时,通常先用自来水洗涤,如不能清洗干净再用肥皂液、合成洗涤剂等刷洗,仍不能除去的污物,应采用其他洗涤液洗涤。洗涤完毕后,都要用自来水冲洗干净,此时仪器内壁应不挂水珠,也不成股流下,必要时再用少量蒸馏水淋洗 2～3 次。

3. 玻璃仪器洗涤方法

洗涤玻璃仪器时,可采用下列几种方法:

(1)振荡洗涤:又叫冲洗法,是利用水把可溶性污物溶解而除去。往仪器中注入少量水,用力振荡后倒掉,依此连洗数次。试管和烧瓶的振荡洗涤如图 9-1(a)、(b)所示。

(2)刷洗法:仪器内壁有不易冲洗掉的污物,可用毛刷刷洗。先用水湿润仪器内壁,再用毛刷蘸取少量肥皂液等洗涤液进行刷洗。试管的刷洗方法如图 9－1(c)所示。刷洗时要选用大小合适的毛刷,不能用力过猛。

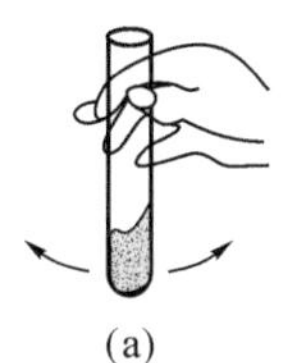

(a)

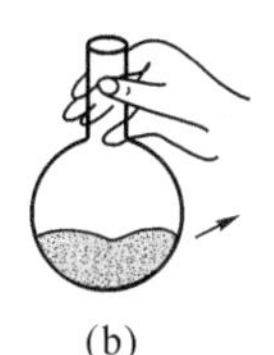

(b)

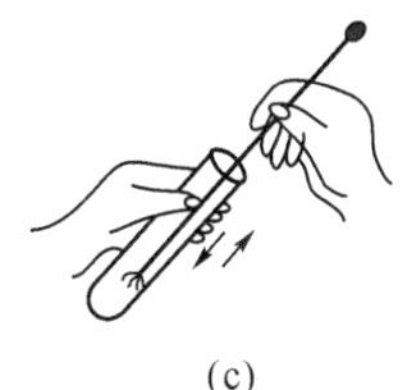

(c)

图 9－1　洗涤方法

(3)浸泡洗涤:对不溶于水、刷洗也不能除掉的污物,可利用洗涤液与污物反应转化成可溶性物质而除去。先把仪器中的水倒尽,再倒入少量洗液,转几圈使仪器内壁全部润湿,再将洗液倒入洗液回收瓶中。难以清洗的玻璃器皿先用洗液浸泡一段时间再处理效果更好。

二、玻璃仪器的干燥

实验室中往往需要洁净干燥的玻璃仪器。将玻璃仪器洗涤干净后，要采取合适的方法进行干燥。玻璃仪器的干燥一般采取下列几种方法：

(1)晾干：对不急于使用的仪器，洗净后倒置在格栅板上或实验室的干燥架上，让其自然干燥。晾干适用于受热易变形或有比较精确刻度的器皿。

(2)烤干：是通过加热使仪器中的水分迅速蒸发而干燥的方法。加热前先将仪器外壁擦干，直接在火焰上烤干。

(3)吹干：将仪器倒置沥去水分，用电吹风的热风或气流烘干玻璃仪器。

(4)快干：在洗净的仪器内加入少量易挥发且能与水互溶的有机溶剂(如丙酮、乙醇等)，转动仪器使仪器内壁湿润后，倒出混合液(回收)，然后晾干或吹干。一些不能加热的仪器(如比色皿等)或急需使用的仪器可用此法干燥。

(5)烘干：将洗净的仪器除去水分，放在电烘箱的搁板上，温度控制在 105～110℃烘干。烘箱又叫电热恒温干燥箱，它是干燥玻璃仪器常用的设备，也可用于干燥化学药品。

三、玻璃仪器使用中需要注意的问题

1. 玻璃仪器洗涤干燥

(1)玻璃仪器的清洗是检验工作的第一步，玻璃仪器的清洁是保证结果准确的重要前提。在检验前应检查所使用玻璃仪器的清洁程度，使用完毕应立即清洗所用玻璃器具，干燥备用。

(2)最好能做到检验项目的玻璃器皿专用，防止交叉污染。如果无法做到，应尽可能将不互相污染的检验项目使用同一组器皿，并保证器皿清洗干净。

(3)容量量具与非容量量具应分开洗涤和干燥。容量量具由于有较精密的刻度，洗涤和干燥不当容易造成容量的不准确，影响测定结果的准确性。需要重点注意的是带有精密刻度的计量容器不能用加热方法干燥，否则会影响仪器的精度，可采用晾干或冷风吹干的方法干燥。

2. 玻璃容器加热

(1)玻璃容器加热是食品分析中常有的步骤。不是所有的玻璃容器都可用来加热的，要分清哪些仪器能加热哪些不能加热。如量筒、量杯、容量瓶、试剂瓶等不能直接加热，需加热应选用烧杯、烧瓶、三角瓶等能加热的玻璃容器。

(2)加热玻璃容器应将容器放在石棉网上。直接置于电炉上会导致容器受热不均匀而发生爆裂。

(3)使用过程中应避免玻璃器皿温度变化过于剧烈。高温骤冷或取下的灼热玻璃容器直接放置台面上，易导致局部收缩而容器破裂。

(4)对于需要准确称量的加热器具应烘干取出稍冷后(约 30s)，放入干燥器中冷至室温。

3. 玻璃容器的选择和使用

容量分析中准确地测量溶液的体积，是获得良好分析结果的重要因素。正确使用容量器具应注意以下方面：

(1)酸式滴定管与碱式滴定管不能混用。酸式滴定管下端带有玻璃活塞，碱性溶液能腐蚀玻璃使活塞不能转动，因此不能盛放碱性溶液；而碱式滴定管下端接有一橡皮管，不能盛放酸或氧化剂等能腐蚀橡皮的溶液，如 $AgNO_3$、$KMnO_4$、I_2 等溶液。

(2)标准溶液装入滴定管前,先用该标准溶液5～10mL将滴定管润洗2～3次。操作时两手平端滴定管慢慢转动使标准溶液流遍全管,并使溶液从滴定管下端流出,以除去管内残留水分,洗去残留物,再装入溶液进行滴定。

(3)根据滴定时标准溶液的用量,正确选用不同型号的滴定管。一般用量在10mL以下,选用10mL或5mL微量滴定管,用量在10mL至20mL之间,选用25mL滴定管,若用量超过25mL,则选用50mL滴定管。正确选用不同体积的滴定管可避免较大误差。

(4)容量瓶是常用的测量一定体积溶液的一种容量器具,主要用来配制或稀释溶液,而不能用来长期储存溶液。配制好的溶液应及时倒入试剂瓶中保存,试剂瓶应先用配好的溶液润洗2～3次。如果是碱性溶液,不应储存在带玻璃塞的容器中,因为碱容易与二氧化硅反应,导致瓶塞粘住无法打开。

(5)应按规定定期校正容量瓶、滴定管、移液管等需要准确计量的器具。在使用过程中考虑容积的校正误差。

(6)应熟悉各种量具的容量允差和标准容量等级。不同类型的量具容量允差不同,选择量具不当会造成不必要的误差。如通常要求准确地量取一定体积的溶液时,采用移液管和吸量管,而不能用精度较低的量筒、量杯等其他量具。

4. 玻璃仪器使用细节问题

(1)盛放不同的试剂或溶液应选用不同的容器。一般固体试剂盛放于广口瓶,液体试剂盛放于细口瓶,酸性物质用玻璃塞,碱性物质用橡皮塞,见光易分解的物质用棕色瓶盛装。取用试剂时,应将瓶塞倒放在操作台上,以免再次放回时污染试剂。

(2)使用称量瓶称取试样时,应将称量瓶先在105℃烘干,冷却恒重后取用;干燥好的称量瓶不能直接用手拿来使用。

(3)使用滴定管时每次应将液面调节在0.00的位置,滴定开始和结束后应等1～2min使附着在内壁上的溶液流下来以后才能读数。滴定开始时速度可以快一点,接近终点时,应以小滴加入,以免滴定过终点造成滴定过量。读数时应使眼睛的视线和滴定管内溶液凹液面的最低点保持水平;凸液面应使眼睛的视线与滴定管内溶液面两侧的最高点呈水平,减少读数造成的误差。

(4)用洗净的移液管吸取溶液时,应先用滤纸将尖端内外的水吸净,然后用所移取的溶液将移液管洗涤2～3次,以保证移取的溶液浓度不变。在移取溶液时,应用右手大拇指和中指拿住颈标线上方,将移液管插入溶液中,不能太深也不能太浅,太深会使管外黏附溶液过多,影响量取溶液体积的准确性,而太浅又往往会产生空吸。

用移液管放入溶液时,使管竖直靠着容器内壁,让管内溶液自然地沿器壁流下,再等待10～15s后,取出移液管,至于是否要把尖端的残液吹出,取决于移液管上的标识,若标有"EX",则不用吹出。

四、容量仪器的校正

规范容量仪器的校正操作过程,保证所使用的容量仪器准确可靠,确保检验工作顺利进行。

1. 容量瓶容积的校正(同法操作两次)

在清洁干燥的已称重的容量瓶(或在电子天平上将重量校为零的容量瓶)内,用已知温度的蒸馏水准确地加至容量瓶的标线处，精密称定瓶中水的质量。用该温度时水的质量除水的密度，计算出容量瓶的真实容积与校正值，对该容量瓶编号并记录备案。

2. 移液管（大肚吸管）容积及水的流出时间的校正（同法操作两次）

（1）移液管（大肚吸管）容积：用洗净的单标线移液管吸取蒸馏水，使液面达刻度线上约5mm处，迅速用食指堵住移液管口，擦干移液管外壁的水，慢慢将液面准确地调至刻度，将已称重的称量杯（或在电子天平上将重量校为零的称量杯）放在竖直的单标线移液管下，放开食指，使蒸馏水沿称量杯壁流下，蒸馏水流至尖端不流时，按规定时间等待后（A级等待15s，B级等待3s），精密称定，得出水的重量。用该温度时水的重量除以水的密度，计算出移液管的真实容积和校正值，对该移液管编号并记录备案。

（2）水的流出时间：用洗净的单标线移液管吸取蒸馏水，使液面达刻度线上约5mm处，迅速用食指堵住移液管口，慢慢将弯液面准确地调至刻度线，将食指放开并用已校正的秒表计时，使水充分流出，直至液面降至最低点，计时结束。用此时间表示该移液管的流速。

3. 滴定管容积及水的流出时间的校正（同法操作两次）

（1）滴定管容积：加蒸馏水至滴定管最高标线以上约5mm处，用活塞慢慢地将液面准确地调至零位，将已称重的称量杯或校正为零的称量杯放在滴定管尖端下，完全开启活塞，当液面降至距检定分度线以上约5mm时关闭活塞，等待30s，然后用活塞将液面准确调至被检定分度线，精密称定，得出水的重量。用水的重量除以该温度下水的密度就可以算出该检定分度线的实际体积。用同样的方法称量各检定分度线水的重量，并计算滴定管各部分的实际体积及其校正值。在坐标纸上以滴定管的校正值为横坐标，滴定管读数的毫升数为纵坐标，画出整个滴定曲线。这样在滴定时任何体积的校正值都可以从曲线上查出，将此滴定曲线对应该滴定管的编号记录下来。

（2）水的流出时间：将洗净的滴定管竖直而稳定地夹在滴定架上，在活塞芯上涂一层薄而均匀的凡士林，使其不漏水，加蒸馏水至滴定管使液面达到最高标线以上约5mm处，用活塞慢慢地将液面准确地调至零位，将活塞完全开启并计时，使水充分地从流液嘴流出，直至液面降至最低标线为止，计时结束。用此时间表示该滴定管的流速。检定点如下：

1～10mL：半容量和总容量两点。

25mL：A级：0～5mL、0～10mL、0～15mL、0～20mL、0～25mL，共五点；

B级：0～12.5mL、0～25mL，共两点。

4. 注射器容积的校正

取洗净的注射器吸取蒸馏水，使液面达最高标线以上约5mm处，慢慢将液面准确地调至刻度，将已称重的称量杯（或校正为零的称量杯）放在注射器尖端下，将注射器中的蒸馏水全部放到已称重的称量杯中，精密称定，得出水的重量。用水的重量除以该温度下水的密度，计算出该注射器的真实容积与校正值并对该注射器编号记录备案。

5. 量筒容积的校正

取洗净并干燥的量筒，加入蒸馏水使液面达标线以下约5mm处，用毛细滴管将液面准确地调至标线，然后将量筒内的蒸馏水，倒入已称重的称量杯内，精密称定，得出水的重量，除以该温度下水的密度，计算出该量筒的真实容积与校正值。

五、校正容量仪器时的注意事项

(1)校正时的容器和用来称量的小锥形瓶必须洁净、干燥。

(2)校正容量仪器时所用的蒸馏水及欲校正的量器至少须在室内放置4h以上(直至与室温相同),才可进行校正操作,以减少校正误差。

(3)如室温变化较大,不宜进行校正实验。

(4)称量水重所用天平的精度应达到所称水重五位有效数字的程度,例如,50.0mL滴定管,则应用称准至1mg的分析天平。

(5)一般每个容量仪器应同时校正2次,求取平均值,相对平均偏差不得过0.1%。

【参考文献】

[1]王素燕,黄志宏.食品分析实验室的科学管理初探[J].实验室科学,2006(1):86-88.

[2]徐娇.食品安全实验室管理[J].中国卫生监督杂志,2006,13(2):115-119.

[3]马惠莉.化验员岗位实务[M].北京:化学工业出版社,2015.

[4]郝俊.浅谈化验室的通风方案[J].科学中国人,2014(19):42-43.

[5]王太荣,宋健,徐春祥.食品检测实验室中仪器设备的分类与检定校准需求分析[J].食品安全质量检测学报,2013,4(1):269-272.

[6]张立东,钱家亮食品企业实验室建设问题探讨[J].中国果菜,2010(12):3-56.

[7]乔建芬.铬酸洗液的清洁效力及其保持[J].食品工程,2001(3):41-42.

[8]李菊田,张长胜.浅谈食品中小企业化验室存在的问题及改进的建议[J].商品与质量(消费视点),2013(9):21-22.

[9]GB/T 5009.1—2003　食品卫生检验方法　理化部分　总则[S].

第十章

食品分析检验的一般程序

一个完整的食品样品分析过程，从采样开始到写出分析报告，大致分为 4 个步骤：样品采集、样品前处理、分析测定、数据处理与结果报告。统计结果表明，这 4 个步骤中各步所需的时间占全部分析时间的比例分别为样品采集 18%，样品前处理 61%，分析测定 9%，数据处理与结果报告 12%。

第一节　食品样品的抽样

一、抽样意义及相关概念

食品生产企业如果想了解自己生产产品的质量，在大多数情况下进行全数检验既不现实也没有必要，如破坏性检验、批量大、检验时间长或价格贵、费用高的产品，就不能或不宜采用全数检验。通常的做法是从待评价的全部产品中抽取一部分产品单位，通过对抽取的产品单位进行分析检验得到的结果来估计和推断全部产品特性，这就是抽样，是食品企业普遍采用的一种经济有效且可行的产品质量评价方式。

抽样检验的好处是显而易见的，它可以降低成本，节约时间，用尽量少的样本量来尽可能准确地判定总体(批)的质量。

样品抽样就是从整批产品中抽取一定量具有代表性样品的过程，是检验分析的第一步。抽样的基本要求是要保证所抽取的样品对总体具有充分的代表性，否则以后样品处理及检测计算结果无论如何严格准确也是没有任何价值的。正确采样必须遵守两个原则：第一，采集的样品要均匀，有代表性，能反映全部被测食品的组分、质量和卫生状况；第二，采样过程中要设法保持原有的指标，防止成分逸散、带入杂质或微生物增殖。

如何使抽取的较少的样品的检验结果能代表整箱或整批食品的结果，就需要考虑利用统计的抽样方法，尽可能克服人为或样品不均匀所带来的误差。制订抽样方案之前应了解几个相关的概念。

(1)计量检验：根据抽样方案从整批定量包装商品中抽取有限数量的样品，检验实际含量，并判定该批是否合格的过程。

(2)单位商品:实施计量检验的商品中待检的包装单位。

(3)检验批(简称批):接受计量检验的,由同一生产者在相同生产条件下生产的一定数量的同种商品或者在销售者抽样地点现场存在的同种商品。

(4)批量:检验批包含的单位商品数,用 N 表示。

(5)样本单位:从检验批抽取用于检验的单位商品。

(6)样本:样本单位的全体。

(7)样本量:从检验批中抽取,能够提供检查批是否合格的信息基础的定量商品的数量,用 n 表示。

二、抽样方法分类

抽样一般分随机抽样和代表性取样两种方法。

随机抽样,就是按照随机的原则,从大批待检样品中抽取部分样品。为保证样品具有代表性,取样时应从被测样品的不同部位分别取样,混合后作为被检试样。随机抽样可以避免人为倾向因素的影响,但这种方法对难以混合的食品(如蔬菜、黏稠液体、面点等)则达不到效果,必须结合代表性取样。

代表性取样,是用系统抽样的方法进行采样,即已经了解样品随位置和时间而变化的规律,按此规律进行取样,以便采集的样品能代表其相应部分的组成和质量。如分层抽样、依生产程序流动定时抽样、按批次和件数抽样、定期抽取货架上陈列的食品的抽样。

随机抽样常应用一些随机选择的方法。在随机选择方法中,检测人员必须建立特定的程序和过程以保证在总样品集合中每个样品有同等的被选概率。相反,当不能选择到具有代表性的样品时,需要进行非概率抽样。常用随机抽样方法如下:

(1)简单随机抽样:这种方法要求每一个样品都有相同的被抽选概率,首先需要定义样品集,然后再进行抽选。当样品简单,样品集比较大时,基于这种方法的评估存有一定的不确定性。虽然这种方法易于操作,是简化的数据分析方式,但是被抽选的样品可能不能完全代表样品集。

(2)分层随机抽样:在这种方法中,样品集首先被分为不重叠的子集,称为层。如果从层中的采样是随机的,则整个过程称为分层随机抽样。这种方法通过分层降低了错误的概率,但当层与层之间很难清楚地定义时,可能需要复杂的数据分析。

(3)整群抽样:在简单随机抽样和分层随机抽样中,都是从样品集中选择单个样品。而整群抽样则是从样品集中一次抽选一组或一群样品。这种方法在样品集处于大量分散状态时,可以降低时间和成本的消耗。这种方法不同于分层随机抽样,它的缺点是有可能不代表整群。

(4)系统抽样:这种方法中,首先在一个时间段内选取一个开始点,然后按有规律的间隔抽选样品。例如,从生产开始时采样,然后按一定间隔采集一次,如每隔 10 个采集一次。由于采样点均匀分布,这种方法比简单随机抽样更精确,但是如果样品有一定周期性变化,则容易引起误导。

(5)混合抽样:这种方法从各个散包中抽取样品,然后将两个或更多的样品组合在一起,以减少样品间的差异。

国家已经针对不同的产品发布了多项抽样标准。食品企业一般采用 GB/T 2828.1—2012《计数抽样检验程序　第 1 部分:按接收质量限(AQL)检索的逐批检验抽样计划》进行。

三、根据食品类别的抽样

食品种类繁多,有罐头类食品、乳制品、饮料、蛋制品和各种小食品(糖果、饼干类)等。另外,食品的包装类型也很多,有散装(粮食、食糖),还有袋装(食糖)、桶装(蜂蜜)、听装(罐头、饼干)、木箱或纸盒装(禽、兔和水产品)、瓶装(酒和饮料类)等。食品抽样的类型也不一样,有的是成品样品,有的是半成品样品,有的还是原料类型的样品。尽管商品的种类不同,包装形式也不同,但是采取的样品一定要具有代表性,也就是说采取的样品要能代表整个批次的样品结果。对于各种食品,抽样方法中都有明确的采样数量和方法说明。

(1)颗粒状样品(粮食、粉状食品):对于这些样品抽样时应从某个角落,上、中、下各取一类,然后混合,用四分法得平均样品。如粮食、粉状食品等均匀固体物料,按照不同批次抽样,同一批次的样品按照抽样点数确定具体抽样的袋(桶、包)数,用双套回转取样管,插入每一袋的上、中、下三个部位,分别抽样并混合在一起。

(2)半固体样品(如蜂蜜、稀奶油):对桶(缸、罐)装样品,确定抽样桶数后,用虹吸法分上、中、下三层分别取样,混合后再分取、缩减得到所需数量的平均样品。

(3)液体样品:液体样品先混合均匀,分层取样,每层取500mL～1L,装入瓶中混匀得平均样品。

(4)小包装的样品:对于小包装的样品是连同包装一起取样(如罐头、奶粉),一般按生产班次取样,取样比为1∶3000,尾数超过1000的取1罐,但是每天每个品种取样数不得少于3罐。

(5)鱼、肉、果蔬等组成不均匀的固体样品:不均匀的固体样品(如肉、鱼、果蔬等)类,根据检验的目的,可对各个部分(如肉,包括脂肪、肌肉部分;蔬菜包括根、茎、叶等)分别采样,经过捣碎混合成为平均样品。如果分析水对鱼的污染程度,只取内脏即可。这类食品的本身各部位极不均匀,个体大小及成熟度差异大,更应该注意取样的代表性。

个体较小的鱼类可随机取多个样,切碎、混合均匀后分取、缩减至所需要的量;个体较大的鱼,可从若干个体上切割少量可食部分,切碎后混匀,分取、缩减。

果蔬先去皮、核,只留下可食用的部分。体积小的果蔬,如葡萄等,随机取多个整体,切碎混合均匀后,缩减至所需量。对体积大的果蔬,如番茄、茄子、冬瓜、苹果、西瓜等,按个体的大小比例,选取若干个个体,对每个个体单独取样。取样方法是从每个个体生长轴纵向剖成4份,取对角线2份,再混合缩分,以减少内部差异。体积膨松型如油菜、菠菜、小白菜等,应由多个包装(捆、筐)分别抽取一定数量,混合后做成平均样品。包装食品(罐头、瓶装饮料、奶粉等)根据批号,分批连同包装一起取样。如小包装外还有大包装,可按比例抽取一定的大包装,再从中抽取小包装,混匀后,作为抽样需要的量。各类食品抽样的数量、抽样的方法如有具体规定,可予以参照。

四、抽样注意事项

(1)抽样所用工具都应做到清洁、干燥、无异味,不能将有害物质带入样品中。用于微生物检验的样品,抽样时必须按照无菌操作规程进行,避免取样染菌,造成错误的结果;检测微量或超微量元素时,要对容器进行预处理,防止容器对检验的干扰。

(2)要保证样品原有微生物状况和理化指标不变,检测前不得出现污染和成分变化。

(3)抽样后要尽快送到实验室进行分析检验,以便保持原有的理化、微生物、有害物质等,检测前也不能出现污染、变质、成分变化等现象。

(4)装样品的器具上要贴上标签，注明样品名称、取样点、日期、批号、方法、数量、分析项目、采样人等基本信息。

五、抽样的数量要求

食品检测结果的准确性与抽样有密切关系，根据检测项目、食品的种类、包装不同来确定抽样量，既要满足检测项目要求，又要满足产品确认及复检的需要量。

理化检测用样品抽样数量：总量较大的食品可按0.5%～2%比例抽样；小数量食品，抽样量约为总量的1/10；包装固体样品，>250g包装的，取样件数不少于3件，<250g包装的，不少于6件。罐头食品或其他小包装食品，一般取样量为3件，若在生产线上流动取样，则一般每批抽样3～4次，每次抽样50g，每生产班次取样数不少于1件，班后取样基数不少于3件；各种小包装食品(指每包500g以下)，均可按照每一生产班次或同一批号的产品，随机抽取原包装食品2～4件。

肉类采取一定重量作为一份样品，肉、肉制品100g/份左右；蛋、蛋制品每份不少于200g；一般鱼类采集完整个体，大鱼(0.5kg左右)3条/份，小鱼(虾)可取混合样本，0.5kg/份左右。

六、农产品抽样规则

一般产品的抽样宜选择可以上市销售的产品，未成熟的产品或还不能上市销售的产品一般不安排抽样。如蔬菜抽样应安排在蔬菜成熟期或蔬菜即将上市前进行；对于水产品，抽取可以上市销售的产品等。

同一产地、用同一生产流程或技术方式生产的同一品种或种类、同期采收的农产品作为一个抽样总体。

(一)蔬菜

(1)抽样时间：抽样时间要根据不同品种作物在其种植区域的成熟期来确定，蔬菜抽样应安排在成熟期或即将上市前进行。抽样时间应选在晴天上午的9—11时或者下午15—17时。雨后不宜抽样。

(2)抽样量：一般每个样品抽样量不低于3kg，单个个体超过500g的(如结球甘蓝、花椰菜、生菜、西葫芦和大白菜等)取3～5个个体。

(3)抽样单元：若蔬菜基地面积小于10hm^2，每1～3hm^2设为一个抽样单元；当蔬菜基地面积大于10hm^2，每3～5hm^2设为一个抽样单元。

(4)抽样方式：每个抽样单元内根据实际情况按对角线法、梅花点法、棋盘式法、蛇形法等方法采取样品，每个抽样单元内抽样点不应少于5点，每个抽样点面积为1m^2左右，随机抽取该范围内的蔬菜作为检验用样品。

(5)抽样部位：搭架引蔓的蔬菜，均取中段果实；叶菜类蔬菜去掉外帮；根茎类蔬菜和薯类蔬菜取可食部分。

(二)粮油

(1)抽样时间：抽样一般应在被抽查地块收割前的3d内进行，抽查作物应与全部作物的成熟度尽量保持一致。

(2)抽样量:根据生产基地的地形、地势及作物的分布情况合理布设采样点,原则上选用对角线采样法,抽样点不少于5个。每个抽样点的抽样量按表10-1确定。该抽样量指植株被收割部分的现场称重,除可食部分外,还包括秸秆、豆荚、皮壳等不可食部分。

(3)散装产品:抽样一般按以下四步完成:

①分区:根据抽样单位的面积大小,分若干方块,每块为一个区,每区面积不超过50m^2。

②设点:每区设中心、四角共5个点,区数在两个以上时,两区分界线上的两个点为共有点。边缘点距墙50cm。

表10-1 生产基地抽样量

产量/(kg/hm^2)	抽样量/kg
<7500	150
7500～15000	300
>15000	按公顷产量的2%比例抽取

③分层:粮堆高度在2～3m时,分上、中、下三层,上层在粮面下10～20cm处,下层在距地面20cm处,中层在中间。堆高在3～5m时,应分四层。堆高在2m以下或5m以上时,可视具体情况酌减或酌增抽样层数。

④抽样:按区按点,先上后下逐点取样。各点取样数量一致,不得少于2kg。将各点取样充分混合并缩分至满足检验需要的样品量。

(4)包装产品:中小粒样品一个抽样单位代表的数量一般不超过200t,特大粒样品一个抽样单位代表的数量一般不超过50t。

小麦粉等粉状样品,抽样包数不少于总包数的3%,中小粒样品抽样包数不少于总包数的5%。

抽样时按样品堆放方式均匀设点,每包取样不少于2kg。将各点取样充分混合并缩分至满足检验需要的样品量。

(5)小包装产品:当每包样品重量小于2kg且样品较多时,按下式确定取样包数,总取样量不少于2kg:

$$S=\sqrt{n}$$

式中:S为取样包数;n为样品总包数。

(三)水果

(1)抽样时间:抽样时间要根据不同品种水果在其种植区域的成熟期来确定,一般选择在全面采收的前3～5d,抽样时间应选择在晴天上午的9—11时或下午的15—17时。

(2)抽样量:根据抽样对象的规模、布局、地形、地势及作物的分布情况合理布设抽样点,抽样点应不少于5个。在每个抽样点内,根据果园的实际情况,按对角线法、棋盘法或蛇行法随机多点抽样。每个抽样点的抽样量按表10-1执行。

(3)抽样方法:乔木果树,在每株果树的树冠外围中部的迎风面和背风面各取一个果实;灌木、藤蔓和草本果树,在树体中部采取一个或一组果实,果实的着生部位、果个大小和成熟度应尽量保持一致。对已采收的抽样对象,以每个果堆、果窖或储藏库为一个抽样点,从产品堆垛的上、中、下三层随机抽取样品。

(四)茶叶

包装产品抽样:同一品种或种类、同一生产日期、同一等级的茶叶产品为一个抽样单位。

(1)茶园抽样:

①抽样量:抽样点通过随机方式确定,每一抽样点应能保证取得1kg样品。抽样点数量按下列规定确定:<3hm²,设一个抽样点;3～7hm²,设两个抽样点;7～67hm²,每增加7hm²(不足7hm²者按7hm²计)增设一个抽样点;>67hm²,每增加33hm²(不足33hm²者按33hm²计)增设一个抽样点。

在抽样时如发现样品有异常情况时,可酌情增加或扩大抽样点数量。

②抽样步骤:在茶园中,对生长的茶树新梢抽样。以一芽二叶为嫩度标准,随机在抽样点采摘1kg鲜叶样品。对多个抽样点抽样,将所抽的原始样品混匀,用四分法逐步缩分至1kg。鲜叶样品及时干燥,分装3份封存,供检验、复验和备查之用。

(2)进厂原料抽样:

①抽样量:<50kg,抽样1kg;50～100kg,抽样2kg;100～500kg,每增加50kg(不足50kg者按50kg计)增抽1kg;500～1000kg,每增加100kg(不足100kg者按100kg计)增抽1kg;>1000kg,每增加500kg(不足500kg者按500kg计)增抽1kg。

在抽样时如发现样品有异常情况时,可酌情增加或扩大抽样数量。

②抽样步骤:对已采摘但尚未进行加工的原料,以随机的方式抽取样品,每一件抽取样品1kg,对多件抽样,将所抽的原始样品混匀,用四分法逐步缩分至1kg。样品及时干燥,分装3份封存,供检验、复验和备查之用。

(3)包装产品抽样:

①抽样量:抽样件数按下列规定确定:<5件,抽样一件;6～50件,抽样两件;50～500件,每增加50件(不足50件者按50件计)增抽一件;500～1000件,每增加100件(不足100件者按100件计)增抽一件;>1000件,每增加500件(不足500件者按500件计)增抽一件。

在抽样时如发现茶叶品质、包装或堆存等有异常情况,则可酌情增加或扩大抽样件数。小包装产品,抽样总质量未达到平均样品的最小质量值时,应增加抽样件数。

②抽样步骤:

- 包装时抽样:在茶叶定量装件时,每装若干件后,用抽样工具取出样品约250g,混匀所抽的原始样品,用分样器或四分法逐步缩分至500～1000g,分装3份封存,供检验、复验和备查之用。
- 包装后抽样:从整批茶叶包装堆垛的不同堆放位置,随机抽取规定的件数。逐件开启后,将茶叶全部倒出,用抽样工具各取出有代表性的样品约250g混匀。用分样器或四分法逐步缩分至500～1000g,分装3份封存,供检验、复验和备查之用。

(4)紧压茶产品抽样:参照上述包装后茶叶抽样。

(5)砖茶、饼茶抽样:随机抽取规定的件数,逐件开启,从各件内不同位置处,取出1～2个(块),除供现场检查外,单重在500g以上的,留取3个(块),500g以下的,留取5个(或块),盛于密闭的容器中,供检验用。

(6)捆包的散茶抽样:从各件的上、中、下部采样,再用四分法或分样器缩分至所需数量。

(五)畜禽产品

(1)组批:饲养场以同一养殖场、养殖条件相同、同一天或同一时段生产的产品为一检验批。

屠宰场以来源于同一地区、同一养殖场且同一时段被屠宰的动物为一检验批。冷冻(冷藏)库以企业明示的批号为一检验批。

(2)饲养场抽样:

①蛋:随机在当日的产蛋架上抽样。样品应尽可能覆盖全禽舍,将所得的样品混合后再随机抽取,鸡、鸭、鹅蛋取 50 枚,鹌鹑蛋、鸽蛋取 250 枚。

②奶:每批的混合奶经充分搅拌混合后取样,样品量不得低于 8L。

③蜂蜜:从每批中随机抽取 10%的蜂群,每一群随机取 1 张未封蜂坯,用分蜜机分离后取 1kg 蜜。

(3)屠宰场抽样:

①屠宰、分割线上抽样:

● 猪肉、牛肉、羊肉的抽样:根据每批胴体数量,确定被抽样胴体数(若每批胴体数量低于或等于 50 头,则随机选 2～3 头;若每批胴体数量为 51～100 头,则随机选 3～5 头;若每批胴体数量为 100～200 头,则随机选 5～8 头;若每批胴体数量超过 200 头,则随机选 10 头)。在被确定的每片胴体上,从背部、腿部、臀尖三部位之一的肌肉组织上取样,每片取样 2kg,再混成一份样品,样品总量不得低于 6kg。

● 猪肝的抽样:从每批中随机取 5 个完整的肝脏。

● 鸡、鸭、鹅、兔的抽样:从每批中随机抽取去除内脏后的整只禽(兔胴体)体 5 只,每只重量不低于 500g。

● 鸽子、鹌鹑的抽样:从每批中随机抽取去除内脏后的 30 只整体。

②冷冻(冷藏)库抽样:

● 鲜肉:成堆产品,在堆放空间的四角和中间布设抽样点,从抽样点的上、中、下三层取若干小块肉混为一个样品;吊挂产品,随机从 3～5 片胴体上取若干小块肉混为一个样品,每份样品总重不少于 6kg。

● 冻肉:500g 以下的小包装,同批同质随机抽取 10 包以上;500g 以上的包装,同批同质随机抽取 6 包,每份样品不少于 6kg。冻片肉抽样方法同鲜肉。

● 整只产品:鸡、兔等为整只产品时,在同批次产品中随机抽取完整样品 5 只(鸽子、鹌鹑为 30 只)。

(4)蜂蜜加工厂(场)取样:以不超过 1000 件为一检验批。同一检验批的商品应具有相同的特征,如包装、标志、产地规格和等级等。蜂蜜加工厂(场)取样数量见表 10-2。

将取样器缓缓放入,吸取样品。如遇蜂蜜结晶时,则用单套杆或取样器插到底,吸取样品,每件至少取 300g 倾入混样器,将所取样品混合均匀,抽取 1kg 装入样品瓶内。

表 10-2 蜂蜜加工厂(场)取样数量表

批量/件	最低取样数/件
<50	5
50～100	10
101～500	每增加 100,增取 5
≥501	每增加 100,增取 2

(5)市场、冷冻(冷藏)库抽样:

①肉类:从 3～15 件每件 500g 以上的产品中按同批同质随机取若干小块肉混合,样品重量不得低于 6kg。

每件 500g 以下的产品按同批同质随机取样混合后,样品重量不得低于 6kg。

小块碎肉从堆放平面的四角和中间取同批同质的样品混合成 6kg。

②蛋:从每批产品中随机取 50 枚(鸽蛋、鹌鹑蛋为 250 枚)。

③奶:在储奶容器内搅拌均匀后,分别从上部、中部、底部等量随机抽取,或在运输奶车出料前、中、后等量抽取,混合成 8L。

④蜂蜜:若货物批量较大,以不超过 2500 件(箱)为一检验批。如货物批量较小,少于 2500 件时,均按表 10－3 抽取样品数,每件(箱)抽取一包,每包抽取样品不少于 50g,总量应不少于 1kg。

表 10－3　蜂蜜市场取样数量表

检验批量/件	最少取样数/件
1～25	1
26～100	5
101～250	10
251～500	15
501～1000	17
1001～2500	20
或	
批货重量/kg	取样数/件
≤50	3
51～500	5
501～2000	10
>2000	15
每件取样量一般为 50～300g,总量不少于 1kg	

(6)水产品:同一养殖场内,以同一水域、同一品种、同期捕捞或养殖条件相同的鲜活水产品为一个抽样批次。

初级水产加工品按批号抽样,在原料及生产条件基本相同的条件下,同一天或同一班组生产的产品为一个抽样批次。

①水产养殖场抽样:根据水产养殖的池塘及水域的分布情况,合理布设抽样点,从每个批次中随机抽取样品。抽样量:每个批次产品不超过 400t 的,安全指标和感官检验抽样量按表 10－4确定,微生物指标检验的样品应采取无菌抽样,在养殖水域随机抽取,抽样量按表 10－5 确定;每个批次产品超过 400t 的,安全指标和感官检验抽样量按表 10－4 加倍抽取,微生物指标抽样量按表 10-5 加倍抽取。

表 10-4 水产品安全指标和感官检验的抽样量

种类	样品量
小型鱼(体长<20cm)	15～20 条
中型鱼(体长 20cm～60cm)	5 条
大型鱼(体长>60cm)	2～3 条
虾	2～3kg
蟹	≥3kg
贝类	≥4kg
藻类	≥2kg
龟、鳖类	3～5 只
蛙类	≥2kg

表 10-5 水产品微生物指标检验的抽样量

种类	样品量
鱼类	≥2 尾
虾	≥8 尾
蟹	≥8 只
贝类	≥8 个
藻类	≥500g
龟类	≥2 只
蛙类	≥5 只

②水产加工厂抽样:从一批水产加工品中随机抽取样品,每个批次随机抽取净含量 1kg(至少 4 个包装袋)以上的样品。

第二节 检验样品的缩分及预处理

样品的缩分及预处理的目的在于把抽取的样品制备成更小的均一、有代表性的待检样、备样和复检样品。

一、样品的缩分

对样品进行缩分,是便于样品均质。常用的缩分方法有:瓜果常采用米字形分割再横切的方法;粮食采用圆锥循环反复 1/2 缩分的方法,直到缩分至满足检测需要为止,形状不规则的可采用等分法缩分样品;还可以采用对角线法、棋盘法等缩分方法。

为了缩分后的总体试样均匀，即均质，一般必须根据水分含量、物理性质等因素，考虑到不破坏待测成分，用以下方法混匀：粉碎、过筛、磨匀、配成溶液、加热使其成为液体、搅拌均匀。一般含水分多的新鲜食品（如蔬菜、水果等）用研磨方法混匀；水分少的固体食品（如谷类等）用粉碎方法混匀；液态食品容易溶于水或适当的溶剂使其成为溶液，以溶液作为试样。

食品分析中还应注意在均质时样品成分的变化。碳水化合物、蛋白质、脂肪、灰分、无机物主成分、食品添加剂、残留农药、无机物等是比较稳定的，用前述方法干燥、粉碎或研磨时试样成分不会有多大变化。而新鲜食品中的微量有机成分、维生素、有机酸、胺类等很容易减少或增加，原因是被自身的酶分解或微生物增殖。所以在对样品进行均质处理时要加入酶抑制剂，而且研磨样品时要在 5℃以下，以防止上述两种情况的发生。

如样品要进行微生物检验，一定要注意抽样和样品制备的无菌操作，防止污染。

二、样品的预处理

1. 瓜果类样品

以苹果为例，检测其重金属指标，样品准备方法为：将检测样品苹果洗净阴干后，去除不可食部分，以芯为中心分成 8 等分再横切（图 10－1）。先从上半部分取出斜线部分的两片，再取出下半部分斜线部分的两片。如果由于日照射等，苹果中接近上、下皮和芯的部位成分有差别，那么将一个苹果按照此法缩分，得到的这 4 片苹果仍有代表性。根据检测需要准备苹果若干个，将这些缩分得到的苹果片用搅拌机磨碎后制成匀浆，即为准备好的待测样品。实际工作中经常出现随意取一定量苹果直接进行灰化、消解等处理后制成样品液，而缺少对样品的缩分、均质过程。

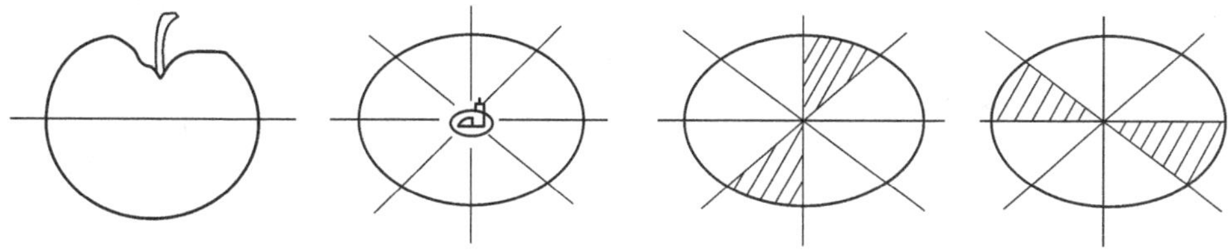

图 10－1　苹果分割缩分图(1/4)

2. 蔬菜类样品

既可按瓜果类样品中苹果样品的准备方法，也可采用等分法。

等分法是将样品等距离分成若干份，取其相同间隔的各份，均质准备样品。如果是无机项目检测，则可取匀浆后样品进行消解等处理。如萝卜根的前端和接近叶子的部分成分可能不同，需要切成一段段即采用等分法缩分准备样品（图 10－2）。总体方法是：先去除不可食部分，用水洗净并尽快擦干，避免成分溶出。应注意缩分时应将其搅拌均匀，防止水分不均，造成较大误差。如果是测定样品的有机项目，如维生素 C、胡萝卜素，样品准备若是用刀切细，就会造成水分流失引起维生素等损失，如用匀浆法，会使细胞壁破碎促进氧化、酶反应造成样品维生素等损失。因此可将各个部位分别制成样品，分别定量测定，综合判定结果。

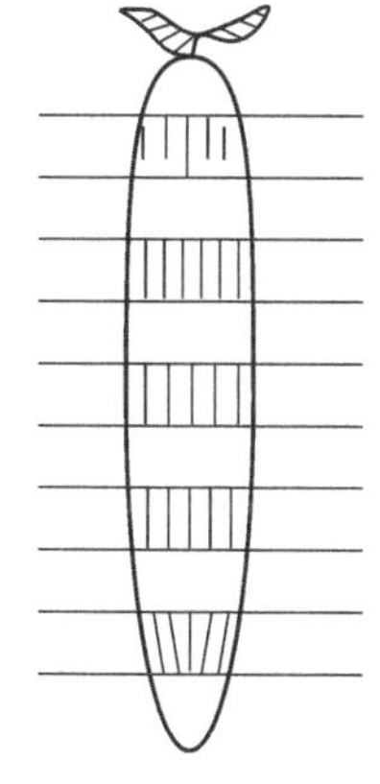

图 10－2　等分法缩分取样示意

3. 禽类样品

不同被测成分在动物体内的分布是不同的，如有机氯农药主要残留在动物的脂肪中，重金属主要残留在脏器和肌肉中。因此，为了测定整体的含量，样品的准备必须考虑其代表性。以熟食鸡为例(图 10－3)，鸡可分成 3 个部分，取画线部分样品，切细、搅碎进行样品准备，同时去除不可食部分。也可根据检测需要结合具体情况取样并缩分、均质等准备样品。

图 10－3 鸡的缩分取样示意

4. 肉制品

如香肠、小肚、火腿等，形状均匀可纵向分取再缩分、均质处理样品；也可按照前文的分法分取样品。形状不均匀的可以按等分法分取样品，搅碎后完成样品准备工作。香肠中添加的着色剂亚硝酸盐等就经常出现混合不均匀的情况，所以对样品进行缩分、均质是十分必要的。

5. 糕点类

对饼干等含水分较少且各部位组成相差不大的糕点类样品可取三分之一采样量样品，然后用对角线取 2/4 或 2/6 有代表性样品。将样品置于研钵或研磨机中，研磨混匀用于分析(吸湿性强的样品可粗碎后立即测定，同时取一部分细碎后测定水分，用两者的系数来修订测定值)。豆沙馅等带馅的且各部位成分相差较大的糕点，可根据其形状不同进行分割缩分。对于水分多的样品应进行预干燥，干燥后再进行缩分。

6. 糖果类样品

预先用混匀方法达到均质是比较困难的，可取其一部分等量切割之后混在一起称重，然后加入等量温水使其溶解，进行样品准备；也可直接取缩分后的样品进行消解处理。

7. 鱼类样品

先去除不可食的头部、内脏、鳍等部分，去鳞后取画线部分(图 10－4)搅碎均质进行样品准备。彻底搅碎均质需反复搅拌 3 次左右，可得到均匀鱼糜。

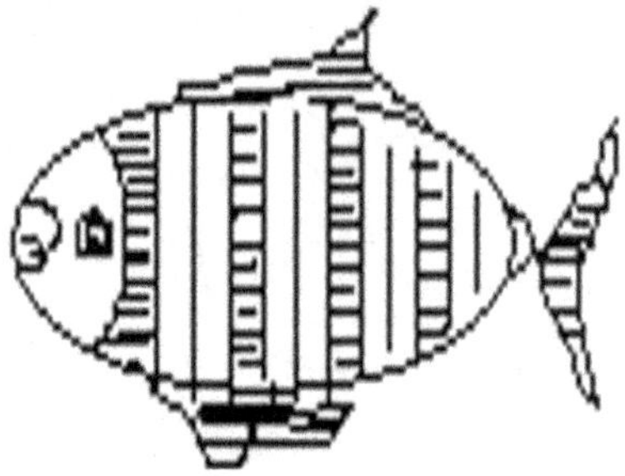

图 10－4 鱼的缩分取样示意(1/3 缩分)

8. 贝类样品

应用清水充分洗净外表泥沙等，滴干表面水分后，用刀切开闭合肌，连同贝壳内液汁一起收集于烧杯中，然后置于组织捣碎机中绞碎。

对于包装产品的处理比较简单。如果包装较小，一般取同一批次、同一包装的多个样品混匀，取其中一部分作为检测样、备样；如果是包装较大的样品，可以少取几个大包装样品，在其中按上述四分法或等分法分取部分样品混匀，取其中一部分作为检测样、备样。

第三节 样品保存

采集的样品以及经过预处理的样品，为防止其水分或挥发性成分散失以及其他待测成分含量的变化，应在短时间内进行分析。但有时样品检测任务太多、仪器故障等原因使样品来不及及时分析，就需要妥善保存样品以备检验。样品保存的目的是防止样品发生受潮、挥发、风干、变质等现象，确保其成分不发生任何变化。

一、样品在保存过程中的变化

(1)吸水或失水。样品原来含水量高的易失水；反之，则易吸水。易失水或吸水的样品应先测定水分。

(2)霉变。含水量高的还易发生霉变，特别是新鲜的植物性样品更易发生霉变，当组织被损坏时因氧化酶发生作用而更易发生褐变。对于组织受伤的样品不易保存，应尽快分析。

(3)细菌污染。食品由于营养丰富而有助于微生物生长，通常采用冷冻的方法进行保存，样品保存的理想温度为−20℃。有的为防止细菌污染可加防腐剂，比如牛奶可加甲醛作为防腐剂。

二、样品保存的条件

(1)有包装的加工食品按照食品包装上的保存条件保存。

(2)一般预处理过的样品应冷藏或冷冻保存。

三、样品在保存过程中应注意的问题

(1)盛样品的容器应是清洁干燥的优质磨口玻璃容器、不含待检测组分的塑料袋(瓶)等，容器外贴上标签，注明食品名称、采样日期、编号、分析项目等。

(2)易腐败变质的样品需进行冷藏或冷冻。

(3)要经常检查样品的保存状态是否正常，注意样品的保质期限。

第四节 食品样品的前处理

一、概 述

样品前处理在食品检验流程中所需的时间最长，是一个烦琐且容易引入分析测定误差的过程。样品前处理是目前食品安全检测中较复杂而薄弱的环节。对各种新的样品处理方法的探索已成了分析检验领域热门的研究课题。

对样品进行前处理，首先可以浓缩痕量的被测组分，提高方法的灵敏度，降低检出限；其次可以清除基体对测定的干扰，提高方法的灵敏度；通过衍生化和其他物质反应的前处理方法，可使被测组分转化为响应值更高的物质，提高方法的灵敏度和选择性；此外，前处理可以缩减样品的质量和体积，使其便于运输和保存，提高样品的稳定性；最后，样品前处理可以去除对仪器或分析系统有害的物质，从而延长仪器的使用寿命，使其能长期保持在稳定、可靠的状态下运行。

随着现代科学技术和分析仪器技术的发展，不仅传统的样品前处理技术得到了逐步的改进和完善，而且出现了很多新的样品前处理技术和装置。在提取阶段，有经典的索氏提取法、捣碎法、液—液分配法以及新的微波辅助萃取、超声波辅助萃取、超临界流体萃取和加速溶剂萃取技术等；在净化阶段，有经典的柱层析技术、液—液分配法和磺化技术以及新的凝胶色谱(GPC)、固相萃取(SPE)、固相微萃取(SPME)、基质分散固相萃取(MSPD)、膜分离技术以及微量化学法技

术(MICCM)等。样品前处理技术整体正向快速、有效、简单、无溶剂和自动化的方向发展。

食品企业生产的产品千差万别,涉及的分析对象包括各种原料、农产品、半成品、添加剂和辅料等,种类繁多、成分复杂、来源不一、分析的项目和要求各不相同,没有统一的样品前处理方法,应根据分析对象及样品的性质,选择合适的前处理方法。一般来说,方法的选择应考虑以下因素:①能最大限度地除去影响测定的干扰物。这是衡量提取、净化前处理方法是否有效的重要指标。②被测组分的回收率要高。回收率不高通常伴随着结果的重复性比较差,不但影响方法的灵敏度和准确性,而且最终使低浓度的样品无法测定。③操作尽可能简便、省时。前处理方法的步骤越多,样品的损失就越大,最终的误差也越大。④成本低。尽量避免使用价格昂贵的仪器和试剂。⑤不对人体及环境产生较大的影响。⑥应用范围尽可能广泛,尽量适合各种分析测试方法,甚至联机操作,便于过程的自动化。

二、提取技术

溶剂提取技术是指利用混合物中各成分在溶剂中的溶解度的不同进行分离的方法,经纯化后供测定使用,是食品安全检测中应用最广泛的样品前处理技术。主要的提取技术包括传统的溶剂萃取法以及在此基础上发展起来的微波辅助萃取、超声波辅助萃取、超临界流体萃取和加速溶剂萃取技术等。下面简要介绍一下食品检验中常用的溶剂萃取法、微波辅助萃取、超声波辅助萃取。

(一)溶剂萃取法

用一种溶剂把样品中的一种组分萃取出来,这种组分在原溶液中的溶解度小于新溶液中的溶解度,即分配系数不同。溶剂萃取法包括液—固萃取、液—液萃取。

液—固萃取是从固体样品中萃取待测组分,将待测组分溶解、分散于溶剂的过程。液—固萃取的方法主要有传统的索氏提取法、捣碎法,以及在此基础上发展起来的微波辅助萃取法、超声波辅助萃取法、超临界流体萃取法和加速溶剂萃取法等。

最经典的液—固萃取方法就是索氏提取法,至今仍普遍应用于食品分析,主要适用于固体样品的萃取分离。索氏提取装置如图 10-5 所示。

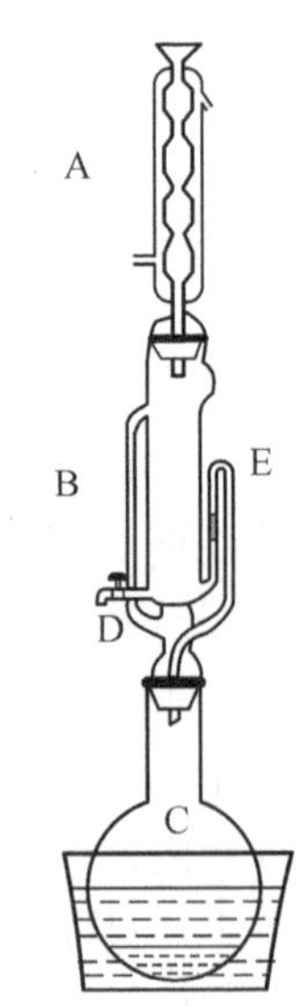

图 10-5 索氏提取装置
A. 冷凝管 B. 索氏提取器 C. 圆底烧瓶 D. 阀门 E. 虹吸回流管

根据残留危害物质含量取 10g 或 20g、50g、100g 固体样品试样(含水的样品必须与无水硫酸钠 1∶1 混合)加入滤纸筒中,萃取溶剂置于烧瓶内加热,冷凝的溶剂经过固体样品,在索氏提取器内用溶剂回流提取,回流速度控制在 6~12 次/h。

分离效果和富集倍数与样品的性质、萃取温度、萃取时间、溶剂的性质及用量有关。

索氏提取注意要点如下:

(1)用玻璃滤筒代替滤纸筒可使操作简单、空白降低并反复使用。

(2)对热不稳定的农药在热溶剂中回流易损失,建议采用超临界流体萃取提取。

(3)索氏提取操作耗时过长,目前已有不少试样改用超声波法、捣碎法同样能取得较好效果。

(4)以微波加热与索氏提取法结合提高萃取率。

(5)采用 K－D 浓缩器(图 10－6)或旋转蒸发器(图 10－7)可对经索氏提取后的萃取液进行浓缩和定容。

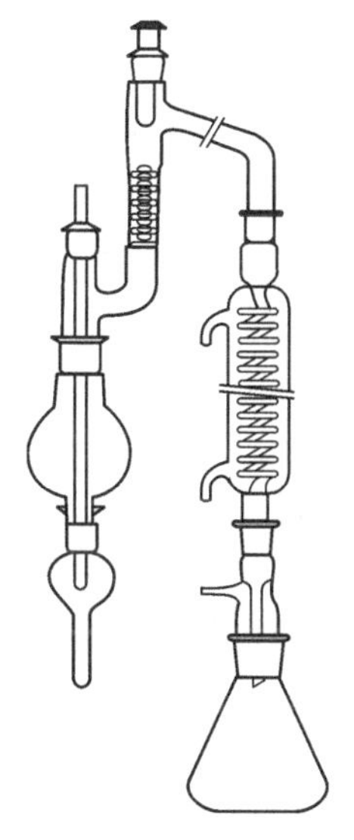

图 10－6　K－D 浓缩器

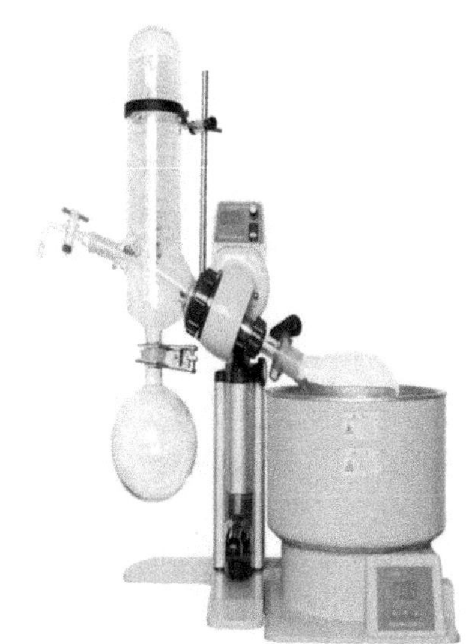

图 10－7　旋转蒸发器

(6)为了提高萃取效率、节省时间、减少人工操作,目前已有能同时萃取多个样品的全自动索氏萃取仪。通过电子控制精确设定萃取时间和温度等,使整个操作过程自动化程度提高。

(二)微波萃取(MAE)

微波萃取只需短短几分钟的时间就可萃取传统加热需要几小时甚至十几小时才能萃取的目标物质,现已广泛应用于食品、药品、化妆品和土壤等领域。

微波是频率在 300MHz～300GHz,即波长在 100～0.1cm 范围内的电磁波。微波加热是材料在电磁场中由介质损耗而引起的"内加热",将微波电磁能转变成热能,其能量是通过空间或媒介以电磁波形式来传递的,对物质的加热过程与物质内部分子的极化密切相关。传统热萃取是以热传导、热辐射等方式由外向里进行,而微波萃取是通过偶极子旋转和离子传导两种方式里外同时加热,提高萃取效率。

1. 基本原理

微波萃取是利用微波能来提高萃取效率的一种技术。不同物质的介电常数不同,其吸收微波能的程度不同,由此产生的热能及传递给周围环境的热能也不相同。在微波场中,吸收微波能力的差异使得基体物质的某些区域或萃取体系中的某些组分被选择性加热,从而使得被萃取物质从基体或体系中分离。

一方面,微波辐射过程是高频电磁波穿透萃取介质,到达物料的内部维管束和腺胞系统。由于吸收微波能,细胞内部温度迅速上升,细胞内部压力超过细胞壁膨胀承受能力,细胞破裂,细胞内有效成分自由流出,在较低的温度条件下被萃取介质捕获并溶解。通过进一步过滤和分离，便获得萃取物料。另一方面，微波所产生的电磁场可加快被萃取成分向萃取溶剂界面扩散的速率。用水作溶剂时，在微波场下，水分子高速转动成为激发态，这是一种高能量不稳定状态（或者水分子汽化，加强萃取组分的驱动力；或者水分子本身释放能量回到基态，所释放的能量传递给其他物质分子，加速其热运动，缩短萃取组分的分子由物料内部扩散到萃取溶剂界面的时间）。水分子这种状态使萃取速率提高数倍，同时还降低了萃取温度，最大限度保证了萃取的质量。

2. 设备及基本操作

微波萃取样品首先经过必要的预处理和粉碎，然后与极性溶剂（如丙酮）或极性—非极性混合溶剂（如丙酮—正己烷等）混合，装入微波制样容器中，在密闭状态下，放入微波萃取系统中加热。根据被萃取组分的要求，控制萃取压力、温度和时间，微波辐射处理结束后，样品溶液需冷却然后经离心分离出固相残渣，溶液经过滤后备用。若需进一步分离，可采用分馏法、反渗透法、选择法、抽提法等分离出目标产物。一般情况下，微波萃取加热时间为 5～10min。萃取溶剂和样品总体积不超过制样容器体积的 1/3。

微波萃取装置一般要求带有功率选择和控温、控压、控时附件的微波试样制备系统，其主要部件是特殊制造的微波加热装置、萃取容器和根据不同要求配备的控压、控温装置。微波加热使用的频率一般有 2450MHz 和 915MHz。一般由聚四氟乙烯材料制成专用密闭容器作为萃取罐，它能允许微波自由通过，耐高温高压且不与溶剂反应。

用于微波萃取的设备分两类，即微波萃取罐和连续微波萃取线。微波萃取罐是分批处理物料，类似多功能提取罐，主要用于实验室。微波萃取罐由内萃取腔、进液口、回流口、搅拌装置、微波加热腔、排料装置、微波源、微波抑制器等构成。连续微波萃取线是以连续方式工作的萃取设备，具体参数一般由生产厂家根据使用厂家要求设定。

3. 影响微波萃取的主要因素

影响微波萃取效率的因素很多，包括样品的种类、含量，基体的水分含量，萃取溶剂，萃取温度，萃取功率和萃取时间等。

（1）萃取温度：在微波密闭容器中，内部压强可达 1MPa 以上，因此，溶剂的沸点比常压下的溶剂沸点提高很多，使微波萃取可在比溶剂沸点高得多的温度下进行，从而显著提高微波萃取的效率。在密闭容器中，溶剂的沸点可提高，由此既可提高萃取效率，又可避免萃取目标化合物的分解。

（2）萃取功率和萃取时间：在微波密闭容器中，萃取功率的选择与所萃取样品的数量有关。研究发现，在萃取功率足够大的情况下，萃取时间对萃取效率的影响不大，所以选择较高的萃取功率以保证所需的萃取温度，可使萃取在尽可能短的时间内完成。在萃取过程中，一般加热 1～2min 即可达到要求的萃取温度。累计辐射加热的时间延长，对提高回收率只是在开始时有利，经过一段时间后回收率不再增加。由于每次辐射时间不宜过长（以免溶剂沸腾损失样品），因此对于难萃取的样品，必须循环多次进行微波辐射以提高萃取率，一般为 5～7 次。一般情况下，萃取时间在 10～15min。

（3）萃取溶剂：利用微波辅助萃取技术处理样品时所选择的萃取溶剂通常和传统萃取方法选择的萃取溶剂相似。但微波加热的吸收体需要吸能物质，微波萃取中所用的萃取溶剂应具有适当的介电常数来吸收微波能并将其转化为热能。极性物质吸收微波能量，而非极性物质不吸收微波能量，因此微波萃取不能完全使用非极性溶剂，用非极性溶剂时要加入一定比例的极性溶剂。不同萃取溶剂吸收微波的能力顺序是：甲醇＞丙酮＞水＞二氯甲烷。

(4)试样中的水分含量：试样的含水量对回收率影响很大，物料含有水分，才能有效吸收微波能，产生温度差。水具有较高的介电常数，能强烈吸收微波而使样品快速加热，所以样品中水的存在某种程度上能促进微波萃取的进程。例如，异辛烷只能吸收少量微波，但水的存在能促进样品吸收微波。对于大颗粒样品，水的加入可提高多环芳烃的回收率；对于极细颗粒的样品，水的加入对其回收率没有影响。

4. 微波萃取的特点

与传统热萃取相比，微波萃取具有以下特点：

(1)可有效地保护食品、药品以及其他化工物料中的功能成分。

(2)对萃取物具有高选样性，萃取效率高。

(3)省时(可节省 50%～90%的时间)，溶剂用量少(可较常规方法少 50%～90%)，操作费用低。

(4)产量大、能耗低，属于绿色工程，符合环境保护的要求。

(5)与超临界流体萃取和加速溶剂萃取相比，微波辅助萃取也具有明显的设备比较简单、运行成本低、萃取效率高等优势。

微波萃取的适用范围很广，可用于环境、食品、医药等领域。如提取土壤、沉积物中的多环芳烃、杀虫剂、除草剂以及多种酚类化合物和其他中性、碱性有机污染物；提取沉积物中的有机锡化合物和磷酸三烷基酯；提取食品中的有机生物活性物质及肉类食品中的药物残留等；可从植物组织中萃取芳香油，从薄荷、雪松叶和大蒜中提取天然产物等。

(三)超声波辅助萃取

1. 概述

超声波辅助萃取亦称为超声波萃取和超声波提取，是利用超声波辐射压强产生的强烈空化效应、机械震动、扰动效应、高加速度、乳化、扩散、击碎和搅拌作用等多级效应，增大物质分子运动频率和速度，增加溶剂穿透力，从而加速目标成分进入溶剂，促进提取的进行。

2. 基本原理

超声波是一种高频率的声波，每秒振动两万次以上。超声波能产生并传递强大的能量，给予介质极大的加速度。超声波在某些样品(如植物组织细胞)里比电磁波穿透更深，停留时间更长。在液体中，膨胀过程形成负压。如果超声波能量足够强，膨胀过程就会在液体中生成气泡或将液体撕裂成很小的空穴。这些空穴瞬间即闭合，闭合时产生高达 3000MPa 的瞬间压力，称为空化作用，整个过程在 400μs 内完成。这种空化作用可细化各种物质以及制造乳液，加速目标成分进入溶剂，极大地提高提取效率。除空化作用外，超声波的许多次级效应也都利于目标成分的转移和提取。

当空穴在紧靠固体表面的液体中发生时，空穴破裂的动力学发生明显改变。在纯液体中，空穴破裂时，由于它周围条件相同，因此总保持球形；然而紧靠固体边界处，空穴的破裂是非均匀的，从而产生高速液体喷流，使膨胀气泡的势能转化成液体喷流的动能，在气泡中运动并穿透气泡壁。已观察到液体喷流朝固体表面喷射的速度为 400km/h。喷流在固体表面的冲击力非常强，能对冲击区造成极大的破坏，从而产生高活性的新鲜表面。破裂气泡形变在表面下产生的冲击力比气泡谐振产生的冲击力要大数倍。

利用超声波的上述效应，从不同类型的样品中提取各种目标成分是非常有效的。施加超声波，在有机溶剂（或水）和固体基质接触面上产生高温（增大溶解度和扩散系数）、高压（提高渗透率和传输率），加之超声波分解产生的游离基氧化能等，从而提供了高的萃取能。

3. 系统装置及基本操作

超声波辅助萃取的装置有两种，即浴槽式（图 10－8）和探针式（图 10－9）。超声波探针较为常用，可将能量集中在样品某一范围，因而在液体中能提供有效的空穴作用。

图 10－8 浴槽式

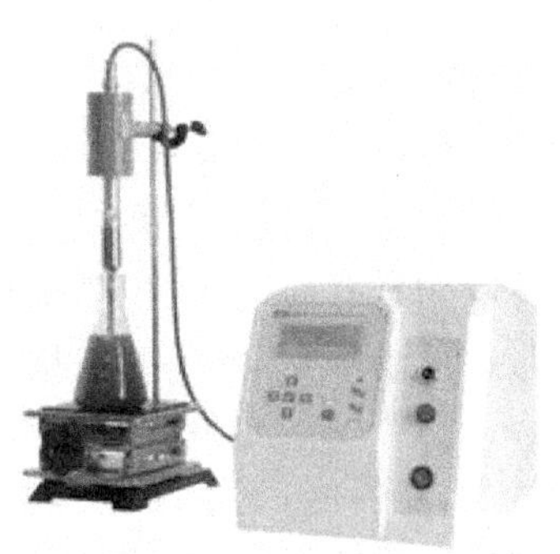

图 10－9 探针式

4. 特点

同常规萃取技术相比，超声波辅助萃取快速、价廉、高效，在某些情况下甚至比超临界流体萃取和微波辅助萃取还好。与索氏提取相比，其萃取效率较高；超声波辅助萃取可以添加共萃取剂，以进一步增大液相的极性。超声波辅助萃取适合不耐热的目标成分的萃取，操作时间比索氏提取短。

与微波辅助萃取相比，超声波辅助萃取的特点在于：在某些情况下，超声波辅助萃取比微波辅助萃取速度快；在酸消解中，超声波辅助萃取比常规微波辅助萃取安全；在大多数情况下，超声波辅助萃取操作步骤少，萃取过程简单，不易对萃取物造成污染。因此，超声波辅助萃取技术目前已广泛用于药物、中草药、食品、农业、环境、工业原材料等样品中有机组分或无机组分的提取。

与所有声波一样，超声波在不均匀介质中传播也会发生散射衰减。因此，到达样品内部的超声波能量会有一定程度的衰减，影响提取效果。当样品量大时，到达样品内部的超声波能量衰减越严重，提取效果越差。另一个显而易见的原因是，样品用量多，堆积厚度增大，试剂对样品内部的浸提作用就不充分，同样影响提取效果。

样品粒度对超声波提取效率有较大影响。在较大颗粒的内部，溶剂的浸提作用会明显降低；相反，颗粒细小，浸提作用增强。另一方面，超声波不仅在两种介质的界面处发生反射和折射，而且在较粗糙的界面上还发生散射，引起能量的衰减。

对于超声波提取来说，提取前样品的浸泡时间、超声波强度、超声波频率及提取时间等也是影响目标成分提取率的重要因素。而且，超声波提取对提取瓶放置的位置和提取瓶瓶壁厚度要求较高。这两个因素也直接影响提取效果。

三、净化技术

净化是对提取得到的物质进行进一步纯化和分离的过程。主要的净化技术有传统的液—液萃取、柱色谱法以及固相萃取和固相微萃取等。

（一）液—液萃取

液—液萃取(liquid-liquid extraction,LLE)是利用待测组分与样品中的干扰杂质在互不相溶的两种溶剂中分配系数的不同而实现样品的分离纯化，是一种常用的样品前处理方法。

为了获得有效的分离和浓缩，溶剂的极性应当与目标化合物溶质的极性相近。在操作时，向待分离溶液中加入与之不相互溶解(或部分互溶)的萃取剂，形成共存的两个液相。利用原溶剂与萃取剂对各组分的溶解度的差别，使它们不等同地分配在两液相中，然后通过两液相的分离，实现组分间的分离。通常，要把所需要的化合物从溶液中完全萃取出来，萃取一次是不够的，必须重复萃取数次。

（二）固相萃取

固相萃取(solid-phase extraction,SPE)是在传统的液—液萃取和液相色谱的基础上发展起来的分离纯化方法。因其具有明显的优点而得到了迅速发展，目前已广泛应用在环境、制药、临床医学、食品等领域。固相萃取是利用固体吸附剂将液体样品中的目标化合物吸附，使之与样品基体及干扰化合物分离，然后再用洗脱液洗脱或热解吸，从而达到分离和富集目标化合物的目的。

1. 基本原理

固相萃取的基本原理是样品在两相之间的分配，即在固相(吸附剂)和液相(溶剂)之间的分配，其实质是一种液相色谱分离，利用被萃取物与吸附剂表面活性基团以及被萃取物与液相之间相互作用的不同，当两相做相对移动时，被测物在两相间进行连续分配，使分析物与干扰物分离。固相萃取的主要分离模式也与液相色谱相同，可分为正相(吸附剂极性大于洗脱液极性)、反相(吸附剂极性小于洗脱液极性)、离子交换和混合机理分离模式。其所用的吸附剂也与液相色谱常用的固定相相同，只是在粒度上有所区别。固相萃取填料的粒径比高效液相色谱的填料要大得多，而且是不规则的颗粒，以增加接触样品的表面积。固相萃取柱较短，其柱效比高效液相也低得多。因此，固相萃取只能分开保留性质差别较大的化合物。

正相固相萃取是从非极性样品溶液中萃取极性目标化合物，其固定相为极性吸附剂，流动相为中等极性到非极性的样品基质。反相固相萃取是从极性样品溶液中萃取非极性或弱极性目标化合物，其固定相为非极性或极性较弱的吸附剂，流动相为极性或中等极性的样品基质。

离子交换固相萃取用于萃取分离带有电荷的目标化合物，其固定相为带电荷的离子交换树脂，流动相为极性或中等极性的样品基质。

2. 操作步骤

不论是正相、反相固相萃取，还是离子交换固相萃取，其萃取过程一般都包括吸附剂的活化、上样、淋洗和收集四个步骤。如图 10－10 所示为其基本的操作步骤。

(1)吸附剂的预处理：在萃取样品之前，固相萃取吸附剂必须经过适当的预处理。其操作就是用适当的溶剂淋洗固相萃取柱，以使吸附剂保持湿润，使目标萃取物和固相吸附剂表面紧密接触，易于吸附目标化合物，提高萃取效率，同时除去吸附剂中可能存在的杂质，减少污染。

反相固相萃取硅胶和非极性吸附剂介质，通常用水溶性有机溶剂(如甲醇)预处理，然后用水或缓冲溶液替换滞留在柱中的甲醇；正相固相萃取硅胶和极性吸附剂介质，通常用

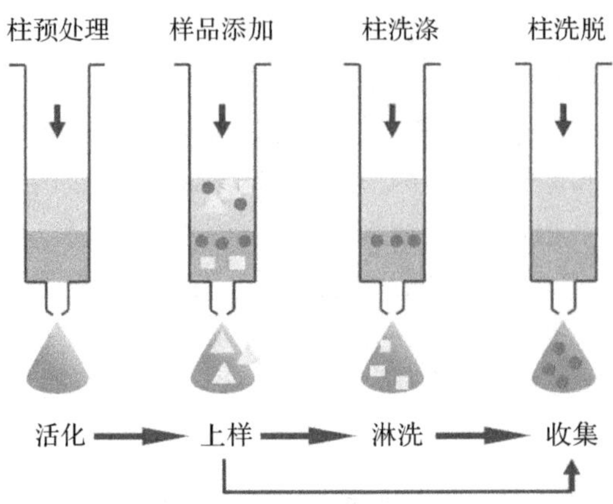

图 10 - 10　固相萃取样品处理流程图

有机溶剂预处理；离子交换固相萃取吸附剂一般用 3～5mL 去离子水预处理。为使固相萃取柱中的吸附剂在活化后到样品加入前都保持润湿，活化处理后吸附剂上面保持 1mL 左右的活化溶剂。

(2)上样：用移液管或微量吸量管准确地将样品转移至活化后的固相萃取柱。固相萃取要求样品以溶液形式存在，没有干扰，而且有足够的浓度以被检测到。采用手动或泵以正压推动或负压抽吸的方式，使液体样品缓慢通过固相萃取柱。

(3)淋洗：样品中的目标萃取物吸附在固相萃取吸附剂上后，通常首先用中等强度的混合溶剂淋洗，尽可能除去吸附在固相萃取柱上的基体干扰组分，而又不会导致目标萃取物流失。反相萃取体系通常选用水或含有低浓度有机溶剂的水溶液清洗弱保留的亲水性组分，如无机盐、糖类、蛋白质和氨基酸等。

(4)洗脱：选择适当的洗脱溶剂洗脱被萃取物，收集洗脱液，挥干溶剂以后备用或直接进行在线分析。在反相萃取中多用有机溶剂(如甲醇、乙酯)洗脱；有些碱性物质洗脱则需加入少量有机胺，如三乙胺等。

3. 固相萃取装置

固相萃取装置主要包括固相萃取柱和固相萃取过滤装置。

(1)固相萃取柱：目前商品化的固相萃取柱外形类似注射器。柱体可以是玻璃的，也可以是聚丙烯、聚乙烯、聚四氟乙烯等塑料；与高效液相色谱在线联用的柱体通常用不锈钢材料，可以耐受较高的压力。萃取柱一般为圆柱形，有时为了萃取较大体积的液体样品，可在柱体上方设计较大体积(如 20mL)的溶剂槽。固相萃取柱的容积 1～50mL 不等，典型的商品固相萃取柱容积为 1～6mL，填充 0.1～2g 吸附剂。在填料的上下端各有一个聚乙烯、聚丙烯、聚四氟乙烯或不锈钢等制成的筛板，以防止填料的流失。反相固相萃取柱最常用的填料是键合硅胶，疏水性强，对水溶液样品中的大多数有机化合物具有较好的保留效果。正相固相萃取柱使用的填料有非键合硅胶、双醇基硅胶、氰基硅胶等。

根据目标化合物与样品基体的性质、检测手段及实验室条件选择合适的柱型和填料。选择时要考虑固相萃取柱对分析对象的萃取能力、样品溶液的体积、洗脱后溶液的最终体积等。目前，已有各种规格的、装有各种吸附剂的固相萃取柱出售。当商品固相萃取柱的柱型和填料不能满足特定工作的需要时，可根据实验要求，选择合适规格的固相萃取空柱型和填料，自行填装固相萃取柱。

(2)固相萃取过滤装置：固相萃取加样过程中，需要通过适当的方法使样品溶液通过固相萃取柱，使待分析物吸附在填料上。洗脱过程中，同样需要使溶剂通过固相萃取柱，使待分析物解吸。为使溶液顺利通过固相萃取柱，需要借助固相萃取过滤装置，采用柱前加压或柱后加负压抽吸的方式实现，使溶液易于进入固定相的孔隙，保证在较短时间内处理更多的样品溶液，有利于样品溶液与固定相更紧密接触，从而提高萃取效率。

固相萃取的加压操作可通过在液体样品储液槽的上方用高压空气或氮气施加一定的压力来实现。如果样品溶液较少，也可将固相萃取柱与一筒形注射器相连，在注射器的上方手动加压，使样品溶液通过固相萃取柱。普通固相萃取装置如图 10-11 所示。

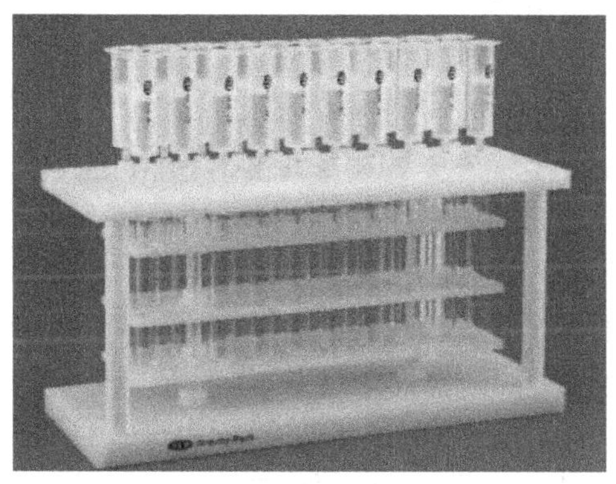

图 10－11　普通固相萃取装置

另一种使样品溶液较快通过固相萃取柱的方法是负压抽吸，即在固相萃取柱出口用注射器手动抽负压，或与水泵或真空泵相连，用泵保持适当的真空度，从而将样品溶液抽吸通过固相萃取柱(图 10-12)。实验室最常使用的是用抽滤瓶实现负压抽吸。抽滤瓶口以橡胶塞密封，与固相萃取柱相连，抽滤瓶内放置一个小试管接收洗脱后的目标萃取物。也可以采用固相萃取过滤装置同时处理多个样品(最常见的为同时处理 12 或 24 个样品)，有利于提高工作效率。

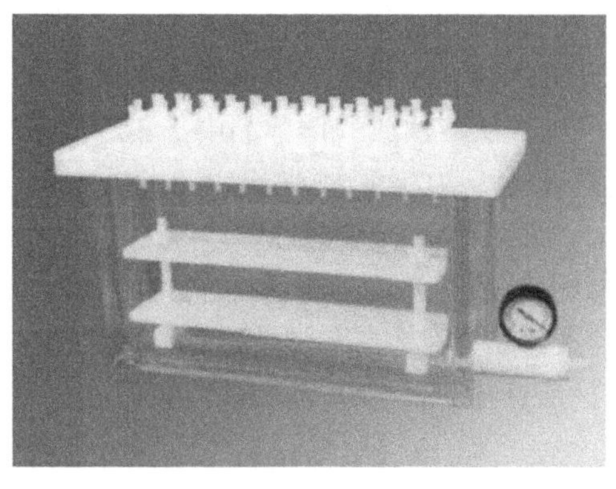

图 10－12　负压固相萃取装置

在日常分析中，当需要分析处理的样品很多时，往往需要同时处理多个样品。为提高工作效率，减少人为误差，20 世纪 80 年代关于固相萃取的自动化研究也逐渐起步，经过十多年的发展，其技术日趋成熟。目前，固相萃取的自动化主要包括 96 孔固相萃取系统和在线固相萃取。96 孔固相萃取系统可同时进行 96 个样品溶液的固相萃取处理，其批处理时间不超过 1h。在线固相萃取主要是指固相萃取与高效液相色谱、气相色谱、毛细管电泳等在线联用。多通道全自动固相萃取装置如图 10-13 所示。

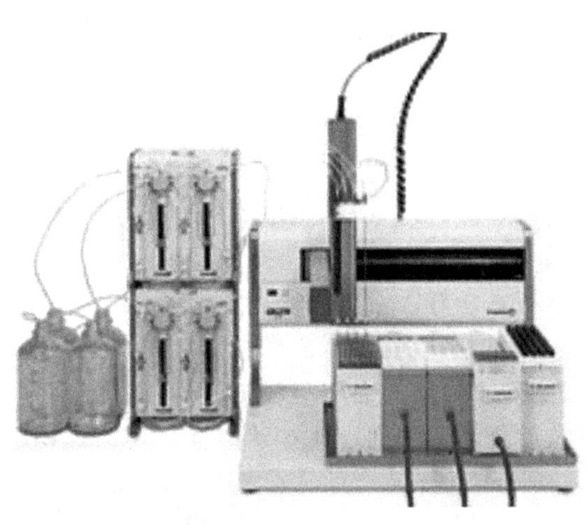

图 10－13　多通道全自动固相萃取装置

4. 固相萃取的特点

与传统的液—液萃取相比，固相萃取具有明显的优点：第一，固相萃取采用高效、高选择性的固定相，能显著减少溶剂的用量，减少对环境的污染，简化样品的前处理过程；第二，避免了液—液萃取过程中经常出现的乳化问题，萃取回收率和富集倍数高，重现性好；第三，采用高效、高选择性的固体吸附剂，能更有效地将分析物与干扰组分分离；第四，可选择的固相萃取填料种类很多，因此其应用范围很广，可用于复杂样品的预处理；第五，操作简便快速，费用低，一般说来固相萃取所需时间为液—液萃取的 1/2，而费用为液—液萃取的 1/5，可同时进行批量样品的预处理，易于实现自动化及与其他分析仪器的联用。因此，固相萃取技术作为一种更简单、更快速、更准确的分离技术，今后将会更加广泛地应用于复杂样品的前处理，并朝着多样化、标准化、仪器化和自动化的方向发展。在固相萃取原理基础上发展起来的固相微萃取、基质分散、插管固相微萃取、分子印迹等技术逐渐成为一种新前处理技术。随着固相萃取技术的不断发展与完善，在样品分析前处理方面的应用将会发挥更大的作用。

（三）固相微萃取

1. 概述

固相微萃取（solid-phase microextraction，SPME）是在固相萃取技术基础上发展起来的一种样品前处理和富集分离技术，属于非溶剂型选择性萃取法，克服了固相萃取的缺点，大大降低了空白值，同时又缩短了分析时间。固相微萃取采用一支携带方便的萃取器，类似于气相色谱微量进样器的萃取装置，可直接从液体或气体样品中采集挥发和非挥发性的化合物，然后直接与气相色谱仪联用，在进样口将萃取的组分解吸后进行色谱分离与分析检测。

2. 基本原理

固相微萃取是根据“相似相溶”原理，结合被测物质的沸点、极性和分配系数，通过选用具有不同涂层材料的纤维萃取头，使待测物在涂层和样品基质中达到分配平衡来实现取样、萃取和浓缩的目的。操作中涉及纤维涂层、样品基质及样品的顶空气相，是一个复杂的多相平衡过程。

3. 装置及操作步骤

SPME 装置形状类似于一只注射器，由手柄和萃取纤维头两部分构成，如图 10－14 所示。

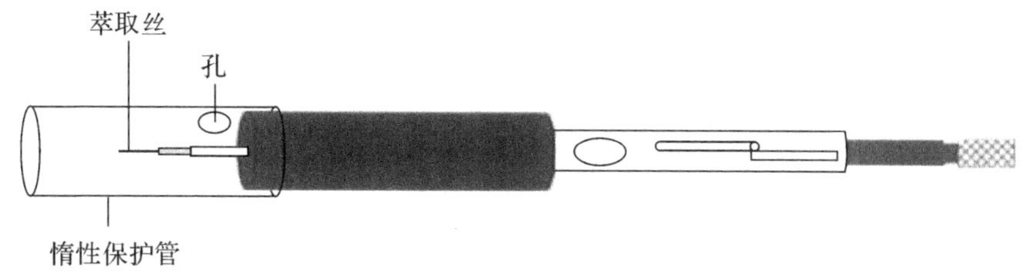

图 10-14　SPME 装置

手柄用于安装萃取头，由控制萃取头伸缩的压杆、手柄筒和可调节深度的定位器组成，可永久使用。萃取头(丝)是一根长 1.2cm 的涂有不同色谱固定相或吸附剂的熔融石英纤维，由环氧树脂黏结在一根不锈钢微管上。萃取头(丝)是 SPME 装置的核心，由不同固定相所构成的萃取头对物质的吸附能力不同。萃取头的选择要考虑固定相和厚度两个方面，应综合分析组分在各相中的分配系数、极性和沸点，并根据“相似相溶”原理进行。小分子或挥发性物质常用 100μm 萃取头，较大分子或半挥发物质采用 7μm 萃取头。非极性物质选择非极性固定相(如聚二甲基硅氧烷)，极性物质选择极性固定相(如聚丙烯酸酯、聚乙二醇)。

SPME 操作包括萃取和解吸两个步骤，其最大的特点就是在一个简单过程中同时完成了取样、萃取和富集，并可以直接进样，完成分析。

使用 SPME 时，先使纤维头缩进不锈钢针管内，使不锈钢针管穿过盛装待测样品瓶的隔垫，插入瓶中并推手柄杆使纤维头伸出针管，纤维头可以浸入待测样品中(直接法)或置于样品上部空间(顶空法)，萃取 2～30min。通常，直接法 SPME 萃取时间为 30min，顶空法 SPME 萃取只需几分钟即可使萃取量与原始浓度的比值达到最大。在萃取过程中应用磁力搅拌、超声振荡等方式搅动样品，可缩短达到平衡的时间。萃取完成后缩回纤维头，然后将针管退出样品瓶。将 SPME 针管插入气相色谱仪进样口，被吸附物经热解吸后进入气相色谱柱或将 SPME 针管插入 SPME/HPLC 接口解吸池，开启流动相通过溶剂洗脱样品进样，最后将纤维头缩回到针管中，拔离进样口，即完成进样过程。

4. 特点

SPME 技术作为一种简单、快速的样品前处理方法，克服了传统的液—液萃取、索氏提取等大量使用有机溶剂和样品前处理时间长、难用于挥发性有机物的分析等的缺点，与近年来新发展的样品前处理技术相比也有独到之处，如：超临界流体萃取装置价格昂贵，不适于水样分析；以溶剂脱附的固相萃取法回收率低；热脱附的固相萃取法需要专用的加热装置，且固体吸附剂的空隙易被堵塞。固相微萃取只需很小的样品体积，在无溶剂条件下可一步完成取样、萃取和浓缩，便于携带，真正实现样品的现场采集和富集；能够与气相色谱、液相色谱仪联用，可以快速高效地分析样品中的痕量有机物，重现性好，操作简便，易于实现自动化，检出限低，线性范围可达 3～5 个数量级以上。

SPME 技术有三种萃取方式可供选择，可用于固体、液体、气体等各种不同基体性质的样品中挥发性、难挥发性化合物的分析测定，最初应用于环境监测，目前已应用在医药卫生、食品检测等领域。

四、浓缩技术

浓缩是为提高样品中待测组分的浓度，常见有常压浓缩和减压浓缩。常压浓缩适用于对不易挥发、热稳定性大的组分的浓缩，可用蒸发皿直接加热浓缩或用装置浓缩。减压浓缩适用于对易挥发、热不稳定性组分的浓缩。食品安全检测样品前处理过程中，主要使用的浓缩技术包括水浴蒸发、氮吹仪吹扫、旋转蒸发、真空离心浓缩、K－D浓缩器(常见的减压浓缩)和自动定量浓缩装置等。在实验室最常用的是氮吹仪吹扫和旋转蒸发，操作简单方便，但自动化程度低，对数量多的样品操作不利，且大量溶剂挥发出来，对环境和试验人员健康的影响较大，试验结果的重复性也较差。全自动浓缩仪克服了旋转蒸发仪和氮吹仪的缺点，通过自动程序控制，在密闭系统中连续处理多个样品，试样通过自动真空操作浓缩到指定体积，操作简单，结果准确性和重现性极高。

通过浓缩，试样浓度可提高2～6个数量级。但是随着体积的缩小，组分的损失会迅速增加。在痕量分析时，操作应特别小心，注意防止浓缩过程中组分的损失。

待测组分的提取、净化和浓缩具体使用哪种方法，要根据样品和待测组分的性质来定，一般的食品检验标准都有具体的提取方法。

【参考文献】

[1]GB/T 5009.1—2003 食品卫生检验方法 理化部分[S].

[2]翟永信.现代食品分析手册[M].北京:北京大学出版社,1988.

[3]郑永章,秦荣大.卫生检验方法手册[M].北京:北京大学出版社,1992.

[4]NY/T 762—2004 蔬菜农药残留检测抽样规范[S].

[5]NY/T 2103—2011 蔬菜抽样技术规范[S].

[6]NY/T 763—2004 猪肉、猪肝、猪尿抽样方法[S].

[7]NY/T 5344.6—2006 无公害食品 产品抽样规范 第6部分:畜禽产品[S].

[8]SC/T 3016—2004 水产品抽样方法[S].

[9]GB/T 8855—2008 新鲜水果和蔬菜 取样方法[S].

[10]河北省食品检验研究院.食品安全监督抽样教程.北京:中国质检出版社,2015.

[11]穆华荣,于淑萍.食品分析[M].北京:化学工业出版社,2009.

[12]杨晓慧.浅议食品卫生检验样品的采集、制备和保存[J].中国农业信息月刊,2015(9):31-32.

[13]滕金兰.检验室食品样品制备管理[J].广西轻工业,2010(7):19-21.

[14]王立,汪正范.色谱分析样品处理[M].北京:化学工业出版社,2006.

[15]包金洋.浅谈食品检验抽样方法[J].中国卫生标准管理,2016(7):2-3.

[16]宋彦辉,王金英,于浦清,等.食品理化检验预处理前样品的准备[J].中国工程卫生学,2008,5(7):316-318.

[17]GB/T 30642—2014 食品抽样检验通用导则[S].

第十一章

食品感官分析

食品的色、香、味等感官指标检测无法通过化学和仪器检测的方法进行，必须依靠人这一"检测仪"来进行，在新食品开发中人的感官检验更具优势。感官性质是决定产品质量的一个重要因素，食品的质量控制中，就一定要有感官检验部分。感官检验可以对产品的所有指标进行测量，而仪器却无法做到，比如，仪器虽然可以测定产品的硬度，但不能确定消费者认为合适的程度，通过感官检验就可以做到这一点。感官检验能提供消费者对产品的态度信息，当然，有时可以将仪器测量和感官分析结合起来，这样进行质量检测时更有依据，如饼干的含水量和含油量、冰激凌中的颗粒状物含量、口香糖的香料含量等。

第一节　感官质控体系的建立

食品企业要将感官检验科学地用于食品质量控制，必须建立包括感官检验的完善的质量控制系统。

一、品评员的培训

建立包括感官检验在内的完善的质量控制系统，对品评员进行培训是必不可少的一环，因为品控的一个重要任务就是保证产品质量的稳定性。如果使用没有经验的品评员，所得结果可靠性不高，而使用专家级品评员，因为不能做到经常性检验，所以也不是理想的方式。为了保证检验的经常性，在企业内部训练一批合格的品评员应该是最理想的方式，因为他们是公司内部成员，对产品本身很熟悉，随着试验次数的增多，他们品评的准确程度也会越来越高。以品控为目的进行评价不能保证像一般意义上的评价那样对产品的检验面面俱到，这种检验只注重产品的异常气味或某几个关键指标，因此培训的时间不必很长。

二、感官标准的确立

感官标准的确立是品质控制的关键步骤。生产企业必须有产品质量标准，其中包括感官标准，有了标准才能进行后续的评价分析工作。这个标准包括产品标准、感官标准和文字标准。产品标准指评价中有时使用真实的产品，有时使用产品中的单一成分作标准物（参照物）；感官标准是指由一名或多名专家级的品评员或一个受过高度培训的品评小组制定产品应该达到的各项感官指标；文字标准是指对一些关键指标的定义和描述词汇的定义在文字上进行规定，使得评级时有据可依。

三、感官指标规范的建立

规定范围确定后，如果经品评小组评价后产品指标落在这个范围内，表示可以接受，如果落在这个范围之外，则表示不可以接受。下面以马铃薯片的感官评价为例进行说明。

表 11－1 为某公司生产的马铃薯片的品评小组结果和感官指标规范的比较，其中薯片颜色强度(4.4)和纸板味(6.0)的得分落在了规范(6.0～12.0 和 0.0～1.5)之外，说明该样品的这两项指标是不合格的。

表 11－1 品评小组结果和感官指标规范的比较

项目		品评小组结果	感官指标规范
外观		4.7	3.5～6.0
颜色强度		4.4	6.0～12.0
颜色的均匀性		4.3	4.0～8.5
风味	油炸味	3.7	3.5～5.0
	纸板味	6.0	0.0～1.5
	酸败味	0.0	0.0～1.0
咸		12.4	8.0～12.5
质地	硬度	7.4	6.0～9.5
	脆度	13.2	10.0～15.0
	紧密度	7.6	7.0～10.0

感官指标规范既可以通过消费者试验建立，也可以由公司高层按照经验进行规定。通过消费者试验的建立过程如下：

(1)选择一组能够代表各种感官指标的产品，而且能够真实反映产品在市场中可能发生的各种变化，有时还可以增加几个能够说明产品重要缺陷的样品。

(2)比较各个样品之间或样品与参照物之间的差异。

(3)进行大量的消费者产品接受性试验。

(4)分析产品指标的变化和消费者接受性之间的关系，从而建立各指标的接受范围。

第二节 选择感官检验方法

方法的选择以能够衡量样品同参照物之间的差别为原则。但是差别试验和情感试验一般不在例行的质量评价中使用，因为差别试验对比较小的差别太敏感，不能正确反映产品之间的差异程度，而只在几个品评员之间进行的情感试验也不能反映目标消费人群的态度。试验方法应根据试验目的和产品的性质而定，如果产品发生变化的指标仅限于 5～10 个，则可以采用指标分析方法，而如果发生变化的指标很难确定，但广泛意义的指标(如外观、风味、质地)可以反映产品质量时，则可以对产品感官质量打分。

第三节 感官检验环境一般要求

实验区微环境一般要求:温度20～22℃,相对湿度55%～65%。实验区应保持一定的空气流通,以约半分钟置换一次空气为宜,实验区换气应保持清洁、无异味。感官检验区应注意控制噪声、注意隔音。

实验区的装饰材料和内部设施应无味,墙壁和内部设施以中性的白色或浅灰色为主,避免影响产品。照明对感官检验特别是颜色检验非常重要。实验区照明应是可调控的、均匀的,并有足够的亮度有利于评价。

对感官检验准备样品的要求如下:

(1)均一性:呈送给品评员的样品各项属性应完全一致,包括每份样品的量、颜色、外观、形态和温度等。

(2)样品量:由于物理和心理因素的影响并考虑不同的检验目的,应提供合适的样品个数和样品量。

(3)样品的温度:恒定和适当的样品温度才可能获得稳定的效果,通常将样品保持在该产品的日常食用的温度。

食品企业实验室一般只要求检验员对检验样品进行符合性检验。如果要开发新产品,可邀请消费者或行业专家参加感官评价。

【参考文献】

[1]周家春.食品感官分析[M].北京:中国轻工业出版社,2013.

[2]徐树来,王永华.食品感官分析与实验[M].北京:化学工业出版社,2010.

[3]刘建,张睿,徐文科.食品感官分析工作中存在问题及对策[J].粮油食品科技,2005,13(5):41-43.

[4]GB/T 17321—2012 感官分析方法 二-三点检验[S].

[5]GB/T 13868—2009 感官分析 建立感官分析实验室的一般导则[S].

[6]CNAS—GL—26:2014 感官检验领域实验室认可技术指南[S].

[7]GB/T 29605—2013 感官分析 食品感官质量控制导则[S].

[8]GB/T 29604—2013 感官分析 建立感官特性参比样的一般导则[S].

[9]GB/T 16291.1—2012 感官分析 选拔、培训与管理评价员一般导则 第1部分:优选评价员[S].

[10]GB/T 12310—2012 感官分析 成对比较检验[S].

[11]GB/T 10220—2012 感官分析 方法学 总论[S].

[12]GB/T 12313—1990 感官分析方法 风味剖面检验[S].

[13]GB/T 23470.1—2009 感官分析 感官分析实验室人员一般导则 第1部分:实验室人员职责[S].

第十二章

常用物理指标分析

第一节　水分测定

一、食品中水分的作用和分类

水分是食品检测中的一项重要指标。水分含量对保持食品的感官性状和品质有重要意义，也是食品加工企业物料衡算的依据。水在食品工艺学方面的功能如下：

(1)从食品理化性质上讲，水在食品中起着溶解、分散蛋白质、淀粉等水溶性成分的作用，使它们形成溶液或凝胶。

(2)从食品质地方面讲，水对食品的鲜度、硬度、流动性、呈味、耐储性和加工适应性都具有重要的影响。

(3)从食品安全性讲，水是微生物繁殖的必要条件。

(4)从食品工艺角度讲，水有膨润、浸透、均匀化等功能。

按照食品中的水与其他成分之间相互作用强弱可将食品中的水分成结合水、毛细管水和自由水。

结合水又称为束缚水，是指存在于食品中的与非水成分通过氢键结合的水，是食品中与非水成分结合的最牢固的水。根据与食品中非水组分之间作用力的强弱可将结合水分成单分子层水和多分子层水。单分子层水指与食品中非水成分的强极性基团如羧基、氨基、羟基等直接以氢键结合的第一个水分子层。在食品中的水分中它与非水成分之间的结合能力最强，很难蒸发，它不能被微生物所利用。一般说来，食品干燥后安全储藏的水分含量要求即为该食品的单分子层水含量。多分子层水是指单分子层水之外的几个水分子层包含的水，以及与非水组分中弱极性基团以氢键相结合的水。

毛细管水指食品中由于天然形成的毛细管而保留的水分，是存在于生物体细胞间隙的水。毛细管的直径越小，持水能力越强，当毛细管直径小于 0.1μm 时，毛细管水实际上已经成为结合水，而当毛细管直径大于 0.1μm 时，则为自由水，大部分毛细管水为自由水。

自由水是指食品中与非水成分有较弱作用或基本没有作用的水。

结合水与自由水的区别在于结合水在食品中不能作为溶剂，在－40℃时不结冰，而自由水可以作为溶剂，在－40℃会结冰。

二、食品中水分检测的方法

一般食品检测的水为自由水，食品中水分的测定一般采用直接干燥法、减压(真空)干燥法、卡尔费休容量法、水分仪、蒸馏法等。

(一)直接干燥法

在常压下于95～105℃，使食品中的水分逸出，至样品质量达到恒重。根据样品所减少的质量，计算样品中水分的含量。

样品的制备对化验结果有很大的影响，对于固态样品，需经过磨碎、过筛(20～40目筛)、混匀处理。一般水分含量在14%以下，可以直接按此处理。对于水分含量在16%以上的，可以采用两步干燥法。

测量步骤：①洗涤称量瓶，烘干冷却至室温；②称瓶重 m_1；③称瓶重和样品重 m_2；④在95～105℃下烘干，时间为2～4h；⑤取出置于干燥器中冷却至室温；⑥称量干燥冷却后的重量 m_3；⑦再烘干、冷却、称量，检查是否烘至恒重；⑧计算：水分(%)$=\frac{m_2-m_3}{m_2-m_1}\times 100\%$。

判断恒重的方法：当两次称量的数值差不超过2mg时，干燥恒重值为最后一次称量数值。对于浓稠样品可加入精制海沙或无水硫酸钠，搅拌均匀，以增大蒸发面积。

(二)减压(真空)干燥法

利用较低温度，在减压下进行干燥以排除水分，样品中被减少的量为样品的水分含量。本法适用于在100℃以上加热容易变质及含有不易除去结合水的食品，如糖浆、味精、砂糖、糖果、蜂蜜、果酱和脱水蔬菜等样品都可采用真空干燥法测定水分。其测定结果比较接近真实水分。

操作方法：①准确称2.00～5.00g样品于烘至恒重的称量皿；②置70℃烘箱、真空度为93.3～98.6kPa烘5h；③于干燥皿冷却后称重；④计算：水分(%)$=G/W\times 100\%$[其中，G 为样品干燥后的失重(g)，W 为样品重量(g)]。

(三)卡尔费休容量法

在存在甲醇和碱的情况下，水会按照下列化学反应方程式与碘和二氧化硫进行反应：

$$H_2O+I_2+SO_2+CH_3OH+3RN \longrightarrow [RHN]SO_4CH_3+2[RHN]I$$

根据滴定过程中消耗的卡氏试剂的量，计算出样品中的水含量。

新配制的费休试剂(试剂的理论摩尔比为碘∶二氧化硫∶吡啶∶甲醇＝1∶1∶3∶1)很不稳定，随放置时间增加，浓度逐渐降低。应放置一周以上，用前用纯水或含水甲醇标准溶液或稳定的结晶水合物标定。费休试剂配制比较麻烦而且气味大，市场上有商品出售，滴定时应放在通风柜中操作。

对于无色试液可用目视法判定终点。如果是带有颜色或呈浑浊状的试液，则需用电位滴定法判定终点。商品化的卡尔费休水分滴定仪对大批量的水分测定十分方便。

该方法具有操作简单、速率快、精度高等优点。

(四)商品化的水分仪

现在市售的水分仪种类繁多,多数利用红外线加热装置使待测物游离水蒸发失重,通过天平称得失重的质量来计算待测样品的含水量。测量时将定量样品放置在仪器内部的天平秤盘上,打开天平和红外线加热装置。样品在红外线的直接辐射下,游离水分迅速蒸发,当试样中的游离水分充分蒸发失重至相对稳定后,即能通过仪器的光学投影读数窗,直接读出试样含水率。有些水分仪能通过分析待测样品红外光谱来测定样品的含水量。商品化的水分仪对于食品生产中的在线质量控制十分有效。

第二节 食品的净含量

食品净含量按照 JJF 1070—2005《定量包装商品净含量计量检验规则》进行检测。

一、包装食品净含量的相关定义

食品净含量与包装食品紧密相连,和包装上的标示密切相关。在检测食品净含量前,必须了解相关概念。

预包装商品是指销售前预先用包装材料或者包装容器将商品包装好,并有预先确定的量值(或者数量)的商品。

定量包装商品是指以销售为目的,在一定量范围内具有统一的质量、体积、长度、面积或者计数标注的预包装商品。

同种定量包装商品是指由同一生产者生产,品种、标注净含量、包装规格及包装材料均相同的定量包装商品。

净含量是指除去包装容器和其他包装材料后内装商品的量。注意:不论是商品的包装材料,还是任何与该商品包装在一起的其他材料,均不得记为净含量。如方便面中的调料包、叉子等不计为净含量。

标注净含量是指由生产者或者销售者在定量包装商品的包装上明示的商品的净含量,用 Q_n 表示。

实际含量是指由质量技术监督部门授权的计量检定机构按照检验规则通过计量检验确定的定量包装商品实际所包含的量,用 q 表示。

偏差指样本单位的实际含量与其标注净含量之差。

平均偏差指各样本单位偏差的算术平均值。

平均实际含量指样本单位实际含量的算术平均值。

允许短缺量指单件定量包装商品的标注净含量与其实际含量之差的最大允许量值(或者数量),用 T 表示。

短缺性定量包装商品指具有负偏差的单件定量包装商品。

T1 类短缺指在短缺性定量包装商品中,实际含量(q)小于标注净含量(Q_n)与允许短缺量的差,但是不小于标注净含量减去 2 倍的允许短缺量,即 $Q_n-2T\leqslant q<Q_n-T$。

T2 类短缺指在短缺性定量包装商品中,实际含量(q)小于标注净含量(Q_n)与 2 倍的允许短缺量之差，即 $q<Q_n-2T$。

皮重指除去样本单位的内容物后，所有包装容器和其他包装材料的重量。

总重指样本单位的皮重和净含量的重量之和。

二、单件实际含量的计量要求

单件定量包装商品的实际含量应当准确反映其标注净含量。标注净含量与实际净含量之差不得大于表 12－1 规定的允许短缺量。

表 12－1 允许短缺量

质量或体积定量包装商品标注净含量(Q_n)/g 或 mL	允许短缺量(T)/g	允许短缺量(T)/mL*
$0<Q_n\leqslant 50$	9	—
$50<Q_n\leqslant 100$	—	4.5
$100<Q_n\leqslant 200$	4.5	—
$200<Q_n\leqslant 300$	—	9
$300<Q_n\leqslant 500$	3	—
$500<Q_n\leqslant 1000$	—	15
$1000<Q_n\leqslant 10000$	1.5	—
$10000<Q_n\leqslant 15000$	—	150
$15000<Q_n\leqslant 50000$	1	—
计数定量包装商品标注净含量(Q_n)	允许短缺量(T)**	
$Q_n\leqslant 50$	不允许出现短缺量	
$Q_n>50$	$Q_n\times 1\%$	

注：* 对于允许短缺量(T)，当 $Q_n\leqslant$1kg 或 $Q_n\leqslant$1L 时，T 值的 0.01g 或 mL 位修约至 0.1g 或 mL；当 $Q_n>$1kg 或 $Q_n>$1L 时，T 值的 0.1g 或 mL 位修约至 g 或 mL。

* * 以标注净含量乘以 1%，如果出现小数，就把该数进位到下一个紧邻的整数。这个值可能大于 1%，但这是可以接受的，因为商品的个数为整数，不能带有小数。

三、除去皮重的方法

(一)除去皮重方案的确定

对检验批样本的检验，可根据检验方法的需要，按表 12－2 的规定除去皮重。

表 12－2 除去皮重的方案

皮重平均值(P)和皮重标准偏差(S_p)	除去皮重的方法
$P\leqslant Q_n\times 10\%$	以 P 为皮重，测定净含量 q_i，要求 $n_t\geqslant 10$
$P>Q_n\times 10\%$且 $S_p<0.25T$	以 P 为皮重，测定净含量 q_i，要求 $n_t\geqslant 25$
$P>Q_n\times 10\%$且 $S_p>0.25T$	以样品各自的皮重，测定净含量 q_i，要求 $n_t=n$

注：T 为允许短缺量；n_t 为检测皮重时抽样数。

（二）皮重平均值（p）和皮重标准偏差（S_p）的确定方法

1. 抽取测定皮重样品及测定皮重

在检验的样本中，至少随机抽取 10 件样品；然后将皮与商品内容物分离，逐个称出皮的重量。测量皮重前，应将皮上的残留物清除干净并擦干。

如果是在商品包装现场进行抽样，可直接随机抽取不少于 10 件待包装的皮，然后逐个称出皮的重量。

2. 计算皮重平均值和皮重标准偏差

根据测得的单件皮重，计算皮重平均值和皮重标准偏差。

皮重平均值（p）计算公式为

$$p = \frac{1}{n_t}\sum_{i=1}^{n_t} p_i$$

皮重标准偏差（S_p）计算公式为

$$S_p = \sqrt{\frac{1}{n_t - 1}\sum_{i=1}^{n_t}(p_i - \mathrm{ATW})^2}$$

式中：p_i 为单件皮重；ATW 为平均皮重；n_t 为检测皮重时抽样数。

四、以质量（重量）标注净含量商品的计量检验方法

（一）一般性商品的通用方法

1. 适用范围

本方法适用于奶粉、糖果、饼干等一般性商品。

2. 检验用设备

秤或者天平：经检定合格，准确度等级和检定分度值应符合要求。

3. 检验步骤

（1）皮重一致性较好的商品：

①首先在秤或者天平上逐个称量每个样品的实际总重（GW_i），并记录结果。

②计算商品的标称总重（CGW）和实际含量（q_i）。

标称总重（CGW）＝标注净含量（Q_n）＋平均皮重（ATW）

商品的实际含量（q_i）＝实际总重（GW_i）－平均皮重（ATW）

③计算净含量的偏差（D）：

单件商品的净含量偏差（D）＝实际总重（GW_i）－标称总重（CGW）

或　单件商品的净含量偏差（D）＝实际含量（q_i）－标注净含量（Q_n）

注：若净含量偏差 D 为正值，则说明该件商品不短缺；若净含量偏差 D 为负值，则说明该件商品为短缺商品。偏差 D 数值的大小为商品的短缺量（下同）。

（2）其他商品：

①测定总重（GW）：在秤或者天平上按顺序逐个称量每个样品的实际总重（GW_i），并记录结果。

②测定皮重（TW）：在秤或者天平上按顺序称量每个已打开包装样品的皮重（TW_i），记录结果并与总重结果对应。

③计算商品的实际含量(q_i)：

$$商品的实际含量(q_i)=实际总重(GW_i)-皮重(TW_i)$$

④计算净含量的偏差(D)：

$$单件商品的净含量偏差(D)=实际含量(q_i)-标注净含量(Q_n)$$

(二)干冻商品的检验方法

1. 适用范围

本方法适用于冻水饺、速冻汤圆等不需加水冷冻储存的商品。

2. 检验用设备

秤或者天平:经检定合格,准确度等级和检定分度值应符合要求。

3. 检验步骤

同上。

(三)水冻商品的检验方法

1. 适用范围

本方法适用于水冻鱼、水冻虾等加水后冷冻储存的商品。

注 1:冷冻商品是指在 0℃以下生产储存的凝固商品,包括镀冰衣商品。

注 2:镀冰衣商品是指单冻虾、单冻鱼等,其实际含量应不包括冰衣在内。

2. 检验用设备

(1)秤或天平:应检定合格,准确度等级和检定分度值应符合要求。

(2)解冻容器:容积不小于被解冻商品体积的 4 倍,其底部必须设有进水口。

(3)带盖网筛:容积大于被解冻商品体积,用直径为 0.5～1mm 的不锈钢丝编制,网孔为 2.5mm 左右,且不使解冻商品漏失,边角不得有留存残液的结构。

(4)导管:普通水胶管,胶管能与容器进水口可靠连接。

(5)温度计:测量范围 0～50℃,分度值≤1℃。

3. 检验步骤

(1)检验准备:擦净网筛,接好解冻容器进水口。

(2)测定网筛的重量(SW):在秤或天平上称量每个用于检验的网筛重量,并记录结果。

(3)解冻:首先将每件样品拆除包装后,单独放入预先称量好的带盖网筛中,再将盛有样品的网筛放入解冻容器。然后将解冻用水(清洁淡水)通过接入容器底部进水口的导管,加入到解冻容器,保持适当流速的长流水,并使水由解冻容器的上部溢出(勿使样品露出水面),保持水温在20℃左右。对于镀冰衣商品使样品表面的冰层刚好融化,其他冷冻商品的冷冻个体刚好能够分离为止。将解冻后的样品连同带盖网筛从解冻容器中提出,小心摇晃样品且避免损坏样品。

注:对于易于吸水的冷冻商品(冻蔬菜、冻章鱼等)解冻过程中应保证不使解冻水进入商品。

(4)控水:将解冻的样品连同网筛一起倾斜放置,使其与水平面保持 17°～20°的倾角,这样更加有利于排净水分,控水 2min。控水期间应注意不得挤压样品。

(5)测定网筛和固形物的重量(SDW):将控水后的样品连同网筛一起放在秤或者天平上称量,并记录结果。

(6)计算商品实际含量:

$$商品的实际含量(q_i)=样品固形物和网筛的重量(SDW)-网筛重量(SW)$$

(7)计算净含量偏差(D):

单件商品的净含量偏差(D)=实际含量(q_i)-标注净含量(Q_n)

(四)固、液两相商品的检验方法

1. 适用范围

本方法适用于罐头等固、液两相的商品。

若罐头中的液体属于储存媒介不可食用(使用),可只检验商品中的固形物。

2. 测量设备

(1)秤或天平:经检定合格,准确度等级和检定分度值应符合本规范的要求。

(2)量筒:经检定合格,且量程合适。

(3)网筛:容积大于商品体积,用直径为 0.5~1mm 不锈钢丝编制,网孔为 2.5mm 左右,且不使商品固形物漏失,边角不得有存留液体的结构。

(4)温度计:测量范围为 1~100℃,分度值≤2℃。

(5)其他:加热水浴箱、漏斗等应满足检验要求。

3. 检验步骤

(1)检验准备:擦净网筛,准备好漏斗和量筒,水浴箱加热到要求的温度。

(2)测定网筛的重量(SW):在秤或天平上称量每个用于检验的网筛重量,并记录结果。

如果是使用同一个网筛进行沥液,最好的方法还是在每次沥液前称量网筛的重量。如果不是在每次沥液前称量网筛的重量,则应确保每次沥液前网筛清洁、没有附着固体碎末,并且晾干网筛。

(3)分离固、液两相:

①常温下可分离固、液两相的商品。此类商品包括蔬菜、水果罐头等,其分离固、液两相的步骤是:先将样品开罐,把内容物倒入预先称量好的网筛中,注意不要遗漏固体碎末,通过网筛分离商品中的固形物和液体。将网筛倾斜放置使其与水平面保持 17°~20°的倾角,这样更有利于排净液体,但不必摇晃网筛中的物品,沥液 2min。

②加热后可分离固、液两相的商品。此类商品包括肉、禽及水产罐头等,其分离固形物和非固形物的步骤是:先将样品放在 50±5℃的水浴中(用温度计控制)加热 10~20min,待样品中凝固的汤汁融化。然后将样品开罐,把内容物倒入预先称量好的网筛中,注意不要遗漏碎末,网筛下方应配备漏斗,漏斗应架于容量适合的量筒上。通过网筛分离商品中的固形物和非固形物(加热后的液体),固体留在网筛中,液体流入量筒中。将网筛倾斜放置使其与水平面保持 17°~20°的倾角,使液体更加利于流入量筒中,不必摇动网筛中的物品,沥液 3min。

(4)测定网筛和固形物的重量(SDW):将沥液后的固形物连同网筛一起放在秤或者天平上称量,并记录结果。

(5)测定液态物中的油重(FW):将量筒收集的液态物静置 5min,待油与汤汁分两层,测得油层的体积 V,此体积 V 乘以油的密度 ρ 可以计算出油层的重量 $FW=V\rho$(一般油的密度 ρ 取 $0.9g/cm^3$)。

(6)测定皮重(TW):皮重一致性较好的商品可采用平均皮重。

(7)计算商品的实际含量(q_i)

固、液两相实际含量(q_i)=总重(GW_i)-皮重(TW_i)

常温下分离两相商品的固形物实际含量(q_{si})=网筛和固形物的重量(SDW)－网筛重量(SW)

加热后分离两相商品的固形物实际含量(q_{si})=网筛和固形物的重量(SDW)－网筛重量(SW)+油重(FW)

(8)计算净含量的偏差(D):

固、液两相的净含量偏差(D)=固、液两相的实际含量(q_{si})－标注的固、液两相净含量(Q_n)

固形物的净含量偏差(D)=固形物的实际净含量(q_i)－标注的固形物净含量(Q_n)

五、以体积单位标注净含量商品的计量检验方法

(一)总则

以体积单位标注净含量商品的计量检验,要求商品体积均为 20±2℃条件下的体积。

(二)绝对体积法

1. 适用范围

本方法适用于流动性好、不挂壁且标注净含量为 10mL～10L 的液体商品,如饮用水、啤酒、白酒等。

2. 测量设备

专用检验量瓶、注射器(或分度吸管)、温度计。检验设备的计量性能应满足检验结果的测量不确定度小于被检验商品净含量允许短缺量的 1/5 的要求。

3. 检验步骤

(1)将样本单位内容物倒入专用检验量瓶中,倾入时内容物不得有流洒及向瓶外飞溅。内容物成滴状后,应静止等待不少于 30s。

(2)保持专用检验量瓶放置竖直,并使视线与液面平齐,按液面的弯月面下缘读取示值(保留至分度值的 1/5～1/3)。该示值即为样本单位的实际含量。

(3)对于啤酒、可乐等加压加气的商品,在检验前加入不大于净含量允许短缺量 1/20～1/30的消泡剂,待气泡消除后按(1)、(2)进行检验。

(三)密度法

1. 适用范围

本方法适用于能均匀混合的液体商品,如牛奶、食用油等。

2. 检验设备

电子天平、电子秤、密度杯、温度计。检验设备的计量性能应满足检验结果的测量不确定度小于被检验商品净含量允许短缺量的 1/5 的要求。

3. 检验步骤

(1)检验总重:逐个称量样本单位的总重。

(2)检验皮重:逐个测定样本单位的皮重。若测定皮重的件数小于样本量,则应计算其皮重的算术平均值,并以此值作为样本单位的皮重。

(3)检验密度:

①在 20±2℃条件下,先称量密度杯重量,再将样本单位内容物(如果内容物需要摇匀,可在打开包装前完成)注满密度杯,称量密度杯和其内容物的重量,该重量减去密度杯的重量,即视为 20℃条件下定量体积的商品重量。

②计算本次测定的样本单位密度。其计算公式为

样本单位密度=(密度杯和内容物重量－密度杯重量)/密度杯的标称容量(体积)

③上述密度检验重复进行3次,取3次检验结果的算术平均值作为样本单位净含量的计算密度。

4. 原始记录与数据处理

净含量的计算公式为

净含量=(总重－皮重)/密度

(四)相对密度法

1. 适用范围

本方法适用于流动性不好但液态均匀,以及不适用绝对体积法检验的液体商品,如洗发液、乳饮料等。

2. 检验设备

电子天平、电子秤、电子密度计、密度杯、温度计。检验设备的计量性能应满足检验结果的测量不确定度小于被检验商品净含量允许短缺量的1/5的要求。

3. 检验步骤

(1)检验总重:逐个称量样本单位的总重。

(2)检验皮重:按有关规定检测样本的皮重。

(3)检验密度:

①在20±2℃条件下,先称量密度杯重量,再将样本单位的内容物(如内容物需摇匀可在打开包装前完成)注满密度杯(或注入电子密度计内),称量密度杯和其内容物的重量,该重量减去密度杯重,即视为20℃条件下定量体积的商品重量。

②以与步骤①相同的方法,检测20℃条件下同体积的蒸馏水(或去离子水)重量。

③根据步骤①和②检验得到的数据,计算本次测定的样本单位密度。其计算公式为

样本单位密度=定量体积内容物重量/定量体积蒸馏水(或去离子水)的重量

=定量体积内容物密度/定量体积蒸馏水(或去离子水)密度

④上述密度检验重复3次,取3次检验结果的算术平均值作为样本单位净含量的计算密度。

4. 原始记录与数据处理

净含量计算公式为

净含量=(总重－皮重)/[样本单位密度×20℃蒸馏水(或去离子水)密度]

第三节 折光率

一、概 述

光线从一种介质进入另一种介质时光的传播方向会发生改变,这种现象称为光的折射。引起光的折射的原因是光在不同介质中的传播速度不同。光在空气中的传播速度与它在液体中的传播速度之比叫作该液体的折光率。根据光的折射定律,液体的折光率等于入射角与折

射角的正弦之比,即 $N(t\lambda)=v_{空}/v_{液}=\sin\alpha/\sin\beta$。

折光率是有机化合物的特征常数,测定折光率可以确定有机化合物的纯度及溶液的组成,也可用于未知物的鉴定。

折光率随入射光的波长 λ、测定时的温度 t、物质的结构等因素而变化。所以表示物质的折光率时必须标明所用光线的波长和测定温度,当 λ 和 t 一定时,折光率是一个常数。

折光率是物质的一种物理特性,反映物质的均一程度和纯度。折光率是食品生产中常用的一种工艺控制指标,通过测定折光率可以鉴别食品的组成,确定食品的浓度,判断食品的纯洁程度及品质。蔗糖溶液的折光率随着浓度的升高而增大,因此通过测定折光率可以确定食品的糖度,还可以测定以糖为主要成分的蜂蜜、果汁等可溶性固形物的含量,通过查已编制好的总固形物和可溶性固形物关系表,可得出总固形物含量。

二、折光率的测定

测定折光率用阿贝尔折射仪或手持式折光仪。阿贝尔折射仪的结构如图 12-1 所示。

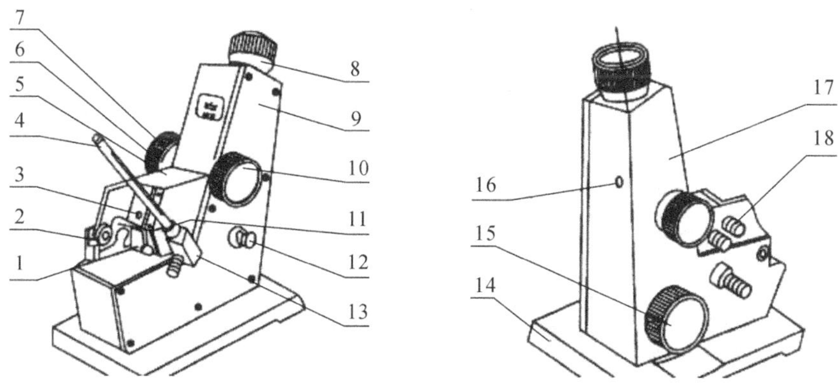

图 12-1 阿贝尔折射仪结构

1. 反射镜 2. 转轴 3. 遮光板 4. 温度计 5. 进光棱镜座 6. 色散调节轮 7. 色散值调节圈 8. 目镜 9. 盖板 10. 手轮 11. 折射棱镜座 12. 照明刻度盘 13. 温度计座 14. 底座 15. 刻度调节手轮 16. 小孔 17. 壳体 18. 恒温器接口

(一)仪器准备和校正

(1)准备:在温度计座中插入温度计,通入恒温水,当温度恒定后,松开直角棱镜锁扭,分开直角棱镜,在光滑镜面上滴加 2 滴丙酮(或乙醚、乙醇等有机溶剂),合上棱镜,使上下棱镜润湿,洗去镜面污物,再打开棱镜,用擦镜纸擦干镜面或晾干。

(2)校正:将直角棱镜打开,用少许 1-溴代萘将标准玻璃块(没有刻度的一面)黏附于光滑棱镜面上,标准玻璃块另一个抛光面应向上,以接受光线,转动棱镜手轮,使读数镜内标尺读数等于标准玻璃块上的刻示值(读数时打开小反光镜)。然后观察望远目镜中明暗分界线是否在十字交叉点上,如有偏差,用方孔调节扳手转动示值调节螺钉,使明暗分界线在十字交叉点处,校正工作结束。

(二)样品的测定

做好准备工作后,打开棱镜,用滴管滴加 2～3 滴待测液体于磨砂镜面上,使其分布均匀,合上棱镜，锁紧锁扭，调节底部反光镜，使目镜内视场明亮，调节望远目镜使视场清晰。转动手轮，直到在目镜中看到明暗分界的视场，如有彩色光带，转动阿米西棱镜手轮，使彩色消去，视场内明暗分界十分清晰。继续转动棱镜手轮，使明暗分界线在十字交叉处，如图 12－2 所示。在读数镜筒中读取折光率数值（记住打开小反光镜）。再让分界线上下移动重新调到十字交叉点处，读取读数，重复操作 3～5 次，取读数平均值作为样品的折光率。测量完毕，打开棱镜，用丙酮洗净棱镜面，擦干或晾干后，合上棱镜，锁紧锁扭，将仪器放好。

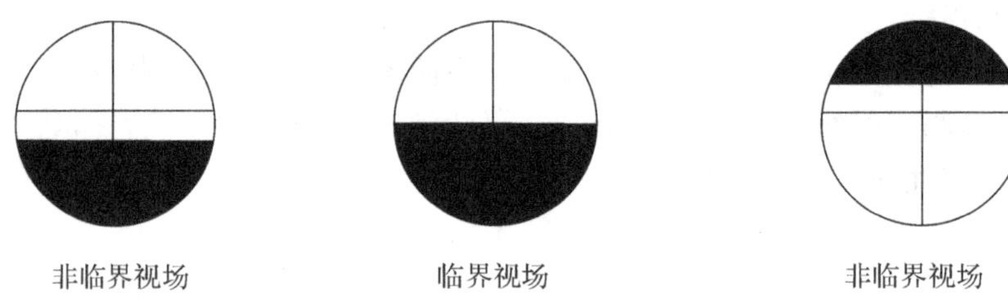

图 12－2 阿贝尔折射仪不同视场

（三）注意事项

（1）阿贝折射仪使用前后，棱镜要用丙酮或乙醚擦洗干净并干燥。

（2）不能用手接触镜面；滴加样品时滴管头不要碰到镜面。

第四节 密度、相对密度和黏度

一、密度和相对密度

密度指物质在一定温度下单位体积的质量，用 ρ 表示。相对密度指某温度下物质的质量和同温下同体积水的质量的比值，用 d 表示。

相对密度是物质的重要物理常数，各种液态食品均有一定的相对密度，当组分及其浓度发生改变时，其相对密度也将发生改变。我们可以通过测定液态食物的相对密度来检验食品的纯度或浓度。相对密度测量主要用于牛乳、鸡蛋、油脂、制糖工业。

测量相对密度的方法有密度瓶法、密度计法（糖锤度密度计、波美度密度计、酒精计、乳稠计）。

相对密度只能作为一个参考指标，如果相对密度符合标准并不能判断食品质量无问题，必须结合其他的理化分析才能确定食品的质量。

二、黏　度

液体在外力作用下流动，液体分子产生的内摩擦力，分绝对黏度和运动黏度。测定液体黏度的仪器有旋转黏度计、毛细管黏度计、落球黏度计。毛细管黏度计是由液体在毛细管里的流出时间计算黏度；落球黏度计是由圆球在液体里的下落速度计算黏度；旋转黏度计是由一转动物体在黏滞液体中所受的阻力来算黏度。

（一）毛细管黏度计测量原理

一般食品企业测定低黏度液体使用毛细管黏度计比较多。下面主要介绍毛细管黏度计测量原理。

液体在毛细管黏度计中因重力作用而流出时，服从泊肃叶公式：

$$\frac{\eta}{\rho}=\frac{\pi hgr^4t}{8lV}=m\frac{V}{8\pi lt}$$

式中：η 为液体的黏度，ρ 为液体的密度，l 为毛细管长度，r 为毛细管半径，t 为流出时间，h 为流过毛细管液体的平均液柱高度，g 为重力加速度，V 为流经毛细管的液体体积，m 为毛细管末端校正系数。

对于某一支指定的黏度计而言，上式可写为

$$\frac{\eta t}{\rho}=At^2-B$$

式中：A 和 B 为毛细管常数，每个管子各不相同。

乌氏黏度计就是根据泊肃叶公式而设计的一种测黏度的仪器，如图 12-3 所示，测量中取一定体积(即管中记号 a 和 b 之间)的液体，测定它在自身重力作用下流过毛细管所需的时间，先利用黏度已知的液体(一般取水)测定毛细管常数 A 和 B。具体方法是：在不同温度下，用同一支黏度计测定水的流出时间，水在不同温度下的黏度和密度可分别由表查得。根据上式，以 $\eta t/\rho$ 对 t^2 作图，得一直线，由直线的斜率和截距求出毛细管常数 A、B。然后对待测液体在一定温度下用同一支黏度计测定其流出时间，如果已知该待测液体的密度，利用上式便可求得该温度下待测液体的黏度。

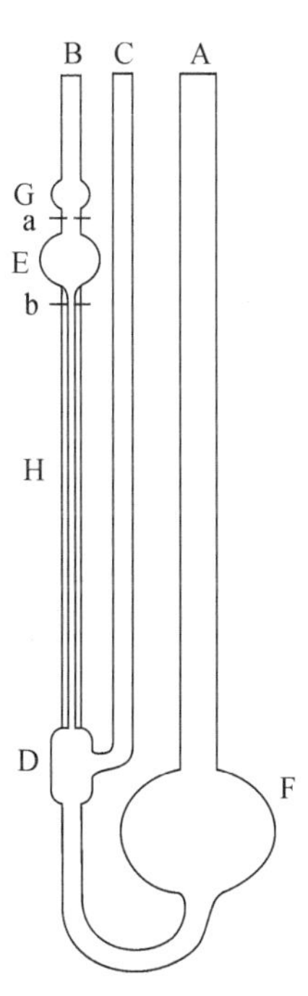

图 12-3　乌氏黏度计

(二)测定步骤

以乙醇溶液黏度的测定为例进行说明。取一支干燥、洁净的乌氏黏度计，由 A 管加入水溶液约 30mL，在 C 管顶端套上一段胶管，用夹子夹紧，使其不漏气。移去吸球，打开 C 管顶端的套管夹子，使球 D 与大气相通，让溶液在自身重力的作用下自由流出。当液面到达刻度 a 时，按秒表开始计时，当液面降至刻度 b 时，按停秒表，测得在刻度 a、b 之间的溶液流经毛细管的时间。反复操作 3 次，3 次数据间相差应不大于 1s，取平均值，即为流出时间 t。代入上式求出特征参数 A。

用样品将黏度计洗涤一遍，由 A 管加入样品约 30mL，按上述方法测定此温度下蒸馏水的流出时间，求出样品的黏度。

【参考文献】

[1]GB 5009.2—2016　食品安全国家标准　食品相对密度的测定[S].

[2]GB 5009.3—2016　食品安全国家标准　食品中水分的测定[S].

[3]GB 5009.4—2016　食品安全国家标准　食品中灰分的测定[S].

[4]GB/T 10247—2008　黏度测量方法[S].

[5]GB/T 14454.4—2008　香料　折光指数的测定[S].

[6]JJF1070—2005 定量包装商品净含量计量检验规则[S].

第十三章

食品检测中数据的统计分析

第一节　检验误差及其参数

一、误差类型

食品检验需要借助于测量来完成。由于被测量的数值形式通常不能以有限位数表示，又由于认识能力的不足和技术水平的限制，测量值和它的真值并不完全一致，这种矛盾在数值上的表现即为误差。任何测量结果都有误差，误差存在于一切测量工作的全过程。布点采样有样品误差，分析测试有测量误差。

误差按其性质和产生原因可分为系统误差、随机误差和过失误差。

（一）系统误差

系统误差（systematic error）又称可测误差、恒定误差、定向误差或偏倚（bias），系指测量值的总体均值与真值之间的差别，是由测量过程中某些恒定因素造成的。在一定的测量条件下，系统误差会重复地表现出来，误差的大小和方向在多次重复测量中几乎相同。因此，增加测量次数不能减少系统误差。

1. 系统误差产生的原因

（1）方法误差：系由分析方法不够完善所致，因使用方法的最佳条件不当而引起的误差。如在容量分析中，指示剂对反应终点的影响使得滴定终点与理论等当点不能完全重合；蛋白质的测定中除蛋白质氮外，非蛋白质中的氮也测定了；索氏提取法测定脂肪，只能测定游离脂肪，不能测出结合脂肪，同时色素、蜡质等也算成了脂肪含量等。

（2）仪器误差：由于分析仪器未经校准就使用了所带来的误差。如天平不等臂，砝码不准，光度计波长不准，滴定管、移液管、刻度吸管、容量瓶的示值与真值不一致等。

（3）试剂误差：由所用试剂（包括用水）中含有杂质所致。如基准度试剂及去离子水纯度不够等。

（4）恒定操作误差：由于操作者感觉器官的差异，反应的敏捷程度和固有习惯不同所致。如沉淀转移、萃取、过滤、加热蒸发所造成的损失，往往是由于实验人员感觉器官上的缺陷与个人的习惯偏见，造成对仪器标尺读数时始终偏右或偏左、颜色分辨的差异等。例如，操作者对滴定终点颜色观察的不同；目测比色法对黄色深浅难以敏锐地观察；光度法测定时，仪器吸光度读数的差异。

(5)恒定环境误差：系由测量时环境因素的显著改变所致。如室温的明显变化、溶液中某组分挥发造成溶液浓度的改变等。

2. 减少系统误差的方法

(1)仪器校准：测量前预先对仪器进行校准，并将校正值应用到测量结果的修正中去。

(2)空白试验：用空白试验结果修正测量结果，以消除由于试剂不纯等原因所产生的误差。

(3)标准对照：将实际样品与标准物质在同样条件下进行比较测定。当标准物质的真实值与其测量值一致时，可认为该方法的系统误差已基本消除。

(4)异法对照：采用不同的分析方法。例如与经典分析方法进行比较，以校正方法的误差。

(5)回收率：在实际样品中加入已知量的标准物质，在相同条件下进行测量，观察所得结果能否定量回归，并以回收率作为校准因子。

3. 系统误差和准确度的关系

从系统误差来源可知，方法、仪器、试剂、个人操作是引起系统误差的原因。例如，标示100.0mL的容量瓶，实际体积是99.90mL，相差0.10mL，无论谁用这个容量瓶它的体积都是99.90mL。用万分之一的分析天平，无论什么人用这架分析天平，都有万分之一的误差……即经常重复向一个方向发生的误差，因此是定向误差。

如上所述，由于系统误差的存在，在检验中无论如何细心、认真，实验结果总会和真实结果有一定的差距。

所以系统误差的大小，决定分析方法的准确度，即分析方法的准确度是由系统误差决定的。系统误差越大，分析方法的准确度越低；系统误差越小，分析方法的准确度越高。

(二)随机误差

随机误差(random error)又称为不可测误差，是由测量过程中各种随机因素的共同作用造成的。随机误差遵从统计学的正态分布，它具有以下特点：

(1)有界性：在一定条件下的有限测量值中，其误差的绝对值不会超过一定界限。

(2)单峰性：绝对值小的误差出现的次数比绝对值大的误差出现的次数多。

(3)对称性：在测量次数足够多时绝对值相等的正误差与负误差出现的次数大致相等。

(4)抵偿性：在一定条件下对同一量进行测量，随机误差的算术平均值随着测量次数的无限增加而趋于零，即误差平均值极限为零。

1. 随机误差产生的原因

随机误差是由能够影响测量结果的许多控制因素的微小波动引起的，如测量过程中环境温度的波动、电源电压的小幅度起伏、仪器的噪声、分析人员判断能力和操作技术的微小差异或前后不一致等。因此，随机误差可以看作是大量随机因素造成的误差的叠加。

2. 减少随机误差的方法

除必须严格控制试验条件，按照分析操作规程正确进行各项操作外，可以利用随机误差的抵偿性，用增加测量次数的办法减少随机误差。

（三）过失误差

过失误差(mistake)亦称粗差，这是误差明显地歪曲测量的结果，是由测量过程中犯下的不应该有的错误造成的，如器皿不清洁、加错试剂、错用样品、操作过程中试样大量损失、仪器出现异常而未发现、读数错误、记录错误及计算错误等。过失误差无一定规律可循。

过失误差一经发现，必须及时改正。过失误差的消除，关键在于分析人员必须养成专心、认真、细致的良好工作习惯，不断提高理论和操作技术水平。含有过失误差的测量数据经常表现为离群数据，可以用离群数据的统计检验方法将其剔除。对于确知在操作过程中存在错误情况的测量数据，无论结果好坏，都必须舍弃。

二、食品中质量特性参数

食品检验中得到的质量特性参数很多，参数的概念、意义、计算方法等极易混淆，有必要进行一下梳理。

（一）准确度

1. 准确度的表示

准确度(accuracy)是由一个特定的分析程序所获得的分析结果（单次测定值或重复测定的均值）与假定的或公认的真值之间符合程度的度量。

一个分析方法或分析测量系统的准确度是反映该方法或该测量存在的系统误差和随机误差两者的综合指标，它决定着这个分析结果的可靠性。准确度的大小用误差(E)表示，误差小，准确度高；误差大，准确度低。

误差(E)又分绝对误差和相对误差。

绝对误差：

$$E_{绝}=x_1-u$$

式中：x_1 为测定值，u 为真值。

相对误差：

$$E_{相}=\frac{x_1-u}{u}\times 100\%$$

计算绝对误差和相对误差需要知道测量真值，但真值是无法知道的，可用标准样品的标定值、多次检测的结果平均值等来代替，这样就变成绝对偏差和相对偏差。

2. 提高分析结果准确度的方法

提高分析结果的准确度就是努力减少系统误差，使分析结果接近真值。提高分析结果准确度的方法有空白试验、仪器校正、对照试验。

(1)空白试验：空白试验就是用无待测物质的溶剂或样品按照与检测样品同样的方法进行检测的试验。空白试验的目的是消除化学试剂、蒸馏水和所用仪器造成的系统误差。

空白试验就是由蒸馏水代替样品溶液在完全相同条件下进行测定，所得的结果为空白值，从样品的结果扣除空白值，就得到比较可靠的结果。

空白值一般都不应太高，如发现空白值很高，用扣空白值的方法必然存在很大的误差，在仪器设备正常的条件下，此情况有可能是试剂、器皿污染，一般用纯试剂和用不含待测物的实验器皿就能解决问题。

(2)仪器校正:容量分析的相对误差不应超过 0.1%~0.2%,应该根据情况对测量仪器和滴定管、移液管、刻度吸管、天平、砝码等精密仪器定期进行校正。

(3)对照试验:对照实验是检验系统有效误差的有效方法,进行对照试验时,常用已知含量的标准样品与被测样品一起在相同条件下测定,根据标准样品测定结果校正被测样品的含量。

$$被测样品含量=被测样品测定结果\times\frac{标样中被测物质含量}{标样中所测结果}$$

(二)回收率

1. 回收率的表示

在实际工作中,样品中待测组分的真值(u)是不知道的,评价食品检验结果的准确性通常用测回收率的办法,即可通过计算标准物质的回收率的办法来评价分析方法和测量系统的准确度。这是目前实验室中常用而又方便的确定准确度的方法。多次回收试验可发现方法的系统误差。

回收率的测定,最好选用不含待测物质或含待测物质较低的样品做试样,加入已知待测物质,配成加标样品。要严格按操作中规定的步骤和所用的仪器进行试验,这样才能反映接近真实的情况。

利用回收的方法可以定量估计干扰物质是否存在以及影响程度。在实际工作中以吸光度法、气相色谱法、原子吸收法最为常见,一些容量分析,有时也采用回收率的测定。回收率计算公式如下:

$$回收率(\%)=\frac{加标试样测定值-试样测定值}{加标值}\times100\%=\frac{回收量}{加标量}\times100\%$$

由于回收率是通过测定添加物质值与添加的量进行对比以评价方法的准确性,因此以下表达方式是不正确的:

$$回收率(\%)=\frac{加标试样测定值}{加入标准物质量+试样测定值}\times100\%$$

例如,未知水样中汞浓度(含量)为 1.00mg/L,加入未知水样中的汞浓度为 5.00mg/L,测定加标后水样浓度为 5.50mg/L。

$$回收率(\%)=\frac{5.50-1.00}{5.00}\times100\%=\frac{4.50}{5.00}\times100\%=90\%(正确的)$$

$$回收率(\%)=\frac{5.50}{5.00+1.00}\times100\%=91.7\%(不正确的)$$

2. 使用回收率评价准确度时应注意的事项

(1)样品中待测物质的浓度及加入标准物质的浓度对回收率的影响。通常标准物质的加入量以与待测物质浓度水平相等或接近为宜。若待测物质浓度较高,则加标后的总浓度不宜超过方法线性范围上限的 90%;若其浓度小于检测限,则可按测定下限量加标。在其他任何情况下,加标量不得大于样品待测物含量的 3 倍。以同一样品为本底值,加低、中、高三个添加量求回收率,其平均回收率一般要求在 80%~110%;回收实验一般指低、中、高三个浓度的回收实验,这样能够较全面地反映出不同浓度下的回收情况。如果只做一个浓度回收实验,是不全面的,一般来说低浓度回收率较差(低)而中、高浓度回收率较好。

(2)加入标准物质与样品中待测物质的形态未必一致,即使形态一致,其与样品中其他组分间的关系也未必相同,因而用回收率评价准确度并非完全可靠。例如,六六六或滴滴涕

(DDT)的测定的回收实验,加入的是纯品六六六或DDT,而在农副产品(如鱼、乳、肉、蛋)中的六六六或DDT有的溶解在脂肪中,有的是与某些生物物质结合在一起。因此,上述回收率测定方法不应该被认为是完全可靠的,只是由于测定方法简便易行,所以实验室一般都采用。

(3)样品中某些干扰物质对待测物质产生的正干扰或负干扰,有时不能用回收率实验所发现。如用银量法测定水中氯化物时,由于受到存在于水中的其他卤化物的影响,其回收率结果也不可靠。离子色谱法测定水中氯化物时,由于受到存在于水中的其他含氯化合物(次氯酸钠)的影响,其回收率结果也不可靠。

通常认为不同的分析方法具有相同的不准确性的可能很小。因此,对同一样品用不同方法获得的相同的测定结果可以作为真实值的最佳估计。当采用不同分析方法对同一样品进行重复测定,所得结果一致,或统计检验表明其差异不显著时,可认为这些方法都具有较好的准确度。若所得结果出现显著差异,应以被公认是可靠的方法为准。

(三)精密度

精密度(precision)是指用一特定的分析程序在受控条件下重复分析均一样品所得测定值的一致程度。它反映了分析方法或测量系统存在的随机误差的大小。

1.精密度的表示

精密度通常用极差、均值、平均偏差和相对平均偏差、标准偏差和相对标准偏差表示。

极差(R)也叫全距(range),是指数据中最大值与最小值之差。

$$R=x_{max}-x_{min}$$

精密度的大小通常用偏差(D)表示。若各次重复测定的数据越接近,则偏差越小,精密度越高;反之,数据越分散,偏差越大,精密度越低。

平均偏差($D_{平}$)计算公式如下:

$$D_{平}=x_i-\overline{x}$$

式中:x_i 为测定值;$\overline{x}$为测定均值。

相对平均偏差($D_{相}$)计算公式如下:

$$D_{相}=\frac{x_i-\overline{x}}{\overline{x}}\times 100\%$$

在食品检验中,即使条件完全相同,同一样品的多次检验结果也不完全相同。为了描述这种测定数据间的分散程度,常使用标准偏差或变异系数表示。

标准偏差(S)是指一组测定值中,每一测定值与测定均值间的平均偏离程度,计算公式如下:

$$S=\sqrt{\frac{\sum_{i=1}^{n}(x_i-\overline{x})^2}{n-1}}$$

标准偏差越小,说明各测定值愈靠近平均值,即离散程度越小;标准偏差越大,说明各测定值愈远离平均值,即离散程度越大。

按统计学正态分布:

68%测定值在$\overline{x}\pm S$ 范围之内;

95%测定值在$\overline{x}\pm 1.96S$ 范围之内;

99%测定值在$\overline{x}\pm 2.56S$ 范围之内。

所以标准偏差(S)越小，说明方法的精密度越高，方法稳定性重现性越好。

但标准偏差(S)毕竟是一个绝对值，仍没有考虑平均值的大小。如附上变异系数(CV)即标准偏差(S)对平均值($\bar{x}$)的相对百分数，就更能说明方法的精密度。因此，目前表示分析方法精密度都用(S)和(CV)两个指标。变异系数(CV)又叫相对标准偏差。

$$CV=\frac{S}{\bar{x}}\times 100\%$$

由于标准偏差在数理统计中属于无偏估计统计量，所以常被采用。

2. 精密度评价

在数理统计中常用平行性、重复性、再现性来检验精密度。

平行性是指在同一条件下，用同一种方法对同一样品进行的双份或多份平行测定结果之间的符合程度。

重复性是指在同一实验室内，当分析人员、分析设备和分析时间至少有一项不相同时，用同一种分析方法对同一样品进行两次独立测定结果之间的符合程度。

再现性是指在不同实验室(分析人员、分析设备，甚至分析时间都不同)用同一种分析方法对同一样品进行多次测定结果之间的符合程度。

故所谓的室内精密度即平行性和重复性的总和，而所谓的室间精密度即再现性。

3. 在精密度分析中应注意的问题

(1)分析结果的精密度与样品中待测物质的浓度水平有关。因此，必要时应取两个或两个以上的不同浓度水平的样品进行分析方法的精密度检查。

(2)精密度随与测定有关的实验条件的改变而有所变动。通常由一整批分析结果中得到精密度往往高于分散在某段较长时间里的结果的精密度。因此，如有可能，最好将组成固定的样品分成若干批，然后分散在一段适当长的时间里进行分析。

(3)因为标准偏差的可靠程度受测量次数的影响，所以在对标准偏差作较好估计时(如确定某种方法的精密度)，需要足够多的测量次数。

(4)质量保证和质量控制中经常用分析标准溶液的办法来了解分析方法的精密度。这与分析实际样品的精密度可能存在一定的差异。精密度一般要求 CV<8%。

4. 准确度、精密度的关系

用准确度、精密度评价分析结果实例：如样品(标样)含 Cd 为 45μg/g，图 13-1 是张、王、李、赵四人 5 次测定的 4 组检验数据在数轴上的表示。

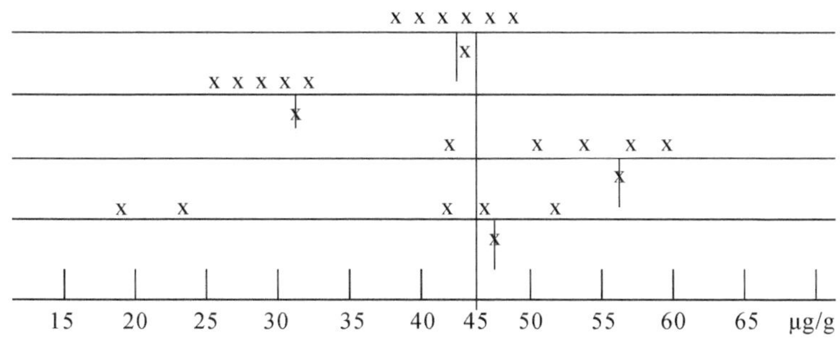

图 13-1　检验结果的评价

现对该例分析如下：

(1)第一组测定值相互间很接近，精密度好，均值与真值也很接近，误差小，准确度高。分析结果好，必须是准确度、精密度均好才行。

(2)第二组测定值相互间很接近，精密度好，均值与真值相差远，误差大，准确度差。所以精密度好，准确度不一定好。

(3)第三组测定值相互分散，精密度差，均值与真值相差也大，准确度也差，故分析结果差。

(4)第四组测定值间差距大，精密度差，均值与真值接近。但准确度不好，因为精密度是准确度的先决条件，结果准确首先要精密度好。

5. 提高分析方法精密度的措施

精密度是衡量偶然误差大小的尺度，因此，欲提高方法的精密度必须从减少偶然误差做起。

(1)首先要提高检验人员业务水平，要求具有较高的检验基础理论水平，能熟练进行检验操作的技能，才能在检验中严格要求，认真操作，把偶然误差减少至最低程度。

一名熟练的检验人员，在同样仪器、试剂等条件下测定同一份样品，几次测定结果比较接近；而一个操作不严格、不认真、粗心大意的人，或者是刚上岗的新手，同一份样品几次测定结果往往会相差很大。

总之，提高检验人员的基础理论水平和基本操作技能，是提高分析方法精密度的根本措施。

(2)适当增加检验次数。检验次数越多，从统计学观点分析测定结果的平均值愈接近真实值。增加检验次数与提高检验效率是相互制约的，同一样品增加检验次数取其平均值，就可以减小偏差，提高分析方法的精密度。另一方面，无原则地增加实验次数，会增加人力、物力和时间的消耗。既要提高方法的精密度又要提高检验效率，这就要考虑检验次数的问题。

最适宜的检验次数，要根据统计学原理和目前有关资料确定，通常下列标准可供参考：

①探索或建立新的分析方法，一般要进行 10～20 次。

②测定或比较各分析方法的准确度和精密度时，一般要进行 6 次实验，最多 10 次实验。

③滴定分析“标定”和“比较”标准溶液浓度时，平行试验不得少于 8 次，两人各做 4 次平行试验，每 4 次平行测定结果的极差与平均值之比不得大于 0.1%。两人测定结果平均之差不得大于 0.1%，结果取其平均值。浓度值取四位有效数字。

④实验室日常分析项目要求做样品平行双样，平行双样测定结果相对偏差不得大于标准分析方法(国标方法)规定的相对标准偏差的 2 倍，没有规定的相对标准偏差时，应按表 13-1 执行。

表 13-1 平行双样测定相对标准偏差

测定结果大约浓度/(mg/L 或 mg/kg)	100	10	1	0.1	0.01	0.001
相对标准偏差最大容许值/%	1	2.5	5	10	20	30

符合要求时，取其平均值报结果。如相对标准偏差超过上述规定，应重做至符合要求为止。

$$\text{平行样品的相对标准偏差}(\%)=\frac{|a-b|}{\frac{a+b}{2}}\times 100\%$$

式中：a 为平行样第一次测定结果；b 为平行样第二次的测定结果。

如生活饮用水铅的测定（GB 5750—85，27.2 双硫腙分光光度法）平行水样测定结果：第一次测得结果为 0.034mg/L，第二次测得结果为 0.029mg/L。

$$\text{平行样品的相对标准偏差}(\%)=\frac{|0.034-0.029|}{\frac{0.034+0.029}{2}}\times 100\%=16\%<20\%$$

水中的铅含量为 0.032mg/L。

（四）灵敏度

一种方法的灵敏度（sensitivity）是指该方法的单位浓度或单位量的待测物质的变化所引起的响应量变化的程度。因此，它可用仪器的响应量或其他指示量与对应的待测物质的浓度或量之比来描述。

在实际工作中常以校准曲线的斜率表示灵敏度。一种方法的灵敏度可因实验条件的变化而改变。在一定的实验条件下，灵敏度具有相对的稳定性。

通过校准曲线可以把仪器响应量与待测物质的浓度联系起来。用下式表示校准曲线的直线部分：

$$A=Kc+B$$

式中：A 为仪器的响应量；c 为待测物质的浓度；B 为校准曲线的截距；K 为方法的灵敏度。

在原子吸收分光光度法中，国际纯粹与应用化学联合会（IUPAC）建议将所谓的“1%吸收灵敏度”称为特征波长或者 0.04 消光灵敏度；而将以绝对量表示的“1%吸收灵敏度”称为特征量。特征浓度（或特征量）越小，方法灵敏度越高。

（五）检测限

检测限（limit detection）是指用某一特定分析方法在给定的可靠程度内可以从样品中检测待测物质的最小量。所谓“检测”是指定性检测，即断定样品确实存在浓度高于空白的待测物质。

对检测限的几种规定：

(1)在给定置信水平为 95%时，样品浓度的一次测定值与零浓度样品的一次测定值有显著性差异者即为检测限（L）。

当空白测定次数 $n>20$ 时：

$$L=4.6\sigma_{\mathrm{wb}}$$

式中：σ_{wb}为空白平行测定（批内）标准偏差。

当空白测定次数 $n<20$ 时：

$$L=2\sqrt{2}t_f S_{\mathrm{wb}}$$

式中：S_{wb}为空白平行测定（批内）标准偏差。f 为批内自由度，等于 $m(n-1)$，m 为重复测定次数，n 为平行测定次数。t_f 为显著性水平为 0.05（单测）、自由度为 f 的 t 值。

(2)国际纯粹与应用化学联合会（IUPAC）对检测限 L 作如下规定：对各种光学分析方法，可测量的最小分析信号 x_{r} 以下式确定：

$$x_{\mathrm{r}}=\overline{x}_{\mathrm{b}}+k\,S_{\mathrm{b}}$$

式中：$\bar{x}_b$ 为空白多次测量的平均值；S_b 为空白多次测量的标准偏差；k 为根据一定置信水平确定的系数。

$x_r-\bar{x}_b$（即 kS_b）相当的浓度或量即为检测限 L：

$$L=\frac{x_r-\bar{x}_b}{S}=\frac{kS_b}{S}$$

式中：S 为方法的灵敏度。

IUPAC 建议对光学分析取 $k=3$。由于低浓度水平测量误差可能不服从正态分布，且空白的测定次数是有限的，因而与 $k=3$ 相对的置信水平大约为 90%。此外，还建议取 k 为 4、4.65 及 6。

(3)分光光度法规定：在某些分光光度法中以扣除空白值后的吸光度为 0.01 相对应的浓度值为检测限。

(4)气相色谱法的规定：检测限系指检测器恰能产生与噪声相区别的响应信号所需进入色谱柱的物质的最小量。通常认为恰能辨别的响应信号最小应为噪声的 2 倍。

最小检测浓度系指最小检测量与进样量(体积)之比。

(5)离子选择电极法的规定：当某一方法的校准曲线的直线部分外延的延长线与通过空白电位且平行于浓度轴的直线相交时，其交点所对应的浓度值即为这些离子选择电极法的检测限。

检测上限指与校准曲线直线部分的最高点所对应的浓度值。当样品中待测物质的浓度值超过检测上限时，对应的响应值将不在校准曲线直线部分的延长线上。校准曲线直线部分的最高界限点称为弯曲点。

方法的适用范围指一特定方法的检测下限至检测上限之间的浓度范围，在这些范围内可作定性或定量的测定。

(六)测定限

测定限(limit of determination)可分为测定下限与测定上限。

在限定误差能满足假设要求的前提下，用特定方法能够准确地定量测定待测物质的最小浓度或量，称为该方法的测定下限。测定下限反映出定量分析方法能准确测定低浓度水平待测物质的极限可能性。在没有(或消除了)系统误差的前提下，它受精密度要求的限制(精密度通常以相对标准偏差表示)，对特定的分析方法来说，精密度要求越高，测定下限高于检出限越多。

在限定误差能满足预定要求的前提下，用特定方法能够准确地定量测定待测物质的最大浓度(或量)，称为该方法的测定上限。对没有(或消除了)系统误差的特定分析方法来说，要求越高，则测定上限低于检测上限越多。

最佳测定范围指在限定误差能满足预定要求的前提下，特定方法的测定上限与下限之间的浓度范围。在此范围内能够准确地定量测定待测物质的浓度(或量)。最佳测定范围应小于方法的适用范围。对测量结果的精密度(通常以相对标准偏差表示)要求越高，相应的最佳测定范围越小。

第二节 检测数据的记录及修约

一、检测数据的记录规则

检验结果的原始数据的记录应根据有效数字的保留规则，正确书写。

（一）有效数字

所谓有效数字，是指在分析和测量中实际测得的数字，即表示数字的有效意义。换句话说，有效数字的位数反映了计量器具（或仪器）的精密度和准确度，即只包含有效数字，故有效数字的位数不能任意增加或删减。

有效数字是由全部确定数字和一位不确定数字构成。从最后一位算起的第二位以前的数字应该是可靠的，或者说是确定的，只有末位数字是可疑的，或者说是不确定的。记录某一数据值保留的最后一位可疑数字，其余数字均为准确数字。可疑数字以后的数字应按“GB 8170—2008 数值修约规则”处理。

（二）有效数字的保留原则

有效数字的保留位数是根据测定方法和测量仪器的准确度来决定的。

1. 量取

（1）用 100mL 量筒量取 25mL 蒸馏水应写成 25mL，其中“2”为有效数字，“5”是可疑数字，有±1mL 误差，即 24～26mL。

（2）用 25mL 移液管取 25mL 水样，则应写成为 25. 00mL，四位有效数字，因有 25±0. 03mL 的误差，即 24. 97～25. 03mL。

（3）滴定管读数时，由于一般滴定管（25～50mL）都能准确到 0. 1mL，估计到 0. 01～0. 02mL，若消耗 23mL 溶液，也应把小数点后面的两个“0”表示出来，保留四位有效数字，写成 23. 00mL，而不能写成 23、23. 0 或 23. 000mL。

2. 称量

用万分之一的分析天平称取 0. 25g，则应写成 0. 2500g（四位有效数字），因为万分之一的分析天平会产生 0. 0001g 的误差。用百分之一的扭力天平称取 0. 25g 时才写成 0. 25g，因为有 0. 01g 的误差。

3. 定容

100mL 容量瓶，应写成 100. 0mL，即 100±0. 1mL（99. 9～100. 1mL）。

有效数字位数不仅表示测量值的大小，而且还表示测量的准确程度，例如，0. 2500g 不仅说明试样的质量，同时也表明最后一位数是可疑的，有 0. 0001g 的误差，也就是说该样品的实际质量是 0. 2500±0. 0001g 范围的某一数值，这个称量的绝对误差为±0. 0001g，相对误差（%）为±0. 0001/0. 2500×100%=±0. 04%。如上述称量结果写成 0. 250g，最后一位“0”没写上，这就变成了三位有效数字，而且最后一位“0”可疑的，该样品的实际质量就变成 0. 250±0. 001g 范围的某一数值，这个称量的绝对误差为±0. 001g，相对误差（%）为±0. 001/0. 250×100%=±0. 4%。由此可以看出，有效数字多写一位或少写一位，就会导致准确度相差 10 倍。

因此，最后一位数字尽管是“0”，也不能任意取消。

有效数字应保留的位数由测量方法和测量仪器的准确度来决定的。数是用来表示量的，量的测量有误差，用来表示量的数值必然有误差。由于仪器的准确度是有限的，所以有效数字的位数也是固定的，它反映了数据的可靠程度和仪器的准确度。

（三）“0”在有效数字中的应用

数字“0”，当它用于指示小数点的位置，而与测试的准确度无关的数值时，不是有效数字；当它用于表示与测量准确程度有关的数值大小时，则为有效数字。这与“0”在数值中的位置有关。“0”在有效数字中的不同位置如下：

（1）“0”在有效数字之间或之后为有效数字，如 23.00、2.500、1.3001 等。

（2）“0”在数字之前，只能算小数点位置，不能作为有效数字。如 0.07183g，也可以写成 71.83mg，都是四位有效数字；0.0526kg，也可以写成 52.6g，都是三位有效数字。类似 123、12.3、0.123、0.0123 都是三位有效数字。无灰过滤纸每张质量为 0.00003g，“3”是有效数字，这里“0”都不是有效数字，仅仅起到定位的作用，即“3”在小数点后第 5 位上。

（四）有效数字表示注意事项

（1）大单位有效数字化为小单位有效数字时，它的有效数字原来有几位仍要保留几位，不应任意扩大或缩小。如 2.5kg 化为 2500g，就扩大了它的准确度，此时可用科学计数法表示有效数字，这样原来只有两位有效数字改写成 2.5×10^3g，有效数字仍然是两位。2.5L 化为 2500mL，改写成 2.5×10^3mL，有效数字仍然是两位。

（2）很大或很小的数字用“0”表示很不方便，可用科学计数法表示。如 0.00005300g 可以写成 5.300×10^{-5}g。

（五）有效数字位数及相对误差

1. 有效数字位数和有效位数

有效位数即小数点后的位数。有效数字位数是具有实际意义的数字，除表示小数点所用“0”外，所用数字都是有效数字，即从第一个不是零的数字起至保留的位数为止，都是有效数字。

有效数字位数和有效位数是两个不同的概念，在检验中有效数字位数能反映和说明一些问题，如果结合考虑有效位数则反映和说明问题更深刻、更全面。

例如，滴定体积读数应取两位有效位数，因为 9.13mL 和 10.24mL 均有 0.01～0.02mL 的误差，写成 9.13 和 10.24 都是正确的，如果说保留四位有效数字，则不够确切，因为 9.13mL 是三位有效数字，10.24mL 是四位有效数字。举例如下：

近似数	有效数字位数	有效位数
1.8765	5	4
0.8765	4	4
0.0876	3	4
23.00	4	2
0.0002	1	4

在算术里数值有两种，一种是准确数，另一种是近似数。在做除法时，有时能整除得到准确数，有时不能整除（除不尽），如果用整数和小数表示商，只能得到近似数（商）。近似数是用来表示量的近似值的数。

2. 有效数字的相对误差

(1)几个近似数,若有效位数(小数点后位数)相同,它们的绝对误差相同,而相对误差不同。

例如,用分析天平(万分之一)称量,它们的绝对误差和相对误差如表 13-2 所示。

表 13-2　有效数字位数与相对误差

有效数字位数	称重量	有效位数	绝对误差	相对误差
5	1.3420g	4	0.0001	1/13420,万分之几
4	0.1234g	4	0.0001	1/1234,千分之几
3	0.0496g	4	0.0001	1/496,百分之几
2	0.0086g	4	0.0001	1/86,十分之几

表 13-2 说明,只要小数点后位数相同的绝对误差是一样的,而相对误差不同,两位有效数字的相对误差是十分之几,三位有效数字的相对误差是百分之几,四位有效数字的相对误差是千分之几,五位有效数字的相对误差是万分之几。

(2)有效数字位数相同,它们的相对误差也相同;有效数字位数不同,相对误差也不同。在表 13-3 中都是四位有效数字,其相对误差均为千分之几。由于在滴定分析中,相对误差不超过 0.1%～0.2%,所以滴定分析操作中必须用分析天平称重、容量瓶定容、移液管吸液、滴定管滴定,否则,相对误差就会超过 0.1%～0.2%。

表 13-3　有效数字位数相同,相对误差也相同

在滴定分析中	有效数字位数	相对误差
①用分析天平称取基准物质 0.1234g	4	1/1234
②用 100.0mL 容量瓶定容至刻度	4	1/1000
③用移液管吸取 25.00mL	4	1/2500
④用滴定管滴定用去 21.34mL 标准液	4	1/2134

相对误差是由有效数字位数决定的,而与小数的位数无关,绝对误差是由小数点后的位数决定的,与有效数字位数无关。

(3)根据上述原则,在理化检验中,对称量的精密度的一般要求是:称量的精密度应根据计算法,取方法中最低有效数字相同位数或多一位。

①称量如说明"精密称定""精密称取"时,必须用感量万分之一的分析天平称。

②称量未说明"精密称定""精密称取",一般 5～10g 可用感量 0.01g 的扭力天平,10g 以上的可用托盘天平。

③溶液吸取,指用移液管或刻度吸管吸取。

④溶液量取,指用量筒量取。

二、检测数据的运算规则及结果有效数字的保留

目前，实验室通常使用计算机进行数据处理，在计算时由于位数显示较多，计算中不易进行逐一修约，但应注意正确保留，通过计算机运算获得最终计算结果后，可按要求进行有效数字的修约。

（一）原始记录中有效数字的保留

1. 滴定分析

（1）消耗标准滴定溶液大于或等于 10.00mL 时，计算结果应保留四位有效数字（1×.××mL）。

（2）消耗标准滴定溶液小于 10.00mL 时，计算结果应保留三位有效数字（9.××mL）。

2. 仪器分析包括分光光度计法、原子吸收法、气相色谱法、电位法等。在仪器分析中测量用的仪表可得有效数字最多只有三位，所以仪器分析所得到的测定结果最多也只能有三位有效数字。

3. 表示分析结果精密度的数据一般只取一位有效数字，只有当测试次数很多时才取两位，且最多只能取两位。

4. 回归方程中，斜率 b 的有效数字位数，应与自变量 X 的有效数字位数相等，或最多比 X 多保留一位；截距 a 的最后一位数，则和因变量 Y 数值的最后一位数字取齐，或最多比 Y 多保留一位数。

（二）检验报告中有效数字的保留

检验报告测定结果有效数字的保留，应根据检测方法的检测限、取样量和国家标准等综合考虑。分析结果有效数字所能达到的位数不能超过方法的最低检出浓度有效数字所能达到的位数。例如，一种方法的最低检出浓度为 0.02mg/L，分析结果报 0.085mg/L 就不合理，应报 0.08mg/L。

（1）等于或大于分析方法检测限时（最低检测浓度），报告的数值由原始记录中的数字按“GB 8170—2015 数字修约规则”经修约报出，分析结果与标准相对应时，有效数字位数与标准中相一致，或最多比标准数值多保留一位数。

（2）小于分析方法检测限时，应报＜0.×××mg/L 或＜0.×××mg/kg。在检验报告上不得报“0”“未检出”“痕量”“少许”“不含有”等，因为这些术语含糊不清，令人费解，是不科学的。

三、检测数据的修约规则

各种测量、计算检验数据需要修约时，按“GB/T 8170—2015 数字修约规则”进行，即按“四舍六入五余进，奇进偶舍”规则修约。

（1）拟舍弃数字的最左一位数字小于 5 时，则舍去，即保留的各位数字不变。

例如：将 14.2432 修约到保留一位小数。修约前 14.2432，修约后 14.2。

（2）拟舍弃数字的最左一位数字大于 5 时，或虽等于 5 而右边并非全部为“0”的数字时，则进 1，即保留的末位数字加 1。

例如：将 26.4843 修约到保留一位小数。修约前 26.4843，修约后 26.5。

例如：将 1.051 修约到保留一位小数。修约前 1.051，修约后 1.1。

(3)拟舍弃数字的最左一位数字为5而右边无数字或皆为“0”时,若所保留的末位数字为奇数(1,3,5,7,9)则进1,为偶数(2,4,6,8)则舍去。

例如:将0.3500修约到保留一位小数。修约前0.3500,修约后0.4。

例如:将0.4500修约到保留一位小数。修约前0.4500,修约后0.4。

例如:将1.0500修约到保留一位小数。修约前1.0500,修约后1.0。

(4)负数修约时,先将它的绝对值按上述规定进行修约,然后在修约值前面加上负号。

(5)拟修约数字应在确定修约位数后一次修约获得,而不得多次按上述规则连续修约。

总之,修约原则是四舍六入五商量,五后非零应进1(偶包括零),五后皆零视奇偶,五前为偶应舍去,五前为奇应进1,不得连续修约。

【参考文献】

[1]赵杰文.食品、农产品检测中的数据处理和分析方法[M].北京:科学出版社,2012.

[2]魏华.浅淡如何保障和提高食品检测数据准确性[J].食品安全导刊,2016(24):20-21.

第十四章

常用的仪器检测技术

第一节　气相色谱

一、气相色谱原理及特点

气相色谱的分离原理是利用不同物质在流动相和固定相中分配系数的不同，当样品中各组分在两相做相对运动时，经过反复多次的分配，分配系数小的组分随载气前移的速度快，在柱内停留时间短，分配系数大的组分随载气前移的速度慢，在柱内停留时间长，因此经过反复多次的分配以后，使原来分配系数仅有微小差别的各组分能够得到完全分离。

在气相色谱分析中，混合物中各组分分离与否，常以混合物中相邻两组分的分离情况来判断。要使相邻组分得到分离，必要条件是：两峰间有一定距离，且峰宽较窄。

气相色谱技术具有分离效能高、分析速度快、检测灵敏度高、样品用量少、应用范围广等优点。气相色谱法的不足之处是不适用于检测难挥发或不稳定的物质。在没有纯样品时对未知物的定量比较困难，需要与红外、质谱等可定性的仪器联用。

目前，气相色谱法已广泛应用于食品分析等领域，成为分离技术中效率最高和应用最广的检测方法。

二、色谱分离条件的选择

在气相色谱分析中，为了在较短时间内获得较理想的分析结果，要选择合适的色谱分离条件。

（一）固定相的选择

固定相是影响混合物在色谱柱上分离效果的主要因素。固定相分为固体固定相和液体固定相两种。

在气—固色谱中，固定相一般是表面具有一定活性的固体吸附剂。检测人员可参考文献提供的各种吸附剂的特性和应用范围选择合适的吸附剂。

在气—液色谱中，固定相由担体和固定液组成。固定液是一种高沸点的有机物，一般根据样品的性质，可按照“相似相溶”原理来选择。

（二）载气及流速的选择

载气选用惰性气体，其不与被测组分发生作用，用来携载组分。常用的载气有 H_2、N_2、He、Ar 等。

载气的选择从三方面考虑：载气对柱效能的影响、检测器种类及载气的性质。载气流速较小时，分子扩散是影响柱效的主要因素，通常应选用 N_2、Ar 等相对分子质量较大的载气。载气流速较大时，传质阻力起主要作用，此时应采用相对分子质量较小的载气，如 He、H_2 等。由于不同的检测器对载气有不同的要求，因此在选择载气时还必须考虑使用的检测器类型，如热导检测器需用热导系数较大的 H_2 作载气，而氢火焰离子化检测器最常采用 N_2 作为载气。载气通常流速可在 20～80mL/min 内，通过实验确定最佳流速，以获得高柱效。在实际工作中，为了缩短分析时间，载气流速往往要稍大于最佳流速。

（三）柱温的选择

柱温对分离度影响很大，经常是条件选择的关键。在柱温不超过固定液的最高使用温度的情况下，选择柱温的基本原则是：在使最难分离的组分尽可能好地达到预期分离效果的前提下，尽可能采用较低柱温，但以保留时间适宜及峰形正常不拖尾为度。对于宽沸程多组分的样品，可采取程序升温方式进行分析。

（四）进样时间和进样量

进样速度必须快，一般要求进样应在 1s 之内完成。进样时间太长，样品原始宽度将变大，使峰变形。

在检测器灵敏度足够的前提下，尽量减少进样量，进样量应控制在峰面积或峰高与进样量呈线性关系范围内。进样量一般控制在液体样品 0.1～5μL，气体样品 0.1～10mL。

（五）其他条件的选择

（1）汽化温度：汽化温度一般等于样品的沸点或稍高于沸点，以保证迅速完全汽化。但一般不要超过沸点 50℃，以防样品分解。一般选择汽化温度比柱温高 30～70℃。

（2）检测温度：为使色谱柱的流出物不在检测器中冷凝而污染检测器，检测温度需高于柱温。一般可高于柱温 30～50℃，或等于汽化室温度。

（3）柱长和内径：由于柱长与分离度的平方成正比，所以增加柱长可以使分离度提高；但增加柱长会使各组分的保留时间增加，延长分析时间。因此，在满足一定分离度的条件下，应尽量使用较短的柱子。增加色谱柱的内径，可以增加分离的样品量，但由于纵向扩散路径的增加，柱效会降低。

三、气相色谱仪结构

气相色谱仪如图 14－1 所示，由载气系统、进样系统、分离系统、温控系统、检测及记录系统五部分组成。

（一）载气系统

载气系统由出气源、减压装置、气体净化装置及稳压恒流装置组成。载气是气相色谱分析的流动相。正确选择载气，控制气体的流速，是色谱仪正常操作的重要条件。载气的纯度要求

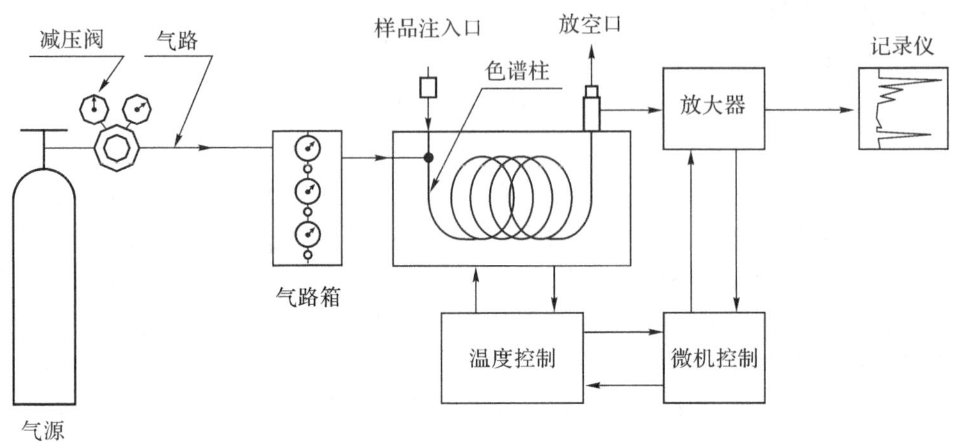

图 14-1 气相色谱仪结构

99.999%以上。

(二)进样系统

进样系统包括进样装置和汽化室。通常采用微量进样器或进样阀将样品引入,其作用是使液体或固体样品瞬间汽化。

(三)分离系统

分离系统由色谱柱组成,是色谱仪的核心部件,决定了色谱的分离性能,其作用是将多组分样品分离为单个组分。色谱柱可分为填充柱和毛细管柱两种。填充柱的柱管一般用不锈钢、玻璃等材料制成,柱管内填充固定相。一般内径为 2~6mm,柱长为 0.5~10m,因柱子相对较短,所以分离效率较低。毛细管柱用不锈钢、玻璃或石英材料拉制而成,呈螺旋状,柱内表面涂一层固定液,柱管内径为 0.1~0.5mm,柱长为 15~100m。毛细管柱渗透性好,分离效率高,可分离复杂的混合物。色谱柱的分离效果除与柱长、柱径有关外,还与柱填料、柱温、操作条件等许多因素有关。

(四)温控系统

温度是气相色谱分析最重要的分离操作条件之一,直接影响色谱柱的分离效率及选择性、检测器的灵敏度和稳定性。汽化室、色谱柱和检测器恒温箱都需要加热,它由三个不同的温控装置来进行控制。

(五)检测及记录系统

气相色谱检测器及记录系统的作用是将色谱柱分离后的各组分的浓度或质量信号转化为电信号,并经放大器放大后由记录仪记录。

检测器的作用是将经过色谱柱分离后的各组分质量或浓度信号转化为电信号。根据检测器响应特征的不同,检测器可分为浓度型检测器和质量型检测器两种。根据检测器的应用范围可以分为广谱型检测器和专用型检测器两类。常用的检测器有热导检测器、氢火焰离子化检测器、电子捕获检测器、火焰光度检测器和氮磷检测器等。

1. 热导检测器

热导检测器(TCD)是利用被测组分和载气的导热系数不同而响应的浓度型检测器,该检测器对所有的物质几乎都有响应，同时具有结构简单、性能稳定、线性范围宽、价格便宜、样品不被破坏等特点，是目前应用广泛的广谱型检测器。

2. 氢火焰离子化检测器

氢火焰离子化检测器（FID）简称氢焰检测器，是利用氢火焰作电离源，使含碳的有机物在火焰中燃烧产生离子，在外加电场的作用下，使离子形成离子流，根据离子流产生的电信号而响应的质量型检测器，它是最常用于检测含碳有机化合物的检测器。

3. 电子捕获检测器

电子捕获检测器（ECD）是利用电负性强的组分捕获载气分子在β射线（由镍的同位素产生）的作用下电离所生成的自由电子，从而形成负离子，负离子与载气电离生成的正离子结合使电信号发生变化而响应的浓度型检测器。该检测器只对含有高电负性元素的组分产生响应，检测限为 10^{-14} g/mL，目前广泛应用于食品、农产品中农药残留量、大气及水质污染分析等。

4. 火焰光度检测器

火焰光度检测器（FPD）是当含有硫、磷的有机物质在富氢火焰中燃烧时，硫或磷都会变为激发态的元素而发出其特征光谱（磷为 526nm，硫为 394nm），所发射的光被反射镜聚光后，再通过滤光片得到较纯的单色光，用光电倍增管来检测光的强度信号，信号强度与进入检测器的被测组分质量成正比。由于它对含硫和磷的化合物有比较高的灵敏度和选择性，所以在农药残留分析领域得到了广泛应用。

5. 氮磷检测器

氮磷检测器（NPD）与氢火焰离子化检测器相似，不同之处在于其火焰喷嘴与收集极之间装有一个铷珠，氮、磷化合物在受热分解时，受铷珠作用产生大量电子，信号增强。氮磷检测器是分析氮、磷化合物的高灵敏度、高选择性和宽线性范围的检测器，被广泛用于环保、生物化学、食品检测等领域。

四、气相色谱的定性和定量分析

气相色谱法的主要用途就是对待测样品进行分离后做定性分析和定量分析。

（一）定性分析

气相色谱定性分析就是通过色谱图确定各色谱峰所代表的是什么组分。气相色谱法定性的主要依据是在相同的色谱条件下，某组分的保留值是一定的，但不同的组分在相同的色谱条件下，可能具有不同的保留时间，所以保留时间定性具有非专一性。单靠气相色谱法特别是当样品组成复杂时对每个组分进行鉴定是比较困难的，通常只能在一定程度上给出定性结果。气相色谱定性方法主要有同已知纯物质对照定性、保留指数定性、利用保留值的经验规律定性、与其他化学法结合或仪器联用定性等。目前，气相色谱仪与其他仪器联用如气相色谱—质谱联用仪（GC-MS）、气相色谱—傅立叶变换红外光谱联用仪（GC－FIR）等定性方法已经得到普及。

（二）定量分析

气相色谱定量分析的依据是被分析组分含量与检测器的响应信号（峰面积或峰高）成正比，以此求混合样品中各组分的含量。气相色谱常用的定量方法有归一化法、外标法和内标法。

1. 归一化法

归一化法适用于所有组分都能从色谱柱流出并能被检测器分别检出色谱峰且各峰分离良好的样品。当样品中有 n 个组分，则各组分含量的计算公式为

$$X_i\% = [A_iF_i/(A_1F_1 + A_2F_2 + \cdots + A_nF_n)] \times 100$$

式中：$X_i\%$ 为被测组分的百分含量；F_i 为被测组分相对质量校正因子；A_i 为被测组分的峰面积。

2. 外标法

外标法又称为标准曲线法，是将被测组分的纯物质配制成一系列不同浓度的标准溶液进行色谱分析，作峰面积（或峰高）对浓度的工作曲线，在相同的色谱条件下，对样品进行色谱分析，求出被测组分峰面积（或峰高）后，根据工作曲线求出被测组分的含量。外标法操作简单，不使用校正因子，计算方便，但要求进样和操作必须严格一致。此法适用于大批样品快速分析。

3. 内标法

当只需要测定样品中某几个组分，或样品中所有组分不能全部出峰时，可以采用内标法。将一定量某种纯物质作为内标物，加入准确称取的样品中，然后进行色谱分析，根据被测物和内标物在色谱图上相应的峰面积（或峰高）和相对校正因子，求出某组分的含量 f。其计算公式为

$$f = \frac{\frac{A_s}{m_s}}{\frac{A_r}{m_r}}$$

式中：A_s 和 A_r 分别为内标物和对照品的峰面积（或峰高），m_s 和 m_r 分别为内标物和对照品的量。

$$m_i = f \times \frac{A_i}{\frac{A_s}{m_s}}$$

式中：A_i 和 A_s 分别为待测物和内标物的峰面积（或峰高），m_s 为内标物的量。

内标物的选择很重要，所用内标物应满足以下条件：是样品中不存在的纯物质；与被测组分物理化学性质接近；不与被测组分发生化学反应；出峰位置应位于被测组分附近并与待测组分完全分离；加入的量应接近被测组分含量。

由于内标法可以消除基体干扰和操作条件对分析结果的影响，因此检测的准确度较高，得到了广泛应用。

五、气相色谱法在食品安全检测中的应用

气相色谱法已广泛应用于食品中农药残留的分析，如有机氯农药、有机磷农药、氨基甲酸酯类农药及拟除虫菊酯类农药等的检测，并已成为国家多种农药残留的标准检测方法。

除此之外，气相色谱法还用于食品添加剂（如防腐剂、抗氧化剂、漂白剂、甜味剂、酸味剂、食品营养强化剂、乳化剂）的检测，持久性有机污染物（如多氯联苯）的检测，食品中真菌毒素（如镰刀菌毒素等）的检测，食品包装材料中增塑剂（如丙烯酸）残留的分析及在食品加工中产生的污染物（如氯丙醇、N-亚硝基化合物等成分）的分析。

第二节　液相色谱

一、高效液相色谱技术概述

高效液相色谱(HPLC)是以液体为流动相,依据样品分子与固定相和流动相三者之间的作用力差别,采用高压泵、高效固定相及高灵敏检测器的一种高压、高速、高效、高分离度、高灵敏度、易自动化的分离分析方法。

一般只要是能溶解在高效液相色谱流动相中的物质都可以用高效液相色谱来进行检测。它对被测物质活性影响小,一般在室温条件下进行分离。对于高沸点、热稳定性差及相对分子质量大的有机物均可用高效液相色谱法来进行分析。目前已知的有机化合物中,大约有80%可以用高效液相色谱法进行检测。高效液相色谱法已广泛应用在医药、生化、石油、化工、环境卫生和食品等领域。

二、高效液相色谱分析原理

高效液相色谱是样品中各组分在固定相和流动相之间进行的一个连续多次的交换过程,是一种依据样品中各组分在两相间分配系数、亲和力、吸附能力、离子交换或分子大小不同引起的排阻作用的差别,使样品中各组分得到分离而进行检测的一种方法。

当样品随流动相一起进入色谱柱时,在固定相和流动相之间进行多次分配。分配系数小的组分,不易被固定相滞留,流出色谱柱较快;分配系数大的组分滞留时间长,较晚流出色谱柱。若一个含有多组分的混合物进入色谱系统,则混合物中各组分便按其在两相间分配系数的不同先后流出色谱柱,达到分离的目的。

三、高效液相色谱分离类型

高效液相色谱分析法的种类很多,根据分离机理的不同可分为液固吸附色谱、液液分配色谱、离子交换色谱、空间排阻色谱和亲和色谱等多种类型。

(一)液固吸附色谱

液固吸附色谱是以固体吸附剂作固定相,用不同极性溶剂作流动相,依据样品中各组分在吸附剂上吸附性能的差别来实现分离。常用的固定相为硅胶、氧化铝、分子筛、聚酰胺等,结构类型主要以全多孔和薄壳型为主,一般采用5～10μm的全多孔硅胶微粒。该方法使用的流动相为各种不同极性的一元或多元溶剂。液固吸附色谱特别适用于分离相对分子质量中等的油溶性样品、具有官能团的化合物以及异构体。

(二)液液分配色谱

液液分配色谱是以惰性担体和涂渍在惰性担体上的固定液(高沸点的有机化合物)作为固定相,利用样品中各组分在两相之间分配系数差异进行分离的一种色谱分离方法。液液分配色谱的担体有全多孔型担体、多层多孔型担体、化学键合固定相等几种类型,其中化学键合固定相由于具有良好的耐热性和化学稳定性,是目前性能最佳、应用最广的液相色谱固定相。液液分配色谱应用范围较为广泛，既可用于分析极性化合物，也可分析非极性化合物。

液液分配色谱大致可分为正相色谱、反相色谱和离子对色谱 3 种类型。

1. 正相色谱

正相色谱的流动相极性小于固定相的极性。在正相色谱中，极性弱的组分先出峰，极性强的组分后出峰。在正相分配色谱中，流动相主体为己烷、庚烷，可加入一定量的极性改性剂，如1-氯丁醇、异丙醚、二氯甲烷、四氢呋喃、氯仿、乙醇、乙腈等。正相色谱适用于极性化合物的分离。

2. 反相色谱

反相色谱是用极性溶剂作流动相，非极性物质作固定相，出峰顺序与正相色谱相反。反相色谱大多使用水与甲醇、乙腈等以适当比例混合作为流动相。它是目前应用最广的色谱类型，反相色谱法主要用于分离非极性至中等极性的各类分子型化合物。

3. 离子对色谱

离子对色谱是在固定相上涂渍或流动相中加入与溶质分子电荷相反的离子对试剂，来分离离子型或离子化的化合物。流动相是以水为主体的缓冲溶液或水—甲醇（乙酯、二氯甲烷等）混合溶剂时，可用来分析羧酸、磺酸、胺类、酚类、药物、染料等。

（三）离子交换色谱

离子交换色谱是依据离子型化合物中各离子组分与固定相中离子基团亲和力的差异而进行分离的一种色谱分离方法。离子交换色谱的固定相是离子交换树脂，根据交换基团的不同，又可分为阴离子交换树脂和阳离子交换树脂。按照所交换的离子不同可分为阳离子交换色谱和阴离子交换色谱。绝大多数离子交换色谱在水溶液中进行。从简单无机离子的检测、糖类和氨基酸的分析到蛋白质的制备与纯化，离子交换色谱都得到了广泛的应用。

（四）空间排阻色谱

空间排阻色谱也称为立体排阻色谱或凝胶色谱，是以孔径大小不同的多孔性凝胶作固定相，利用凝胶的筛分作用，使样品分子按体积从大到小的顺序依次得到分离的一种色谱分离方法。凝胶色谱根据流动相的性质不同分为凝胶过滤色谱和凝胶渗透色谱。凝胶过滤色谱以具有不同 pH 值的缓冲溶液作流动相。凝胶渗透色谱常采用甲苯、四氢呋喃、氯仿等有机溶剂作为流动相。空间排阻色谱适用于分离蛋白质、核酸以及多糖等大分子化合物。

（五）亲和色谱

亲和色谱是将具生物专一性的配基固定化到基质上做成亲和柱（固定相），利用生物大分子和固定相表面存在的某种特异性亲和力，进行选择性分离的一种色谱分离方法。配基种类繁多，如染料、氨基酸类化合物、多氟吡啶、金属离子螯合剂及巯基化合物等。用作亲和色谱的常用基质有纤维素、葡聚糖凝胶、琼脂糖凝胶、聚丙烯酰胺凝胶等。流动相主要是由磷酸盐、硼酸盐、乙酸盐、柠檬酸盐构成的具有不同 pH 值的缓冲溶液体系。在各种模式的色谱中，亲和色谱的选择性最高，特别适合纯化制备，其回收率和纯化效率都很高。

四、高效液相色谱仪结构

高效液相色谱仪一般可分为五个主要部分，即输液系统、进样系统、色谱分离系统、检测器系统、数据记录和处理系统，如图 14－2 所示。

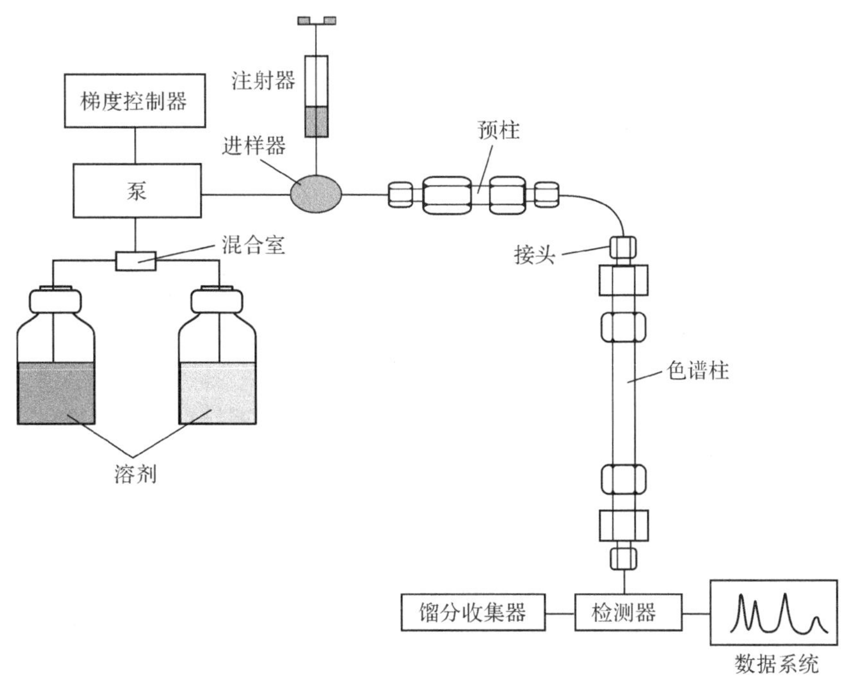

图 14-2　高效液相色谱结构

高效液相色谱仪工作过程如下：输液泵将流动相以稳定的流速(或压力)输送至分析体系，在色谱柱之前通过进样器将样品导入，流动相将样品带入色谱柱，在色谱柱中各组分得到分离，并依次随流动相流至检测器，检测到的信号送至色谱工作站记录、处理和保存。

(一)输液系统

输液系统由储液瓶、输液泵和梯度洗脱装置等组成。

储液瓶用于存放高效液相色谱的流动相，容积一般为 0.5～2L。在使用过程中，储液瓶应密闭，以防止溶剂蒸发而引起流动相组成的变化以及防止空气中的 O_2 和 CO_2 进入流动相中造成基线不稳。

输液泵的作用是采用高压的形式将流动相以稳定的流速(或压力)输送到色谱系统。高压输液泵输液应当流量稳定，流量变化通常要求小于 0.5%。流动相流过色谱柱时会产生很大压力，高压泵通常要求能耐 40～60MPa 的高压。目前，高效液相色谱仪普遍采用机械往复柱塞泵。

梯度洗脱装置采用不同极性的溶剂，在分离过程中按一定程序连续地改变流动相的浓度配比，使各组分在两项中的分配系数改变，以提高分离度、缩短分析时间。

(二)进样系统

进样器是将待测样品引入色谱柱的装置。液相色谱进样通常使用六通阀进样和自动进样。在操作六通阀进样时，先将进样阀手柄置于“采样”位置，用特制的平头注射器将样品液注入定量管，然后再将进样阀手柄转向“进样”位置，流动相将样品液携带进入色谱柱进行分离，其间不需要停流。可通过更换不同规格的定量管调节进样量。

(三)色谱分离系统

色谱柱是整个色谱分离系统的核心部分，要求柱效高、柱容量大和性能稳定。液相色谱的色谱柱通常为直型不锈钢管柱，内径为 1～6mm，长 50～400mm，内部填充 5～10μm 的球形颗粒填料。为保护分离柱，通常在分离柱前加一支填料与分离柱相同的前置柱。

（四）检测器系统

检测器利用被测物的某一物理或化学性质与流动相有差异的原理，当被测物从色谱柱流出时，检测器把化学或物理信号转化为可测的电信号，以色谱峰的形式表现出来。检测器要求灵敏度高、重复性好、响应快、噪声低、线性范围宽及适用范围广。

目前常用的高效液相检测器有紫外检测器、示差折光检测器、荧光检测器和电化学检测器等。以下分别列出了几种常见检测器的主要性能。

1. 紫外检测器

紫外检测器是应用最早也是最广泛的检测器之一。由于它只对那些在紫外、可见光波长下有吸收的物质才有响应，所以只能用于检测具有 π-π 共扼或 p-π 共轭的化合物。使用紫外检测器时，能吸收紫外光的溶剂不能作为流动相。

目前通常使用的是连续波长的紫外检测器。近年来常用的二极管阵列紫外检测器，可以进行不停流的瞬间紫外—可见光区全波长快速扫描，获得光吸收、波长和时间的三维谱图，提供既可定量又可定性的色谱信息，是一种比较理想的检测器，得到了广泛的应用。

2. 示差折光检测器

示差折光检测器也称折射指数检测器。凡是与流动相的折射率有差别的被测物都可以用示差折光检测器检测。该检测器应用范围广，特别是在凝胶色谱中应用较多，适合于常量分析，广泛用于不含紫外吸收发色团的分析组分的检测。

3. 荧光检测器

荧光检测器是利用某些溶质在受紫外光激发后能发射荧光的特质来进行检测。荧光检测的优点是选择性好、灵敏度高，而且所需样品量小，对温度及流速等要求相对较低。使用荧光检测器时，不能使用可熄灭、抑制或吸收荧光的溶剂作流动相。

4. 电化学检测器

电化学检测器是利用物质的电活性，通过电极上的氧化或还原反应来检测一些没有紫外吸收或不能发出荧光但具有电活性的物质。该检测器对温度和流速变化比较敏感，本底噪声高于紫外等检测器。电化学检测器有多种，如电导、电位、库仑、安培和极谱等。电导检测器在离子色谱中普遍使用。电化学检测器具有灵敏度高、选择性好、线性范围宽、结构简单、使用成本低的特点，可检测具有氧化还原性的化合物。

（五）数据记录和处理系统

数据记录和处理系统包括微处理机和色谱工作站。数据记录和处理系统可以在线模拟显示分析过程、自动采集数据、处理和储存数据，并能实现分析过程中仪器的自动控制。在设置好有关分析条件和参数后，可以自动给出最终分析报告。

五、高效液相色谱法在食品安全检测中的应用

随着高效液相色谱分析技术的不断发展，其在食品安全领域的应用也越来越广泛，发挥着重要的作用。日前，高效液相色谱分析可用于食品添加剂的分析，如防腐剂、着色剂、抗氧化剂、增味剂、甜味剂、乳化剂、合成色素等；食品中残留危害物质的分析，如农药残留、兽药残留等；食品

中天然毒素的分析，如真菌毒素、生物胺及生物碱等；食品加工中污染物的分析，如多环芳烃、丙烯酰胺、杂环胺类等；食品中非法添加物的分析，如苏丹红、甲醛、孔雀石绿和结晶紫等。

第三节　原子吸收光谱

一、原子吸收光谱概述

原子吸收光谱法(AAS)又称原子吸收分光光度法或原子吸收法。它是一种基于蒸气相中待测基态原子对同种原子发射出来的光谱辐射产生吸收而建立的一种定量分析方法。原子吸收光谱法作为一种测定痕量金属元素的最有效方法之一，广泛应用于地质、冶金、化工、农业、食品、轻工、生物医药、环境保护等领域。

原子吸收光谱法具有灵敏度高、选择性强、分析速度快、精密度高、准确度好、应用范围广、仪器操作简便等特点，且样品不需经烦琐的分离，可以在同一溶液中直接测定。原子吸收光谱法不足之处是：同时测定多种元素还有一定的困难，有一些元素的灵敏度还有待进一步改进提高。

二、原子吸收光谱分析原理

原子吸收是基态原子受激吸收跃迁的过程。原子吸收光谱法就是根据物质产生的原子蒸气对特定波长光的吸收作用来进行定量分析的。样品在高温作用下产生主要是基态原子的气态原子蒸气，当光源辐射出的待测元素的特征光谱通过样品的气态原子蒸气时，被蒸气中待测元素的基态原子所吸收，此时入射光被吸收而减弱的程度与样品中待测元素的含量成正比，服从朗伯—比尔定律，由此可得出样品中待测元素的含量。其定量关系式是

$$A=-\lg I/I_0=-\lg T=Kcl$$

式中：A 为吸光度；I_0 为入射光强度；I 为透射光强度；T 为透过原子蒸气吸收层的透射辐射强度；K 为吸收系数；c 为样品溶液中待测元素的浓度；l 为原子吸收层的厚度。

三、原子吸收分光光度计结构

原子吸收分光光度计通常由光源、原子化系统、分光系统和检测系统等 4 个基本部分组成。其基本结构如图 14 - 3 所示。此外，还需配置一些辅助设备，如空气压缩装置、气源、数据处理装置(计算机)等。

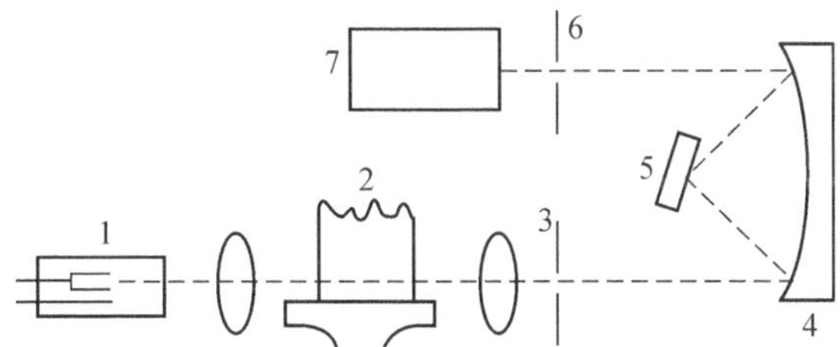

图 14 - 3　原子吸收分光光度计结构

1. 光源　2. 原子化系统　3～6. 分光系统　7. 检测系统

原子吸收分光光度计通常可分为单光束型原子吸收分光光度计和双光束型原子吸收分光光度计两种类型。双光束型可以消除由于光源不稳定和背景吸收对测定结果造成的影响。

(一)光源

光源的作用是发射待测元素的特征谱线。原子吸收光源的光谱特性直接影响分析灵敏度和精密度,合适的光源是取得良好分析结果的基础。原子吸收对光源的基本要求是:发射的共振辐射的波长半宽度要明显小于吸收线的半宽度;辐射强度大、背景低;稳定性好;结构牢靠,使用寿命长。目前最常用的光源是空心阴极灯(HCL)和无极放电灯(EDL),以空心阴极灯应用最广泛。

空心阴极灯是一种低压气体放电管,包括一个阳极(钨棒)和一个空心圆筒形阴极。空心阴极灯的阴极由高纯待测金属制成,当在外加电源作用下,阴极产生窄而强的该元素特征谱线,由灯头前面的石英窗射出。空心阴极灯在使用前应经过一段时间(一般 10~30min)预热,使灯的发射强度达到稳定。空心阴极灯具有辐射强度大、半宽小、稳定性好、背景吸收少、易更换等优点。这种光源的缺点是对每个不同的待测元素必须采用相应的待测元素灯。此外,还有多元素空心阴极灯,但其辐射强度、灵敏度、寿命都不如单元素的。

(二)原子化系统

原子化系统的作用是提供足够的能量,将样品中的待测元素转化为基态自由原子蒸气。目前,样品原子化的方法有火焰原子化法、非火焰原子化法和氢化物原子化法。

1. 火焰原子化法

常用的火焰原子化器是预混合型原子化器,包括雾化器、雾化室和燃烧器三个部分。常用的火焰有空气—乙炔火焰和氧化亚氮—乙炔火焰。燃烧器通常为一条 5~10cm 的缝状槽,燃烧时可获得平层火焰。此设计可避免由于高盐浓度带来的背景。火焰原子化器由于原子化效率低,气态原子在火焰吸收区停留的时间很短(约 10^{-4}s),通常只可以液体进样。

2. 非火焰原子化法

非火焰原子化法包括石墨炉原子化法、氢化物原子化法及冷原子原子化法等,其中石墨炉原子化法最为常用,它是采用电热难熔材料(石墨)作为原子化器。石墨管作为电阻发热体,通电后迅速升温,样品在其中高温熔融,可获得瞬态自由原子。原子化器由加热电源、保护气控制系统和石墨管状炉等组成。原子化过程分为干燥、灰化、原子化、净化四个阶段,待测元素在高温下生成基态原子蒸气后被测定。背景校正通过塞曼效应、氘灯背景校正或自吸收背景校正等不同方式进行。石墨炉原子化法最大的优点是原子化程度高,试样用量少,可测定固体及黏稠样品;缺点是测量的精度低,速度慢,操作复杂。

3. 氢化物原子化法

氢化物原子化法是基于某些元素在酸性介质中被还原成该元素的氢化物,并从溶液中分离出来,经加热分解产生基态原子的方法。氢化物原子化法原子化温度低,只有 700~900℃,常用于测定砷、硒、锗、锡、碲、锑、铋、铅、镉等元素。氢化物原子化法具备高灵敏度(可达 10^{-9}g)、基体干扰和化学干扰较少、选择性好等优点;但精密度比火焰原子化法差,产生的氢化物均有毒,要在良好的通风条件下进行。

(三)分光系统

原子吸收分光光度计的分光系统核心部件为单色器。单色器的作用就是将元素灯所产生的特征谱线(共振线)和邻近非特征谱线分开,以便进行测定。单色器一般由入射狭缝、准直光镜、色散元件、成像物镜和出口狭缝等组成。色散元件是分光系统的关键部件。单色器通常配置在火焰或石墨炉原子化器与检测器之间的光路上,以阻止来自原子化器的所有不需要的辐射进入检测器。

(四)检测系统

检测系统是能准确地测出光强度并转换成电信号,并进行放大检测的系统。检测系统主要由检测器、放大器和读数显示系统三个部分组成。检测器以光电倍增管检测器使用最普遍,它可把经过单色器分光后的微弱光信号转换成电信号,再经过放大器放大后,在读数器装置上显示出来。在原子吸收分析中,应尽可能选择响应范围宽、灵敏度高、噪声小的光电倍增管。

四、原子吸收光谱分析中的干扰及其抑制技术

原子吸收光谱分析中的干扰主要有物理干扰、化学干扰、电离干扰和光谱干扰。

(一)物理干扰

物理干扰又称基体干扰,是指样品在蒸发和原子化过程中,由于其黏度、表面张力、密度等物理特性的变化,引起喷雾效率或进入火焰样品量的改变,从而导致原子吸收强度下降的效应。可通过配制与待测样品组成尽量一致的标准溶液,或采用标准加入法来消除物理干扰。此外,当溶液浓度太高时,还可用稀释溶液法来消除干扰。

(二)化学干扰

化学干扰是原子吸收分析中最主要的干扰来源,它是由于待测元素与干扰物质组分之间形成热力学更稳定的化合物,导致参与吸收的基态原子数减少而影响吸光度。通常可以采用化学分离,使用高温火焰,在样液及标液中添加释放剂、保护剂、基体改进剂等方法来抑制化学干扰。

(三)电离干扰

电离干扰是指原子蒸气中的基态原子发生电离作用生成正离子,使参与吸收的基态原子的浓度减少而引起的原子吸收信号降低的干扰效应。消除电离干扰的方法是降低火焰温度或加入比待测元素更容易电离的消电离剂,从而抑制待测元素的电离。消电离剂通常为碱金属元素,常见的消电离剂有铯、铷、钾等。

(四)光谱干扰

光谱干扰是由于分析元素吸收线与其他吸收线或辐射不能完全分离所引起的干扰。光谱干扰包括谱线干扰和背景干扰。谱线干扰可通过选用待测元素的其他无干扰的分析线进行测定或通过减小狭缝宽度来消除。背景干扰主要是分子吸收和光散射引起待测元素的吸光度增加所产生的正干扰。样品溶液中的溶剂、基体、无机盐在原子化过程中形成气体分子而引起分子吸收干扰;原子化过程中的烟雾和碳的微粒可引起光散射干扰。一般采用氘灯背景扣除和塞曼效应背景扣除的方法,可消除这种干扰。

五、原子吸收光谱分析技术

原子吸收光谱分析实验主要包括样品的制备、标准溶液的配制、测定条件的选择、定量分析等几个步骤。

(一)样品的制备

取样首先要注意具有代表性,防止受到污染。要采用合适的样品前处理方法,既要方便快捷,又要尽量减少样品的用量及有效成分的流失。常用的样品前处理方法主要有干法灰化、酸法消解和微波消解等。若被测元素是易挥发的元素(如 Hg、Ag 等),则不宜采用干法灰化。由于在波长小于 250nm 时,硫酸和磷酸等分子有很强的吸收,而硝酸和盐酸的吸收则较小,因此在原子吸收光谱法中常用硝酸、盐酸或它们的混合液作为样品预处理的主要试剂。

(二)标准溶液的配制

标准溶液的组分要尽可能与样品溶液相似。用来直接配制标准溶液的物质,常为待测元素的盐类,其次还可用其高纯度的金属。标准溶液的浓度下限取决于检出限,从测定精度来看,合适的浓度范围应该是能产生 0.15～0.75 单位吸光度或 15%～65%透过率之间的浓度。

(三)测定条件的选择

在进行原子吸收光谱测定时,应对测定条件进行最佳选择。

1. 吸收线的选择

每种元素都有若干条分析线,通常选择其中最灵敏的共振线作为吸收线。在分析较高浓度的样品时,为了得到适度的吸收值,有时也选取灵敏度较低的谱线。

2. 狭缝宽度的选择

狭缝宽度直接影响光谱通带宽度与检测器接收的能量。选择通带宽度是以吸收线附近无干扰谱线存在并能够分开最靠近的非共振线为原则,可适当放大狭缝宽度。

3. 空心阴极灯的工作电流

空心阴极灯的发射特征与灯电流有关,一般要预热 10～30min 才能达到稳定的输出。为了提高检测的灵敏度,必须选择合适的灯电流。选择灯电流的一般原则是在保证有足够强且稳定的光强输出条件下,尽量使用较低的工作电流。合适的工作电流要通过实验来确定。

4. 燃烧器高度调节

自由原子在火焰区的分布是不均匀的,只有使来自空心阴极灯的光束从自由原子浓度最大的火焰区域通过才能获得最佳的灵敏度和稳定性。

5. 原子化条件选择

在火焰原子化过程中,火焰类型和燃气混合物流量是影响原子化效率的主要因素。根据使用的燃气和助燃气的比例,火焰可分为化学计量火焰、富燃火焰和贫燃火焰三种类型,其中化学计量火焰因产生的火焰温度高、干扰小、稳定、背景小,是最常用的火焰类型。在保证待测元素充分还原为基态原子的前提下,应尽量采用低温火焰,避免高温产生的热激发态原子增多对定量产生的不利影响。选择火焰时,还应考虑火焰对光的吸收。可根据待测元素的共振线,选择不同类型的火焰。对低、中温元素,使用乙炔一空气火焰;对于高温元素,采用乙炔—氧化亚氮高温火焰;对于分析线位于短波区(200nm 以下)的元素,如 Se、P 等,由于烃类火焰有明显吸收,故宜使用氢火焰。对于确定类型的火焰,一般说来稍富燃的火焰是有利的。对氧化物不十分稳定的元素(如 Cu、Mg、Fe、Co、Ni),也可用化学计量火焰或贫燃火焰。

在石墨炉原子化法中,应合理选择干燥、灰化、原子化及净化温度与时间。为防止样液飞溅，干燥应在稍低于溶剂沸点的温度下进行。灰化在保证被测元素没有损失的前提下应尽可能使用较高的灰化温度。选用达到最大吸收信号的最低温度作为原子化温度。原子化时间的选择，应以保证完全原子化为准。原子化阶段停止通保护气，以延长自由原子在石墨炉内的平均停留时间。净化温度应高于原子化温度。

(四)定量分析方法

在原子吸收定量分析中，当待测元素浓度不高且分析条件固定时，样品的吸光度与待测元素浓度成正比。常用原子吸收分析方法有标准曲线法和标准加入法。

1. 标准曲线法

配制一组浓度梯度合适的标准溶液，在同样测量条件下，测定标准溶液和样品溶液的吸光度 A。以浓度 c 为横坐标，吸光度 A 为纵坐标，绘制 A—c 标准曲线，由标准曲线求出样品中待测元素的含量。测定时应该注意标准溶液浓度范围应在吸光度与浓度成直线关系的范围内。标准曲线法简便、快速，但仅适用于组成简单、组分间互不干扰的样品。

2. 标准加入法

当样品的组成比较复杂，基体效应对测定影响明显，无法配制与之组成相似的标准样品时，使用标准加入法可获得较好的结果，具体做法如下。

取若干份体积相同浓度设为 c_X 的样液，依次按比例加入不同量的标准溶液(标准溶液浓度依次为 c_0，$2c_0$，$3c_0$，$4c_0$……)，定容后溶液的浓度依次为 c_X，c_X+c_0，c_X+2c_0，c_X+3c_0，c_X+4c_0……分别测得吸光度为 A_X，A_1，A_2，A_3，A_4……以 A 对应浓度作图，如图 14-4 所示。

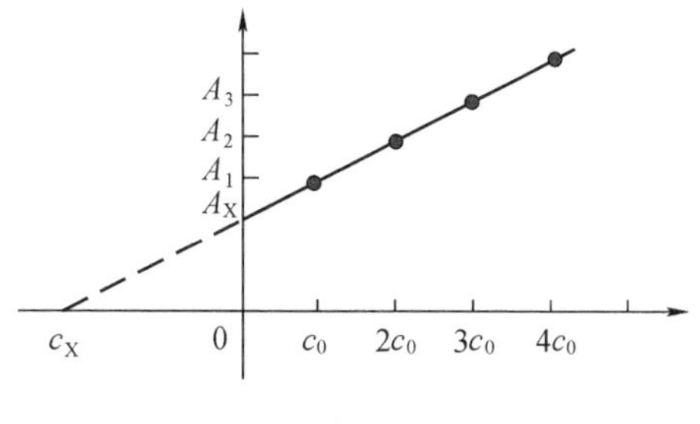

图 14-4　标准加入法

外延此曲线与横坐标相交的 c_X 点即为待测溶液的浓度。用标准加入法时待测元素的浓度与其对应的吸光度应在线性范围内；为了得到较为精确的外推结果，最好应采用包括样品溶液在内的至少 4 个点来做外推曲线。

六、原子吸收分光光度法在食品安全检测中的应用

食品中各种化学元素，有的对人体是必需的，如钾、钠、钙、镁、铁、铜、锌等，但过量摄入对人体也是有害的；有的则是环境有害元素，通过大气、水和土壤进入食物链，从而对人体健康造成毒害作用，如铅、砷、镉、汞等。

原子吸收分光光度法已作为测定食品中多种元素的国家标准检测方法，如可进行食品中铅、铜、铬、汞、铁、镁、锰、锌等限量元素的测定。

第四节　原子荧光光谱法

一、原子荧光光谱法概述

原子荧光光谱法(AFS)是原子光谱法中的一个重要分支，是介于原子发射(AES)和原子

吸收(AAS)之间的光谱分析技术。原子荧光光谱法是以原子在辐射能激发下发射的荧光强度进行定量分析的发射光谱分析法,适用于各类样品中汞、砷、锑、铋、硒、碲、铅、锡、锗、锌、镉等18种元素的痕量或超痕量分析,其中尤其以分析食品中的汞、砷、硒效果最佳。

原子荧光光谱法具有设备简单、灵敏度高、光谱干扰少、工作曲线线性范围宽(在低浓度时线性范围宽达3～5个数量级)、可以进行多元素测定等优点,在食品、地质、冶金、石油、生物医学、地球化学、材料和环境科学等各个领域内获得了广泛的应用。

二、原子荧光分析原理

(一)原子荧光分析的原理

原子荧光光谱法从机理来看属于发射光谱分析,其原理为,气态自由原子吸收光源的特征辐射后,原子的外层电子跃迁到较高能级,然后又跃迁返回基态或较低能级,同时发射出与原激发辐射波长相同或不同的辐射即为原子荧光。原子荧光属光致发光,也是二次发光。当激发光源停止照射后,再发射过程立即停止。

原子荧光定量分析中原子的荧光强度 I_f 正比于基态原子对某一频率激发光的吸收强度 I_a,即

$$I_f=\varphi I_a$$

式中:φ 为荧光量子效率,表示发射荧光光量子数与吸收激发光量子数之比。

若激发光源是稳定的,入射光是平行而均匀的光束,自吸可忽略不计,则基态原子对光吸收强度 I_a 可用吸收定律表示:

$$I_a=\varphi AI_0(1-e^{-\varepsilon lN})$$

式中:I_0 为原子化器内单位面积上接收的光源强度;A 为受光源照射在检测器系统中观察到的有效面积;l 为吸收光程长;ε 为峰值吸收系数;N 为单位体积内的基态原子数。

将上式按泰勒级数展开,并考虑当 N 很小时,忽略高次项,则原子荧光强度 I_f 表达式可简化为 $I_f=\varphi AI_0\varepsilon lN$。当仪器与操作条件一定时,除 N 外,其他为常数,N 与试样中被测元素浓度 c 成正比,即

$$I_f=Kc$$

上式为原子荧光定量分析的基础。注意:该式的线性关系只在低浓度时成立。当浓度增加时,I_f 与 c 的关系为曲线关系。

(二)氢化物发生—原子荧光法的测定原理

氢化物发生—原子荧光法利用了原子荧光光谱法定量原理,在荧光计的前端增加了氢化物反应系统,其基本原理为:酸化过的样品溶液中的待测元素(砷、铅、锑、汞等)与还原剂(一般为硼氢化钾或硼氢化钠)在氢化物发生系统中反应生成气态氢化物,用 EH_n 表示,式中E代表待测元素。使用适当催化剂,在上述反应中还可以得到镉和锌的气态组分。过量氢气和气态氢化物与载气(氩气)混合,进入原子化器,氢气和氩气可形成氩氢火焰,使待测元素原子化。待测元素的激发光源(一般为空心阴极灯或无极放电灯)发射的特征谱线通过聚焦,激发氩氢火焰中的待测原子,得到的荧光信号被光电倍增管接收,经放大、解调,得到荧光强度信号,荧光强度与被测元素的浓度一定条件下成正比,因此可以进行定量分析。

对该原理的理解注意以下几点:

(1)能产生原子荧光的元素有20多种,能用氢化物发生—原子荧光法测定的元素目前只有11种,即汞、砷、硒、锑、铋、碲、锡、锗、铅、锌、镉,检测浓度在微克级。对于汞,比较特殊,水中的汞被硼氢化钾还原为汞单质,并不生成氢化物,因此可以用冷原子荧光法检测。氢化物发生—原子荧光法可以实现冷原子荧光检测。

(2)通常一个元素只有一个价态易生成氢化物。测汞时,水样需要消解,有机汞转化为无机汞;测砷时,在酸性条件下,通过加入硫脲、抗坏血酸将五价砷还原为三价砷,三价砷可以生成氢化物;六价硒在强酸条件下,可以转变为四价硒,四价硒能生成氢化物;锑的测定是用酸性碘化钾将五价锑还原为三价锑来进行;天然水中铋只以三价形式存在,只有几种已知的不稳定铋酸盐和五氧化铋是以五价形式存在的,据此对于铋的测定试样只要求进行酸化;用高浓度的盐酸煮沸可以使Te(Ⅵ)还原至Te(Ⅳ)。

(3)氢化物形成的化学反应如下:

$$NaBH_4 + 2H_2O + HCl = HBO_2 + NaCl + 8H \quad (1)$$

$$xH + M^{n+} = MH_n + \frac{x-n}{2}H_2 \quad (2)$$

三、氢化物—原子荧光光度计结构

原子荧光分析仪分为非色散型原子荧光分析仪与色散型原子荧光分析仪。这两类仪器的结构基本相似,差别在于单色器部分,也就是对生成的荧光是否进行分光。两类仪器均包括以下几部分:

(一)激发光源

激发光源可用连续光源或锐线光源。常用的连续光源是氙弧灯,常用的锐线光源是高强度空心阴极灯、无极放电灯、激光等。连续光源稳定,操作简便,寿命长,能用于多元素同时分析,但检出限较差。锐线光源辐射强度高,稳定,可得到更好的检出限。

(二)原子化器

原子荧光分析仪对原子化器的要求与原子吸收光谱仪基本相同,主要是原子化效率要高。氢化物发生—原子荧光光度计是专门设计的,是一个电炉丝加热的石英管,氩气作为屏蔽气及载气。

(三)光学系统

光学系统的作用是充分利用激发光源的能量和接收有用的荧光信号,减少和除去杂散光。色散系统对分辨能力要求不高,但需有较大的集光本领,常用的色散元件是光栅。非色散型仪器的滤光器用来分离分析线和邻近谱线,降低背景。非色散型仪器的优点是照明立体角大,光谱通带宽,集光本领大,荧光信号强度大,仪器结构简单,操作方便;缺点是散射光的影响大。

(四)检测器

常用的检测器是日盲型光电倍增管,它由光电阴极、若干倍增极和阳极三部分组成。光电阴极由半导体光电材料制成,入射光在上面打出光电子,由倍增极将其加上电压,阳极再收集电子,外电路形成电流输出光电倍增管,再经由检测电路将电流转换为数字信号。在多元素原子荧光分析仪中,也用光导摄像管、析像管做检测器。检测器与激发光束成直角配置,以避免激发光源对检测原子荧光信号的影响。

（五）记录系统

记录系统也叫工作站，一般通过RS-232或USB串口与电脑进行通信，通过电脑的操作系统进行相关操作。

（六）氢化物发生器

氢化物发生器是生成金属氢化物的装置，目前有多种不同的类型。

1. 间断法

在玻璃或塑料制发生器中加入分析溶液，通过电磁阀或其他方法控制 $NaBH_4$ 溶液的加入量，并可自动将清洗水喷洒在发生器的内壁进行清洗，载气由支管导入发生器底部，利用载气搅拌溶液以加速氢化反应，然后将生成的氢化物导入原子化器中。测定结束后将废液放出，洗净发生器，加入第二个样品如前述进行测定，由于整个操作是间断进行的，故称为间断法。这种方法的优点是装置简单、灵敏度(峰高方式)较高。这种进样方法主要在氢化物发生技术初期使用，现在有些冷原子吸收测汞仪还使用，缺点是液相干扰较严重。

2. 连续流动法

连续流动法是将样品溶液和 $NaBH_4$ 溶液由蠕动泵以一定速度在聚四氟乙烯的管道中流动并在混合器中混合，然后通过气液分离器将生成的气态氢化物导入原子化器，同时排出废液。采用这种方法所获得的是连续信号。该方法液相干扰少，易于实现自动化。由于溶液是连续流动进行反应，样品与还原剂之间严格按照一定的比例混合，故对反应酸度要求很高的那些元素也能得到很好的测定精密度和较高的发生效率。连续流动法的缺点是样品及试剂的消耗量较大，清洗时间较长。这种氢化物发生器结构比较复杂，整个发生系统包括两个注射泵，一个多通道选择阀，一套蠕动泵及气液分离系统，其结构如图 14－5 所示。

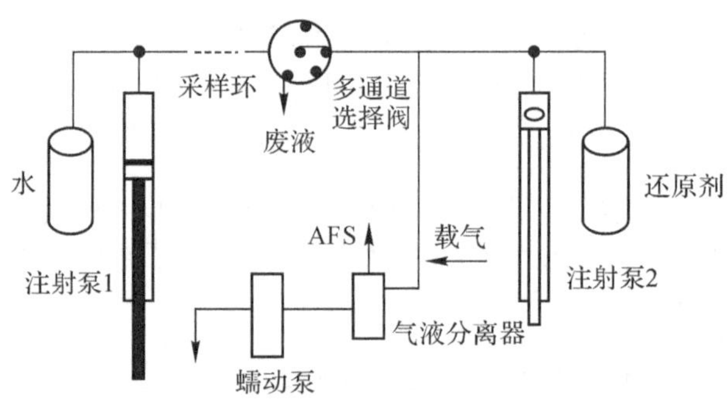

图 14－5　注射泵式连续流动原子荧光仪结构

3. 断续流动法

针对连续流动法的不足，在保留其优点的基础上，1992 年，断续流动氢化物发生器的概念首先由西北有色地质研究院郭小伟教授提出，它是集结了连续流动与流动注射氢化物发生技术各自优点而发展起来的一种新的氢化物发生装置。此后，由海光公司将这种氢化物发生器配备在一系列商品化的原子荧光仪器上，从而开创了半自动化及全自动化氢化物发生—原子荧光光谱仪器的新时代。它的结构几乎和连续流动法一样，只是增加了存样环。仪器由微机控制(图 14－6)，按下述步骤工作：第一步，蠕动泵转动一定的时间，样品被吸入并储存在存样环中，但未进入混合器中。与此同时，$NaBH_4$ 溶液也被吸入相应的管道中。第二步，泵停止运转以便操作者将吸样管放入载流中。第三步，泵高速转动，载流迅速将样品带入混合器，使其与 $NaBH_4$ 反应，所生成的氢化物经气液分离后进入原子化器。

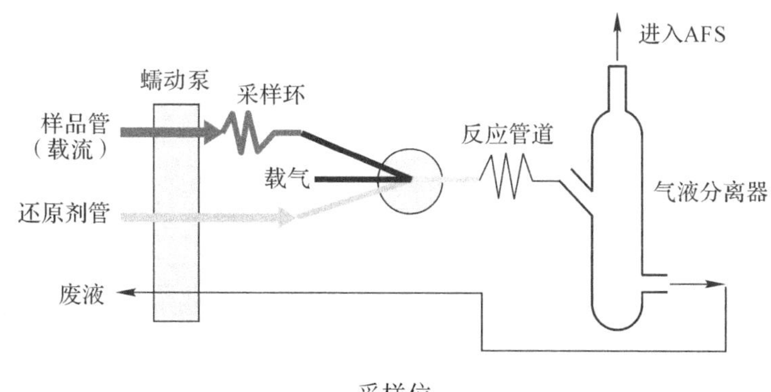

图 14－6　断续流动装置示意

4. 流动注射氢化物发生技术

流动注射氢化物发生技术结合了连续流动和断续流动进样的优点，通过程序控制蠕动泵，将还原剂 $NaBH_4$ 溶液和载液 HCl 注入反应器，又在连续流动法的基础上增加了存样环，样品溶液吸入后储存在存样环中，待清洗完成后再将样品溶液注入反应器发生反应，然后通过载气将生成的氢化物送入石英原子化器进行测定(图 14－7)。

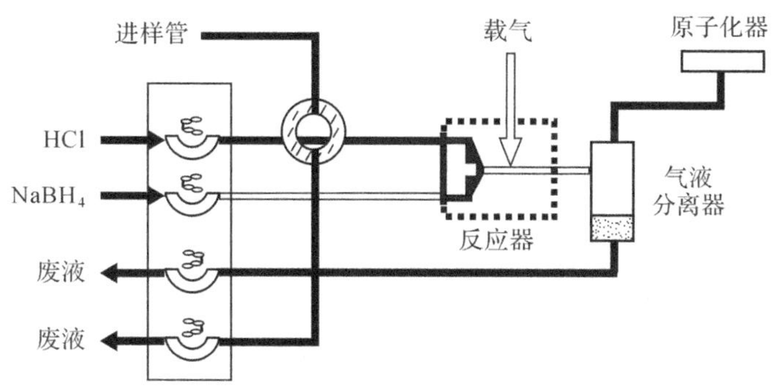

图 14－7　流动注射氢化物发生技术

四、氢化物—原子荧光的干扰

(一)量子效率与荧光猝灭

受光激发的原子，可能发射共振荧光，也可能发射非共振荧光，还可能无辐射跃迁至低能级，所以量子效率一般小于 1。

受激原子和其他粒子碰撞，把一部分能量变成热运动与其他形式的能量，因而发生无辐射的去激发过程，这种现象称为荧光猝灭。

荧光猝灭会使荧光的量子效率降低，荧光强度减弱。

量子效率低和荧光猝灭效应是原子荧光的主要干扰。

（二）干扰的种类

氢化物—原子荧光的干扰分为液相干扰（化学干扰）、气相干扰（物理干扰）、散射干扰。液相干扰（化学干扰）存在于氢化反应过程中；气相干扰存在于氢化物传输过程中；散射干扰存在于检测过程中。

（三）干扰的消除

1. 液相干扰的消除

克服干扰的途径有加入络合剂络合掩蔽干扰元素、沉淀、萃取分离干扰元素、加入氧化还原电位高于干扰离子的元素、改变载流酸度、改变还原剂的浓度、改变干扰元素的价态等。

2. 气相干扰的消除

分离、吸收气相中的干扰物质，改变传输速度，改善传输管道的特性等方式。

3. 散射干扰的消除

清洁原子化室、烟囱、排气罩等方式。

五、氢化物—原子荧光分光光度检测流程

（一）操作规程

(1)在断电状态下，安装待测元素灯。AFS-830 及以上双道原子荧光光度计可同时装入两个阴极灯。

(2)打开高纯氩气瓶，压强设为 0.2～0.3MPa。

(3)通电，先开电脑，再开仪器主机。

(4)调节灯高，使元素灯聚焦于一面，调节炉高到所测元素的最佳高度。向二级气液分离器中注高纯水，以封住大气连通口。

(5)打开操作软件至操作界面，设定操作参数，选择“点火”，等仪器预热 20～30min 后，压紧泵管压块，开始测定。

(6)测量完毕，将进样管与还原剂管插入高纯水中进行系统清洗，在“blank(空白)”中点“测量”，等待清洗完毕；以同样方法用空气将系统中的水排出。

(7)松开泵管压块，在软件界面中“仪器条件”下按“熄火”，退出界面，关闭主机，关闭气瓶，关闭电源。

（二）参数设定

1. 原子化器的观察高度

原子化器的观察高度是影响检出信号的一个重要参数，从试验中可以看出，降低原子化器观察高度，检出信号有所增强（原子密度大），但背景信号相应增大，提高原子化器观察高度，检出信号逐渐减弱，背景信号也相应减小，当原子化器观察高度为 10mm 时，检出信号与背景信号相对强度最大，原子化效率最高。样品测定时一般选择的原子化器观察高度为 8～10mm。

2. 负高压的选择

随着负高压的增大，检出信号强度增强，但背景信号也相应增大，负高压过高或过低信号强度都不稳定。试验表明，当负高压为 300～350V 时，检出信号与背景信号相对强度最好。

3. 空心阴极灯电流的选择

根据灯电流与检出信号强度的关系，灯电流通常为 60mA 时，所得的信背比最高，在能满足检测条件的情况下，应尽量采用低电流，同时不要超过最大使用电流，以延长灯的寿命。测汞时，灯电流选 10～15mA。

4. 载气、屏蔽气流速的确定

样品与硼氢化钾反应后生成的气态氢化物是由载气携带至原子化器的，因此载气流速对样品的检出信号具有重要作用。从实测的载气流速与检出信号相对强度的关系中可见，较小的载气流速有利于信号强度的增强，但载气流速过小不利于氢氩焰的稳定，也难以迅速地将氢化物带入石英炉，过高的载气量会冲稀原子的浓度，当载气流速为 300～400mL/min 时，检出信号/背景信号相对强度最好。样品测定时选择载气流速为 300mL/min。而屏蔽气的流速对检出信号强度没有显著影响，选择 1000mL/min。

5. 硼氢化钾浓度的影响

结果表明，当硼氢化钾/氢氧化钾的浓度在 0.5%～2%时，信号强度基本不变，而硼氢化钾浓度进一步增高将导致检出信号下降，这是由于高浓度硼氢化钾产生大量的氢气稀释了待测元素氢化物。单测汞时，当硼氢化钾/氢氧化钾的浓度为 0.2%～0.5%时较为合适。

6. 样品溶液的酸度

氢化物发生反应要求有适宜的酸度，盐酸浓度为 2%～5%较为适宜。

（三）检出限与相对标准偏差测定

1. 相对标准偏差(RSD)的测定

相对标准偏差为以最低检出限 50～100 倍浓度的标准溶液进行连续 11 次测定所得的荧光值的标准偏差除以测量平均值。

2. 检出限(DL)的测量

本仪器的检出限由下式求得：

$$DL = 3 \times SD / K$$

式中：SD 为标准偏差，即连续 11 次测量空白溶液的荧光信号的标准偏差；K 为工作曲线的斜率，$K = I_f / c$，I_f 为对应标准溶液的荧光信号值。

（四）测量中注意事项

(1)高浓度样品要事先稀释，否则管路污染，很难清洗，尤其是测汞。

(2)测量无信号或信号异常(所有曲线测量值很小)。

①仪器电路故障判断方法：在等能量显示处有反射，有能带变化，仪器电路正常；否则，仪器电路不正常。

②反应系统：管道堵、漏，水封无水，未进或进不足样品和还原剂(检查进样管路)，氢化物未进入原子化器。

③未形成氩氢火焰：还原剂不是现配，还原剂浓度、酸度不够，产生的氢气量太少，点火炉丝位置与石英炉芯的出口相距远。

④反应条件不正确。

⑤原子荧光所用的器皿一定要用硝酸浸泡，尤其是汞，特别容易被污染。

⑥原子荧光所测定的含量都特别低，所以一定要注意污染，包括试剂、器皿，以及环境等。

(五)氢化物—原子荧光光谱法的特点

(1)高灵敏度、低检出限。砷、汞、硒等元素有相当低的检出限,砷可达0.005μg/L,汞可达0.001μg/L,硒可达0.004μg/L,完全可满足目前的检测需要。

(2)谱线简单、干扰少。

(3)分析校准曲线线性范围宽,可达3~5个数量级。

(4)可以多元素同时测定。

六、原子荧光法应用实例

(一)原子荧光法测定农产品中砷

(1)前处理:按照GB 5009.11—2014的方法,取样品0.5~5.0g,置于50mL小烧杯中或小三角瓶中,加10mL硝酸、0.5mL高氯酸、1.25mL硫酸,盖上小漏斗,放置过夜。置于电热板上低温消解1~2h后,提高温度消解,直至高氯酸烟冒尽时取下。冷却后转移至25mL比色管中,加入2.5mL 5%硫脲,定容,30min后上机测定。

(2)仪器条件与测定:AFS-230原子荧光分光光度计,灯电流60mA,负高压300V,其他条件都为仪器默认即可;标准曲线浓度为0、1.0、2.0、4.0、8.0、10.0μg/L。用5%盐酸作载流,1.5%硼氢化钾作还原剂,进行测定。

(二)原子荧光法测定农产品中汞

(1)前处理:按照GB 5009.17—2014的方法,取样品0.3~0.5g,不要超过0.5g。置于微波消解管中,加入5mL硝酸,1mL过氧化氢,拧紧消解管盖子,放置30~60min,再置于微波消解仪中,分三步完成消解步骤:第一步,让温度升至100℃左右保持10min;第二步,让温度升至150℃保持10min;第三步,让温度升至180℃保持5min。完成消解后,取出冷却,转移至25mL比色管中,并用0.02%重铬酸钾溶液定容。摇匀后上机测定。

(2)仪器条件与测定:AFS-230原子荧光分光光度计,灯电流30mA,负高压270V,其他条件都为仪器默认即可;标准曲线浓度为0、0.1、0.2、0.4、0.8、1.0μg/L。汞保存液为0.02%重铬酸钾和5%硝酸混合溶液。用5%硝酸作载流,0.5%硼氢化钾作还原剂,进行测定。

七、原子荧光仪的发展趋势

原子荧光主要用于食品中汞、砷等的测定。国内外对食品和环境科学中有毒、有害有机污染物高度重视,且对有机污染物的认识有了很大发展,人们已认识到砷、汞、硒、铅、镉等元素不同化合物的作用和毒性存在巨大的差异。例如,砷是一种有毒元素,其毒性与砷的存在形态密切相关,不同存在形态的砷毒性相差甚远,无机砷包括三价砷和五价砷,具有强烈的毒性,甲基砷(如一甲基砷、二甲基砷)的毒性相对较弱,而广泛存在于水生生物体内的砷甜菜碱(AsB)、砷胆碱(AsC)、砷糖(AsS)和砷脂(AsL)等则被认为毒性很低或是无毒。汞在食品中存在的形态众多,其毒性差别较大,汞元素的化学物有甲基汞(MMC)、乙基汞(EMC)、苯基汞(PMC)和无机汞(MC),甲基汞的毒性要比无机汞的毒性大得多。因此,对某些元素进行总量分析来判断食品的安全状况是不正确的,国内已发布了食品中砷、汞等不同形态的检测标准。

离子色谱—蒸气发生/原子荧光及高效液相色谱—蒸气发生/原子荧光联用技术已应用于

砷、汞元素形态分析，国内已有多家仪器公司推出了不同型号的形态分析仪，该分析仪结合了蒸气发生/原子荧光光谱法（VG/AFS）和色谱高效分离的优点，在测定砷、汞、硒等元素形态时有较高的检测灵敏度，且选择性好，又具有多元素检测能力的独特优势。

第五节　质谱分析技术

一、质谱分析法概述

质谱分析法（MS）是通过对样品离子的质量和强度的测定来进行定量分析和结构分析的一种分析方法。质谱分析法具有分析速度快、灵敏度高以及谱图解析相对简单等优点。通过质谱分析可以得到化合物的相对分子质量、分子式以及元素组成等信息。质谱分析法早期主要用于相对原子质量的测定和某些复杂碳氢混合物中各组分的定量测定。20世纪60年代以后，它开始应用于复杂化合物的鉴定和结构分析，随着气相色谱、高效液相色谱等仪器和质谱联用技术的发展，质谱法成为分析、鉴定复杂混合物的最有效工具之一。20世纪90年代以来，随着电喷雾电离（ESI）、基质辅助激光解吸电离（MALDI）的应用，生物质谱迅速发展，其主要用于测定生物大分子，如蛋白质、核酸和多糖等的结构。生物质谱是目前质谱学中研究最活跃、最富生命力的领域，为质谱研究的前沿课题，推动了质谱分析理论和技术的发展。随着电离技术和质谱仪器的不断改进和日渐成熟，质谱已广泛用于原子能、石油化工、电子、冶金、医药、食品、材料科学、环境科学及生命科学领域中，并发挥着越来越重要的作用。

二、质谱分析原理

质谱分析法是使被测物质的分子产生气态离子，然后按质荷比（m/z）对离子进行分离和检测的方法。根据质量分析器的工作原理，质谱仪可分为动态仪器和静态仪器两大类型，在静态仪器中，质量分析器采用稳定磁场，按空间位置将不同质荷比（m/z）的离子分开，如单聚焦和双聚焦质谱仪。在动态仪器中，质量分析器采用变化的电磁场，按时空来区分不同质荷比的离子。

通过进样系统将样品引入并汽化，然后将汽化后的样品引入离子源，在高真空（$<10^{-3}$Pa）状态下，同时受到高速电子流或强电场等的作用，失去外层电子而生成分子离子，或化学键断裂生成各种碎片离子，然后将分子离子和碎片离子引入一个强的正电场中，使之加速，加速电位通常为6～8kV，此时所有带单位正电荷的离子获得的动能都一样，即

$$eV=\frac{mv^2}{2}$$

由于动能达数千电子伏，可以认为此时各种带单位正电荷的离子都有近似相同的动能。但是，不同质荷比的离子具有不同的加速度，经过加速后的离子束进入质量分析器，质量分析器利用离子质荷比不同及其速度差异将其分离，而后离子分别进入检测器，产生电信号并放大，检测器记录不同质荷比的离子的电信号强度，即可获得一个以质荷比（m/z）为横坐标、以相对强度为纵坐标的质谱图。此时质谱图的信号强度与达到检测器的离子数目呈正比。

根据质谱图提供的信息，可以进行无机物和有机物的定性与定量分析、复杂化合物的结构

分析、样品中同位素比的测定以及固体表面的结构和组成的分析等。

三、质谱仪的结构

典型的质谱仪一般由进样系统、真空系统、离子源、质量分析器、检测器和记录系统等组成。图 14－8 为单聚焦质谱仪的示意图。

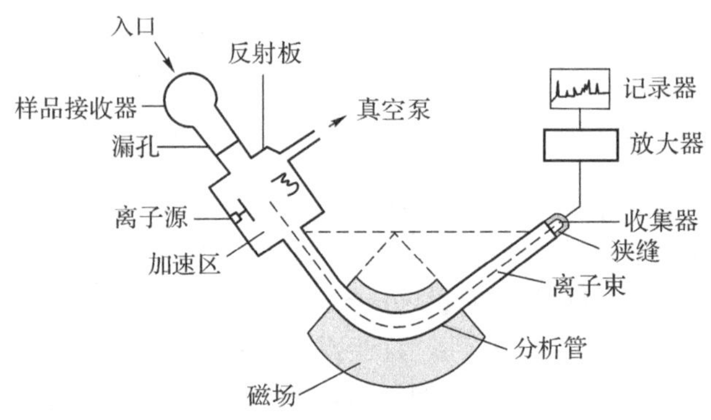

图 14－8　单聚焦质谱仪示意

（一）进样系统

进样系统的作用是高效重复地将样品引入离子源，并且不能造成真空度的降低。目前常用的进样装置有间歇式进样系统、直接探针进样系统及色谱进样系统。一般质谱仪都配有前两种进样系统，以适应不同样品的进样要求。

（二）真空系统

在质谱分析中，为避免离子源灯丝损坏、降低背景及离子的损失，离子源质量分析器及检测器必须处于高真空状态。离子源的真空度应达 $10^{-5}\sim10^{-3}$ Pa，质量分析器的真空度应达 10^{-6} Pa，并且要求真空度十分稳定。

（三）离子源

离子源的作用是将被分析的样品分离成带电的离子。离子源的种类很多，目前以电子轰击电离源(EI)、化学电离源(CI)和电喷雾电离源应用最为广泛。

（四）质量分析器

质量分析器的作用是将离子源产生的离子，按质荷比(m/z)的大小进行分离和排列。质量分析器的类型很多，应用较广泛的有单聚焦质量分析器、双聚焦质量分析器、四极杆质量分析器、离子阱质量分析器、飞行时间质量分析器和傅立叶变换离子回旋共振质量分析器等。

（五）检测器

经过质量分析器分离后的离子，到达检测系统进行检测，即可得到质谱图。质谱仪常用的检测器有电子倍增管检测器、闪烁检测器、法拉第杯检测器和照相底板检测器等，其中电子倍增管检测器是最常用的检测器。

（六）记录系统

经离子检测器检测后的电流，经放大器放大后，记录仪可将其快速记录到计算机进行结果处理。它不仅能快速准确地采集数据和处理数据，而且能监控质谱仪各单元的工作状态，实现质谱仪的全自动操作，并能代替人工进行化合物的定性和定量分析。

四、质谱定性分析及质谱解析

根据已获得的质谱图，可以利用计算机检索系统或相关文献提供的图谱进行解析，来确定所测化合物的相对分子质量、分子式和分子结构。

（一）定性分析

1. 相对分子质量的测定

从分子离子峰可以准确地测定该物质的相对分子质量。在判断分子离子峰时要综合考虑样品来源、性质等其他因素。如果经判断没有分子离子峰或分子离子峰不能确定时，则需要采取降低电离能量、制备衍生物或采取软电离等方式来得到分子离子峰。

2. 化学式的确定

在确认了化合物的分子峰并知道了相对分子质量后，就可以确定化合物的部分或整个化学式，一般有两种方法，即用高分辨率质谱仪确定分子式和由同位素比求分子式。

3. 结构式的确定

在确定了未知化合物的相对分子质量和化学式以后，首先确定化学式中双键和环的数目，然后确定分子断裂方式，提出未知化合物的结构单元和可能的结构，并利用标准谱图进行核对。此外，还需要根据未知化合物的来源、物理化学性质以及由紫外可见光谱、红外光谱、核磁共振谱等获得的资料，最后确定未知化合物的结构。另一种方法是在相同实验条件下获得已知物质的标准图谱，通过图谱比较来确认样品分子结构。

（二）质谱解析

在确认了质谱图给出的信息完全可靠的前提下，除了对计算机检索得到的结果进行分析外，还需根据所能得到的样品来源、理化性质等信息，配合其他分析手段，才能得到正确的结论。常用的质谱解析过程如下：

（1）研究质谱图可能得到的样品信息，包括样品的来源以及样品的理化性质、光学性质等。

（2）分析分子离子峰的正确性。

（3）根据分子离子质量数和同位素的丰度判断分子中含碳数目。

（4）找出奇电子离子，分析奇电子离子与分子离子之间的关系。

（5）分析分子的稳定性、各峰间的相互关系以及所含的特征碎片离子。

（6）列出可能的分子式，计算分子的不饱和度，分析可能的分子结构式。

（7）参考标准化合物图谱或类似化合物图谱，并考虑裂解机制进行图谱分析。

（8）综合以上信息再结合红外光谱、核磁共振谱等分析分子结构的信息，最终确定分子的结构。

五、质谱定量分析

质谱法检出的离子流强度与离子数目呈正比，因此通过离子流强度可进行定量分析。质谱法可以定量测定有机分子、生物分子及无机样品中元素的含量。

当采用质谱法直接测定待测物的浓度时，一般用质谱峰的峰高作为定量参数。对于混合物中各组分能够产生对应质谱峰的样品来说，可通过绘制峰高相对于浓度的校正曲线，即外标法进行测定。为了获得较准确的结果，消除样品预处理及操作条件改变而引起的离子化产率的波动，也可选用内标法。

在使用低分辨率的质谱仪对混合物进行分析时，常常不能产生单组分的质谱峰，此时可采用与紫外—可见吸收光谱法分析相互干扰的混合物样品时所用的解联立方程组相同的方法进行处理。该方法一次进样就可实现混合物中各成分的分析，快速而灵敏。

一般来说，用质谱法进行定量分析时，其相对标准偏差为 2%～10%。分析的准确度主要取决于被分析混合物的复杂程度和性质。

质谱分析具有很强的结构鉴定能力，但不能直接用于复杂混合物的鉴定。气相色谱分析(GC)和液相色谱分析(LC)对混合物中各组分的分离和定量有着显著的优势，但仅用色谱难以进行确切的定性。因此，把分离能力强的色谱仪与定性检测能力强的质谱仪结合在一起，可提供一种对复杂化合物最为有效的定性定量分析方法。

(一)GC-MS 联用技术

气相色谱仪—质谱联用仪(GC-MS)就是由气相色谱仪和质谱仪通过气质联用接口连接而成的，两种技术有机结合大大扩展了应用的范围。一般来说，凡能用气相色谱法进行分析的样品，大部分都能用 GC-MS 进行定性鉴定和定量测定。

GC-MS 联用仪主要由色谱部分、质谱部分和数据处理系统三部分组成。色谱部分除了不再有气相色谱的检测器外，其他和一般的气相色谱基本相同，质谱仪此时就相当于气相色谱的检测器。样品经气相色谱仪分离后，通过分子分离器以纯物质的形式进入质谱仪的离子源，然后进行质谱检测，这样色谱仪分离出的每个组分都能在质谱仪上记录出质谱图。

分子分离器是 GC-MS 之间的连接装置，能同时起到降压和分离载气的作用。GC-MS 联用技术的成功，使得质谱在复杂有机混合物分析方面占有独特的地位，目前 GC-MS 已成为有机化学、生物化学、环境化学、食品化学、生物学、药物学、医学、地质、石油化工等领域进行分析和科学研究的省力手段。

(二)LC-MS 联用技术

液相色谱—质谱联用仪(LC-MS)在 20 世纪 90 年代以后，随着 ESI 和大气压化学电离源(API)等技术较为成功地解决了液相色谱与质谱间的接口技术难题后，出现了飞速发展。ESI 和 API 是利用喷雾过程中使雾状样品带上电荷，并使其在气相中蒸发除去流动相，然后将极性和热不稳定的化合物在不发生热降解的情况下引入质谱仪。

LC-MS 联用仪由液相色谱、接口、质量分析器、检测器组成。按接口技术分类可分为移动带接口、热喷雾接口、粒子束接口、快原子轰击接口等。按质量分析器分类分为四极杆、离子阱、飞行时间、傅立叶质谱及质量分析器互相串联后形成的多级质谱(如四极杆质谱)等。

与 GC-MS 相比，LC-MS 联用的优点非常显著，LC-MS 可以分析易热裂解或热不稳定的物质(如蛋白质、多糖、核酸等大分子物质)，弥补了 GC-MS 在这一分析领域的不足。目前 LC-MS 已成为生命科学、食品科学、医学、环境科学、化学和化工等诸多领域最重要的检测工具之一。

六、GC-MS、LC-MS 联用技术在食品安全检测中的应用

随着色谱与质谱联用技术的不断发展，GC-MS、LC-MS 在食品安全检测中发挥着越来越

大的作用。

（一）GC-MS 联用技术在食品安全检测中的应用

作为一种强有力的定量定性技术，GC-MS 在食品有害残留物的分析中具有重要的地位。目前在食品中多达上百种农药（包括有机磷类、有机氯类、氨基甲酸酯类、拟除虫菊酯类以及有机杂环类等）残留量的检测，能同时做到定性和定量。在兽药残留检测方面，其用于磺胺类药物及一些禁用物，如肉中 β 受体激动剂（克仑特罗和沙丁胺醇等）和水产品、蜂蜜、奶制品及鸡肉中氯霉素残留量的确证分析；用于食品中持久性有机污染物，如二噁英、多溴联苯醚等的检测；用于食品加工中污染物，如 N-亚硝基化合物、氯丙醇、苯并芘等的检测及食品中添加剂的检测等。

随着世界各国对食品安全的日益重视，GC-MS 联用技术在食品安全领域有极其广泛的应用，在农药残留、兽药残留、食品添加剂和其他有害物质残留的检测与确证方面发挥着越来越重要的作用。

（二）LC-MS 联用技术在食品安全检测中的应用

随着 LC-MS 技术的不断完善，现已广泛应用于农药残留（如氨基甲酸酯）、兽药残留（如四环素类、磺胺类、硝基呋喃类、β-内酰胺类、大环内酯等）、食品添加剂、真菌毒素（如黄曲霉毒素、赭曲霉毒素 A、棒状曲霉、单端孢霉烯族化合物）和鱼贝类毒素（如贝类毒素、河豚毒素等）、食品污染物（如烷基酚、丙烯酰胺）、食品中非法添加物（如苏丹红、离子型色素、壮阳药、孔雀石绿、瘦肉精和三聚氰胺等）的定性定量分析等。

第六节　食品安全快速检测技术

一、食品安全快速检测技术概述

从广义来说，食品安全监测方法可分为大型仪器检测和快速检测两类，大型仪器检测由于耗时长，很难实现快速、及时、大规模的检测，与现实食品生产中要求快速得出结果用于过程质量控制的要求相矛盾，因此食品安全快速检测和在线检测技术近年来得到快速的发展，为食品生产企业质量安全提供了保障。

食品安全快速检测技术是指包括制样在内，与常规的检测方法相比能在短时间给出结果的检测技术和方法。一般而言，理化检测方法能在 2h 内给出结果的可视为快速检测方法；微生物检测相比传统的方法能减少 1/3～1/2 的检测时间，且能给出具有判断性意义结果的方法即可视为快速检测方法；现场检测能在 30min 内给出结果，如果能在 10min 甚至更短的时间内出具结果就是较好的检测方法。

食品安全快速检测可分为现场快速检测和实验室快速检测。实验室快速检测注重于利用一切可利用的仪器设备对样品进行快速的定性和定量分析。现场快速检测侧重于样品的快速定性和半定量。现场快速检测的要求如下：

（1）实验准备简单，使用试剂较少，“绿色”、成本低，配制的试剂能长时间保存。

（2）样品不需要前处理或前处理比较简单，对操作人员要求低。

(3)分析方法简单、快速而准确,能够满足相关规定的限量要求。

(4)方法能实现高通量检测和类似物的同时检测。

(5)分析仪器便携式或者小型化,可实现车载。

二、常用食品安全快速检测技术简介

目前,常用于食品安全的快速检测技术有化学比色法、免疫分析方法、分子生物学方法、酶抑制技术、生物传感器、ATP 生物发光法等。

(一)化学比色法

化学比色法是以能否与待检物质迅速发生显色反应来判断目标成分的存在。可通过肉眼、比色、试剂盒等实现定性或半定量分析。该方法能够节约成本,操作流程简单,结果可供直观判断并能及时对大批量样品进行现场检测,但方法的检测限较高,不适用于对痕量物质的分析。目前市场上根据该方法设计在售的产品有检测试剂盒、试纸条、速测卡等。也有与其相配套的微型光电比色计及便携式速测仪等小型仪器。如美国 3M 公司利用该方法生产的 Petrifilm™ Plate 试纸,用于食品中微生物数量的测定,相关性优于传统方法,被美国分析化学家协会(AOAC)认可推荐。化学比色技术目前已经应用于有机农药、二氧化硫、硝酸盐、铅、汞、镉、微生物等的快速检测。

(二)免疫分析方法

免疫分析技术的基本原理是抗原与抗体的特异性结合,再辅以免疫放大技术形成肉眼或仪器可以辨别的形态。免疫分析技术主要有酶联免疫法、免疫胶体金法、荧光免疫法、放射免疫法等。免疫分析技术具有较高的特异性和灵敏度,在食品领域中常用于检测有害微生物、农药残留、兽药残留及转基因食品等。

酶联免疫法(ELISA)具有检测速度快、适用范围广、特异性强、准确性高的特点,是免疫分析中应用最广的方法。ELISA 首先将酶标记的抗体/抗原固定,然后在其中进行免疫反应和酶促反应,最后通过酶作用于底物显色进行辨别。目前,开发者已经建立了一系列用于农兽药检测的 ELISA 法,并制备了六六六、DDT、对硫磷、克仑特罗、氯霉素、磺胺类等药物的快速检测试剂盒进行销售。此外,该项技术还被应用于检测食品中一些有害微生物,如金黄色葡萄球菌、沙门菌、单核增生李斯特菌和大肠埃希菌等。

免疫胶体金法是以胶体金作为示踪标记物的免疫分析方法,是一种新型的免疫分析方法。该方法是利用还原剂如白磷、抗坏血酸、鞣酸、柠檬酸钠等将氯金酸($HAuCl_4$)溶液中的金离子还原成金原子,并在静电作用下聚合形成稳定的胶体溶液。由于胶体金颗粒聚集达到一定程度时会出现肉眼可见的粉红色斑点,因此可作为免疫层析实验的指示物。免疫胶体金技术具有快速简便、稳定性强、特异敏感等特点,此外,该技术不需要特殊设备和试剂,结果判断直观,可以进行定性及半定量分析。目前,国内外已经开发出了一系列相对成熟的试纸条,并将该方法用于食品中有害微生物、农药、兽药(如磺胺类药物、氯霉素)、黄曲霉毒素、盐酸克仑特罗以及吗啡和罂粟碱的检测,为现场执法提供了较好的科学依据。

(三)分子生物学方法

分子生物学技术以病原菌的保守核苷酸序列作为检测标靶,能及时、安全、准确地检测食品中是否有病原菌的存在。其中,由于聚合酶链式反应(PCR)检测法、基因探针检测法和基因芯片检测法等分子生物学方法具有灵敏度高、特异性强、简便快速的特点而备受关注。

PCR 技术是利用 DNA 在温度变化时变性与复性原理，在引物的引导和脱氧核糖核苷三磷酸(dNTP)等参与下，通过 DNA 聚合酶对模板 DNA 进行复制扩增，使其在短时间内增加百倍。此方法在沙门菌、金黄色葡萄球菌、肠出血性大肠杆菌、李斯特菌、志贺菌、绿脓杆菌和副溶血性弧菌等多种致病菌的检测中的应用均有报道，具有操作简单、快速、灵敏度高和样品纯度要求低等优点。随着分子生物学技术的不断发展，实时定量 PCR、免疫捕获 PCR、多重 PCR、标记 PCR 等技术的出现，进一步提高了检测灵敏度，缩短了检测周期。实时定量 PCR 应用了荧光探针，通过测定荧光信号变化，对 PCR 进程进行实时检测，不仅可以得到病原菌的定性检测结果，还可对其数量进行准确定量。实时定量 PCR 目前已应用于食品中沙门菌、志贺菌、单核增生李斯特菌、金黄色葡萄球菌等的快速检测。此外，将 PCR 技术与免疫磁珠技术结合，可实现从样品中选择性地快速富集目标病原菌，缩短增菌过程，提高精准性，达到快速检测的目的。

基因探针技术又称分子杂交技术，是将病原菌保守基因 DNA 双链中的一条标记成 DNA 探针，通过检测样品与标记性 DNA 探针能否进行特异性结合来检测样品中是否具有该种病原菌。通常采用放射性同位素 ^{32}P 标记探针。该技术在食品微生物检测中应用广泛，具有灵敏、快速的优点，且能够排除其他微生物的干扰作用。目前，已有多种基于此种技术的试剂盒问世，Gene-Trak 公司采用该项技术研制出了一系列致病菌检测试剂盒，能够成功地检测食品中沙门菌、李斯特菌、大肠杆菌、金黄色葡萄球菌、弯曲杆菌等致病菌。

基因芯片技术是采用光导原位合成或显微打印手段，将大量特定的寡核苷酸片段或基因片段作为探针，密集、有序地固定于经过相应处理的载体表面，然后加入待测样品进行杂交，通过检测杂交信号，来确定受检样品的信息。该技术具有准确、快速、易于操作等优点，并允许一次性对大量样品进行检测和分析，常用于检测食品中常见致病细菌及其毒素、真菌毒素、病毒等微生物。法国生物梅里埃公司的 Gen-Probe 系统，以致病菌 rRNA 为靶核苷酸，将标记物探针与目标 rRNA 杂交，能够快速检测出食品中的金黄色葡萄球菌、弯曲杆菌等。

（四）酶抑制技术

酶抑制技术是利用有机磷和氨基甲酸酯类农药为乙酰胆碱酯酶的底物结构类似物，使乙酰胆碱酯酶催化中心中 Ser 残基中的羟基发生磷酸化和甲胺酰化，进而使乙酰胆碱酯酶失活来检测食品中农药残留的技术。该项技术研究比较成熟，具有检测速度快、准确性高、操作简单、成本低等优点，是国内应用最广泛的快速检测技术之一，目前的主要方法有酶片法、比色法和胆碱酯酶生物传感器法等。然而，该项技术易受到食品来源及种类的影响，例如，对大蒜、韭菜、洋葱等有刺激味的蔬菜进行检测时，会出现假阳性反应，增加了食品安全的监管难度。目前，以酶片法制作的农药速测卡及农药残留速测箱比较常用。此外，选用脲酶、葡萄糖氧化酶、磷酸酯酶等作为检测用酶，还能用于检测 Pb^{2+}、Hg^{2+}、Cd^{2+} 等重金属离子。

（五）生物传感器

生物传感器是将待测物质和分子识别元件特异性结合，再将两者发生生化反应的信号转变为可处理的光、电等信号，并经信号放大装置，最终在信号显示装置上输出，以达到分析检测特定物质的目的。

生物传感器的信号敏感元件是具有生物活性的物质，它能够特异识别分子。该技术具有选择性好、专一性强、准确度高、操作简便、成本低、高度自动化等优点，已被用于食品检测的多个领域，如食品成分分析，食品添加剂、农兽药残留检测及食品中微生物和毒素分析，食品鲜度检测等。此外，其在检测食品中的甜味素、亚硝酸盐、有机磷农药、多氯联苯、β-内酰胺类抗生素、鼠伤寒沙门菌、蓖麻毒素、肉毒毒素、重金属离子等方面有许多成功的报道。

(六)ATP 生物发光法

ATP 生物发光法是通过检测生物体裂解后释放的 ATP 量来估计生物体的数量的方法。该方法原理是在有氧条件下，荧光素和 ATP 结合成具有荧光效应的氧化荧光素，以此来测出 ATP 量，从而测得待测生物体的量。ATP 生物发光法具有简便、快速、重现性好、灵敏度高等优点，适用于检测食品中的微生物。但是由于微生物种类复杂以及反应体系影响因素多，该项技术的测定结果受到一定影响。另外，此类试剂较为昂贵，制约了该技术的普及应用。经过科研人员对该技术的不断改进，ATP 生物发光法势必在食品领域应用越来越多。

三、食品安全快速检测技术的发展方向

目前，食品安全快速检测技术存在的灵敏度和准确度不高的问题，使其在食品产业中的使用受到限制。对化学比色法来说，虽然该方法具有操作简单、结果直观等优点，但是其检测过程中容易受到其他物质的影响从而干扰其实验结果；免疫学方法具有检测速度快、灵敏度高的优点，但是检测结果容易出现假阳性、假阴性；ATP 生物发光法具有快速、操作简便的特点，但是样品中含有的某些离子会对 ATP 的测定造成干扰，可能会使其灵敏度降低，达不到检测样品的条件。由于人们对食品安全问题的重视程度提高，国家对食品中有毒有害物质的要求越来越严格，所以提高快速检测技术的准确度与灵敏度已成为研发工作的重要组成部分。因此，需要增加或改进样品的前处理过程，去除或屏蔽样品中的干扰物质，不断优化改进检测工艺，最终提高快速检测技术对待测样品的准确度和灵敏度。食品快速检测技术已经得到了广泛应用，但是其所能检测的项目和食品种类有限，对于食品中存在的复杂的安全隐患，尚不能全部找到与之匹配的快速检测产品进行应用。因此，需要加大这方面的投入与研究，丰富快速检测产品的数量与质量。此外，快速检测产品主要以进口为主且售价较高，国内相关机构在这方面的研究投入及成果尚不能满足需求。因此，需要在引进国外先进技术的基础上，借鉴相关经验，通过改进及创新，实现高效、经济的食品安全快速检测产品的自主研发。

此外，除了亚硝酸盐、二氧化硫、有机磷、氨基甲酸酯类等的快速检测有相应的标准可以参照执行外，很多指标缺乏权威的与之相应的快速检测技术标准。因此，需要政府部门的支持引导和政策鼓励，呼吁并组织各大研究所、高校和企业共同讨论建立国家标准和规范，共同推动快速检测技术的发展。

【参考文献】

[1]赵磊,肖潇,刘国荣,等.快速检测技术在食品安全保障中的应用及发展[J].食品科学技术学报,2015,33(4):68-73.

[2]桑华春,王覃,王文.食品质量安全快速检测技术及其应用[M].北京:北京科学技术出版社,2015.

[3]孙兴权,董振霖,李一尘,等.动物源食品中兽药残留高通量快速分析检测技术[J].农业工程学报,2014,30(8):280-292.

[4]李秀婷,孙宝国,吕跃钢,等.动物源性食品中药物残留的快速检测技术研究进展[J].食品科学,2009,30(19):346-350.

[5]李晓阳.食品安全快速检测技术的研究与探讨[J].食品研究与开发,2014(18):119-121.

[6]张姗姗,吴琼.食品安全快速检测技术研究进展[J].食品安全导刊,2016(9):32.

[7]陈锦瑶,马海英,李晓辉,等.食品快速检测方法在我国部分食品企业中应用现况调查[J].预防医学情报杂志,2011,27(1):42-44.

[8]GB/T 18630—2002　蔬菜中有机磷及氨基甲酸酯农药残留量的简易检验方法　酶抑制法[S].

[9]GB/T 18625—2002　茶中有机磷及氨基甲酸酯农药残留量的简易检验方法　酶抑制法[S].

[10]郑亚辉.串联质谱技术在食品安全分析中的应用[J].现代科学仪器,2006(1):32-35.

[11]曲祖乙,刘靖.食品分析与检验[M].北京:中国环境科学出版社,2006.

[12]吴晓萍,周春霞.食品安全检验技术[M].郑州:郑州大学出版社,2012.

第十五章

食品中营养成分的检测

第一节　营养成分概述

食物中含有多种人体需要的营养成分，其中主要有糖、脂肪、蛋白质、维生素、无机盐和水六大类。根据其在机体内的作用，这些营养成分可以分为构成物质、能源物质和调节物质三部分。蛋白质、无机盐和水是构成物质，糖和脂肪是能源物质，维生素是调节物质。

糖类又称为碳水化合物，包括单糖、双糖和多糖。单糖是最简单的碳水化合物，如葡萄糖、果糖。双糖由单糖分子连接而成，如蔗糖、麦芽糖、乳糖。多糖由许多单糖分子组成，如淀粉、纤维素。食物内含有多种糖类，如谷物种子、甘薯和胡萝卜含有淀粉，植物的果实和部分根、茎含有蔗糖、果糖和葡萄糖，牛乳含有乳糖，蜂蜜含有葡萄糖和果糖。糖类的主要功能是供给生命活动所需的能量，每克糖完全氧化时能放出约 16800J 的热量。人体所需的能量 70%以上是由糖类氧化分解提供的。

脂肪由脂肪酸和甘油组成。恒温动物(如猪、牛、羊)的脂肪，主要含饱和脂肪酸，呈固态。变温动物和植物的脂肪如鱼肝油、菜籽油，主要含不饱和脂肪酸，呈液态。一般情况下，脂肪作为备用物质储存在体内。在植物体内，大部分脂肪储存在种子内(大豆，花生)；在动物体内，大部分脂肪储存在卵内、皮下、肠系膜等处。脂肪是人体储藏能量的主要物质，每克脂肪完全氧化时能放出约 37700J 的热量，比糖分子多一倍以上。

蛋白质是生物大分子，一般由 100 个以上的氨基酸分子结合而成。蛋白质是组成细胞的主要成分，又是构成酶的材料，还是机体的能源物质，每克蛋白质氧化时能放出约 18210J 的热量。构成蛋白质的氨基酸常见的有 20 多种，其中缬氨酸、亮氨酸、异亮氨酸、苏氨酸、甲硫氨酸、赖氨酸、苯丙氨酸和色氨酸 8 种人体不能合成，必须由食物供给，称为必需氨基酸。另外一些氨基酸，如谷氨酸、丙氨酸、甘氨酸，人体能够合成，不一定要食物供给，称为非必需氨基酸。

维生素是人体生长和代谢所必需的微量有机物。目前已知的维生素有 20 多种，分为水溶性和脂溶性两大类。水溶性维生素主要有维生素 B_1、B_2、B_6、B_{12}、C 等。脂溶性维生素主要有维生素 A、D、E、K 等。大多数维生素不能在体内合成，必须由食物供给。

维生素 A 能促进人体的生长发育，增强抗病能力。人体缺乏维生素 A 时，上皮组织会发生角化，皮肤粗糙，易患夜盲症和呼吸道传染病。维生素 A 能溶于脂肪，在动物性食物里，如动物肝脏、鱼肝油、奶油、蛋黄中含量较高。有些植物性食物，如胡萝卜、番茄、黄色玉米中含有大量的胡萝卜素，在人体内能把它转化为维生素 A。

维生素 B 包括 B_1、B_2、B_6、B_{12} 等几种，对人体有多方面的作用，例如，维生素 B_1 能维持人体正常的新陈代谢和神经系统的正常生理功能。人体缺乏维生素 B_1 时，容易患神经炎、食欲不振、消化不良等，严重的还会患脚气病、下肢沉重、手足皮肤麻木、心跳加快等。米糠、麦麸、瘦猪肉、花生、大豆等食物中均含有较多的维生素 B_1。

维生素 C 又叫抗坏血酸，缺乏时，毛细血管脆性大，容易破裂，引起皮下和牙龈的血管出血，进而发生坏血病。新鲜的水果维生素 C 含量较多，辣椒、甘蔗、番茄、枣、柑橘等食物中维生素 C 的含量很丰富。

维生素 D 能促进小肠对钙和磷的吸收和利用，促进骨的正常钙化，缺乏时，会使骨缺钙，发育不良。维生素 D 在鱼肝油、蛋黄、动物的肝和肾及杏仁中含量较多。在人体的皮肤里，含有一种胆固醇，经日光紫外线照射后，能转变成维生素 D。因此，人经常晒太阳对身体健康有好处。

无机盐是人体的重要组成部分，可分为主要元素和微量元素两类。主要元素有钙、磷、镁、钠、钾、氯等，微量元素有铁、铜、碘、锰、钴、锌、氟等。无机盐都依靠食物供给，例如钠和氯主要来自食盐，钙、磷、铁等食用一般食物即可满足需要，但在儿童发育期要补充含钙多的食物。许多无机盐是组成细胞、酶、激素、维生素的成分，例如，钙、磷、氟是骨骼和牙齿的组成元素，铁是血红蛋白的组成元素，碘是甲状腺激素的组成元素，锌是多种酶的组成元素，钴是维生素 B_{12} 的组成元素。无机盐也是维持正常生理功能不可缺少的物质，例如，钠、钾、钙跟神经、肌肉的正常兴奋性有关，氯跟胃酸的形成、唾液淀粉酶的激活有关，锌跟胰岛素的合成有关，钴跟造血功能有关。

食品营养成分的摄入是否合理直接关系着人体的健康，但是没有一种天然的食物能供给人体所需的全部营养素。因此，食品营养成分分析，对掌握食品中营养素的质和量，指导人们合理膳食，指导食品的生产、加工、运输、储藏、销售，及时了解食品品质的变化，以及为食品新资源和新产品的研发提供了可靠的依据。

第二节　蛋白质及氨基酸测定

一、概　述

蛋白质是复杂的含氮有机化合物，相对分子质量从数万到数百万，分子的长轴为 1～100nm，它们由 20 种氨基酸通过酰胺键以一定的方式结合起来，并具有一定的空间结构，所含的主要化学元素为 C、H、O、N，在某些蛋白质中还含有微量的 S、P、Cu、Fe、I 等元素，是否含氮则是蛋白质区别于其他有机化合物的主要标志。

不同的蛋白质其氨基酸构成比例及方式不同，故各种不同的蛋白质其含氮量也是不同的，蛋白质含氮量一般为 16%，即一份氮素相当于 6.25 份蛋白质，此数值(6.25)称为蛋白质系数。

不同种类食品的蛋白质系数有所不同，如玉米、荞麦、青豆、鸡蛋等为 6.25，花生为 5.46，大米为 5.95，大豆及其制品为 5.71，小麦粉为 5.70，牛乳及其制品为 6.38。

二、蛋白质的生理功能及在食品中的作用

(1)蛋白质是生命的物质基础，是构成生物体细胞的重要成分，是生物体发育及修补组织的原料。

(2)维持人体的酸碱平衡、水平衡。

(3)遗传信息的传递。

(4)物质的代谢及运转都与蛋白质有关。

(5)人及动物只能从食品得到蛋白质及其分解产物，来构成自身的蛋白质。蛋白质是人体重要的营养物质。

(6)食品的重要营养指标。

三、食品中蛋白质含量的测定

在各种不同的食品中蛋白质的含量各不相同，一般说来动物性食品的蛋白质含量高于植物性食品，例如牛肉中蛋白质含量为 20.0%左右，猪肉为 9.5%，兔肉为 21.0%，鸡肉为 20.0%，牛乳为 3.5%，黄鱼为 17.0%，带鱼为 18.0%，大豆为 40.0%，稻米为 8.5%，面粉为 9.9%，菠菜为 2.4%，黄瓜为 1.0%，桃为 0.8%，柑橘为 0.9%，苹果为 0.4%，油菜为 1.5%左右。

测定食品中蛋白质的含量，对于评价食品的营养价值、合理开发利用食品资源、提高产品质量、优化食品配方、指导经济核算及生产过程控制均具有极重要的意义。

测定蛋白质的方法可分为两大类：一类是利用蛋白质的共性，即含氮量、肽键和折射率测定蛋白质含量；另一类是利用蛋白质中特定氨基酸残基、酸性和碱性基团以及芳香基团等测定蛋白质含量。

蛋白质的测定，目前多采用将蛋白质消化，测定其含氮量，再换算为蛋白质含量的凯氏定氮法。不同食品的蛋白质系数有所不同。凯氏定氮法是测定总有机氮量较为准确、操作较为简单的方法之一，可用于所有动、植物食品的分析及各种加工食品的分析，可同时测定多个样品，故国内外应用较为普遍，是经典分析方法，至今仍被作为标准检验方法。凯氏定氮法有常量法、微量法及经改进后的改良凯氏定氮法。

1. 常量凯氏定氮法原理

样品与浓硫酸和催化剂一同加热消化，使蛋白质分解，其中碳和氢被氧化为二氧化碳和水逸出，而样品中的有机氮转化为氨，与硫酸结合成硫酸铵。然后加碱蒸馏，使氨蒸出，用硼酸吸收后再以标准盐酸或硫酸溶液滴定。根据标准酸消耗量可计算出蛋白质的含量。其检测步骤如下：

(1)样品消化：

$$2NH_2CH_3HCOOH+13H_2SO_4 = (NH_4)_2SO_4+6CO_2+12SO_2+16H_2O$$

浓硫酸具有脱水性，有机物脱水后被炭化为碳、氢、氮。浓硫酸又具有氧化性，将有机物炭化后的碳氧化为二氧化碳，硫酸则被还原成二氧化硫。

$$2H_2SO_4+C = 2SO_2+2H_2O+CO_2$$

二氧化硫使氮还原为氨，本身则被氧化为三氧化硫，氨随之与硫酸作用生成硫酸铵留在酸性溶液中。

$$H_2SO_4 + 2NH_3 = (NH_4)_2SO_4$$

(2)蒸馏：在消化完全的样品溶液中加入浓氢氧化钠使之呈碱性，加热蒸馏，即可释放出氨气，反应方程式如下：

$$2NaOH + (NH_4)_2SO_4 = 2NH_3\uparrow + Na_2SO_4 + 2H_2O$$

(3)吸收与滴定：加热蒸馏所放出的氨，可用硼酸溶液进行吸收，待吸收完全后，再用盐酸标准溶液滴定，因硼酸呈微弱酸性($K=5.8\times10^{-10}$)，用酸滴定不影响指示剂的变色反应。吸收及滴定的反应方程式如下：

$$2NH_3 + 4H_3BO_3 = (NH_4)_2B_4O_7 + 5H_2O$$

$$(NH_4)_2B_4O_7 + 2HCl + 5H_2O = 2NH_4Cl + 4H_3BO_3$$

此法可应用于各类食品中蛋白质含量的测定。

2. 常量凯氏定氮法

具体检测方法详见《食品安全国家标准　食品中蛋白质的测定》(GB 5009.5—2016)第一法。

3. 注意事项

(1)所用试剂应用无氨蒸馏水配制。

(2)消化过程应注意转动凯氏烧瓶，利用冷凝酸液将附在瓶壁上的炭粒冲下，以促进消化完全。

(3)若样品含脂肪或糖较多，则会产生大量泡沫，加少量辛醇或液状石蜡或硅消泡剂，可防止其溢出瓶外。

(4)若样品消化液不易澄清透明，可将凯氏烧瓶冷却，加入2～3mL 300g/L过氧化氢后再加热。

(5)若取样量较大，如干试样超过5g，可按每克试样5mL的比例增加硫酸用量。

(6)消化时间一般约4h即可，若消化时间过长则会引起氨的损失。一般消化至透明后，继续消化30min即可，但当含有特别难以氨化的氮化合物的样品，如含赖氨酸或组氨酸时，消化时间需适当延长，因为这两种氨基酸中的氮在短时间内不易消化完全，往往导致总氮量偏低。如有机物分解完全，分解液呈蓝色或浅绿色；但含铁量多时，呈较深绿色。

(7)蒸馏过程应注意接头处有无松漏现象。蒸馏完毕，先将蒸馏出口离开液面，继续蒸馏1min，将附着在尖端的吸收液完全洗入吸收瓶内，再将吸收瓶移开，最后关闭电源，绝不能先关闭电源，否则吸收液将发生倒吸。

(8)硼酸吸收液的温度不应超过40℃，否则氨吸收减弱，造成损失。可将反应装置置于冷水浴中。

(9)混合指示剂在碱性溶液中呈绿色，在中性溶液中呈灰色，在酸性溶液中呈红色。

四、氨基酸态氮的测定

随着食品科学的发展和营养知识的普及，食物蛋白质中必需氨基酸含量的高低及氨基酸的构成，愈来愈受到人们的重视。为提高蛋白质的生理效价而进行食品氨基酸互补和强化的理论，对食品加工工艺的改革，对保健食品的开发及合理配膳等工作都具有积极的指导作用。

因此，食品及其原料中氨基酸的分离、鉴定和定量也就具有极其重要的意义。

食品中的氨基酸态氮的现行检测方法为《食品安全国家标准　食品中氨基酸态氮的测定》(GB 5009.235—2016)，其中规定了使用于不同样品的两种方法。

(一)酸度计法(第一法)

利用氨基酸的两性作用，加入甲醛以固定氨基的碱性，使羧基显示出酸性，用氢氧化钠标准溶液滴定后定量，以酸度计测定终点。第一法适用于以粮食和其副产品豆饼、麸皮等为原料酿造或配制的酱油，以粮食为原料酿造的酱类，以黄豆、小麦粉为原料酿造的豆酱类食品中氨基酸态氮的测定。

(二)比色法(第二法)

在 pH 值为 4.8 的乙酸钠—乙酸缓冲液中，氨基酸态氮与乙酰丙酮和甲醛反应生成黄色的 3,5 -二乙酸- 2,6 -二甲基- 1,4 二氢化吡啶氨基酸衍生物。在波长 400nm 处测定吸光度，与标准系列比较定量。第二法适用于以粮食和其副产品豆饼、麸皮等为原料酿造或配制的酱油中氨基酸态氮的测定。

第三节　脂类的测定

一、脂类概述

脂类是油、脂肪、类脂的总称。食物中的油脂主要是油、脂肪，一般把常温下是液体的称作油，而把常温下是固体的称作脂肪。脂类是人体需要的重要营养素之一，它与蛋白质、碳水化合物合称为产能的三大营养素，在供给人体能量方面起着重要作用。脂类也是人体组织细胞的组成成分，如细胞膜、神经髓鞘都必须有脂类参与。

脂肪即甘油三酯，或称为三酯酰甘油(triacylglycerol)，是由 1 分子甘油与 3 分子脂肪酸通过酯键相结合而成。脂肪是人体中脂类的主要部分，身体需要量以及每天从食物中摄取量都远远大于类脂。

人体内脂肪酸种类很多，生成甘油三酯时可有不同的排列组合，因此，甘油三酯具有多种形式。储存能量和供给能量是脂肪最重要的生理功能。每克脂肪在体内完全氧化可释放出38kJ(约 9.1kcal)能量，比每克糖原或蛋白质所放出的能量多两倍以上。脂肪组织是体内专门用于储存脂肪的组织，当机体需要时，脂肪组织中储存的脂肪可动员出来分解供给机体能量。此外，脂肪组织还可起到保持体温、保护内脏器官的作用。

类脂包括磷脂、糖脂和胆固醇及其酯三大类。磷脂是含有磷酸的脂类，包括由甘油构成的甘油磷脂和由鞘氨醇构成的鞘磷脂。糖脂是含有糖基的脂类。这三大类类脂是生物膜的主要组成成分，构成疏水性“屏障”，分隔细胞水溶性成分和细胞器，维持细胞正常结构与功能。此外，胆固醇还是脂肪酸盐和维生素 D_3 以及类固醇激素合成的原料，对于调节机体脂类物质的吸收，尤其是对脂溶性维生素(A、D、E、K)的吸收以及钙磷代谢等起着重要作用。

脂类在生命体中的作用有以下三点。

（一）脂肪是储存的能源物质

脂肪是高度还原的能源物质，含氧很少，因此相同质量的脂肪氧化释放的能量与糖相比高很多，可达糖的两倍以上。

（二）磷脂是生物膜的结构基础

磷脂是脂肪的一条脂肪酸链被含磷酸基的短链取代的产物，因为这条磷酸基链的存在，磷脂的亲水性比脂肪的大，能够自发形成磷脂双分子层膜。

（三）胆固醇的衍生物是重要的生物活性物质

胆固醇可在肝脏转化为胆汁酸排入小肠，胆汁酸可以乳化脂类食物而加速脂类食物的消化；7-脱氢胆固醇可在皮肤中（日光照射下）转化为维生素 D_3，然后在肝脏和肾脏的作用下形成 $1,25-(OH)_2-D_3$，通过促进肠道和肾脏对钙磷的吸收使骨骼、牙齿得以生长发育；胆固醇可在肾上腺皮质转化为肾上腺皮质激素和性激素；胆固醇可在性腺转化为性激素。另外，不饱和脂肪酸也是体内其他一些激素或活性物质的代谢前体。

二、食品中常用脂类测定方法

（一）索氏提取法

（1）原理：将经过预处理而干燥分散的样品，用无水乙醚或石油醚等溶剂进行提取，使样品中的脂肪进入溶剂中，再从提取液中回收溶剂，最后所得到的残留物即为脂肪（或粗脂肪）。

（2）检测步骤：见《食品安全国家标准　食品中脂肪的测定》（GB 5009.6—2016）第一法。

（3）说明及注意事项：

①样品必须干燥。滤纸筒的高度不要超过回流弯管。

②乙醚回收后，剩下的乙醚必须在水浴上彻底挥发干净。在使用乙醚过程中，室内应保持良好的通风状态，仪器周围不能有明火。

③脂肪接收瓶反复加热时如有增重，应以前一次质量为准。对富含脂肪的样品，可在真空烘箱中进行干燥。

④将提脂管下口滴下的乙醚（或石油醚）滴在滤纸或毛玻璃上，挥发后不留下痕迹即表明已抽提完全。

⑤抽提所用的乙醚或石油醚要求无水、无醇、无过氧化物，挥发后残渣含量低。

⑥在挥干溶剂时应避免过高的温度而形成氧化粗脂肪。

（二）碱水解法

（1）原理：用乙醚和石油醚抽提样品的碱水解液，通过蒸馏或蒸发去除溶剂，测定溶于溶剂中的抽提物的质量。

（2）操作步骤：见《食品安全国家标准　食品中脂肪的测定》（GB 5009.6—2016）第三法。

（3）说明及注意事项：

①固体样品必须充分磨细，液体样品必须充分混匀。

②适用于巴氏杀菌乳、灭菌乳、生乳、发酵乳、调制乳、乳粉、炼乳、奶油、稀奶油、干酪和婴幼儿配方食品中脂肪的测定。

③用乙醚提取脂肪时，需要加入石油醚，以降低乙醇在乙醚中的溶解度，使乙醇溶解物残

留在水层，且分层清晰。

④挥干溶剂后，残留物中如有黑色焦油状杂质，可用等量乙醚及石油醚溶解后过滤，再挥干溶剂。

(三)罗紫—哥特里(Rose-Gottlieb)法

(1)原理：利用氨—乙醇溶液破坏乳的胶体性状及脂肪球膜，使非脂成分溶解于氨—乙醇溶液中，而脂肪游离出来，用乙醚—石油醚提取出脂肪，蒸馏去除溶剂后残留物即为乳脂肪。

(2)检测步骤：见《冰淇淋和冷冻甜食品中的脂肪测定》(GB/T 32782—2016)哥特里—罗紫法。

(3)说明及注意事项：

①乳类脂肪需先用氨水和乙醇处理，然后再用乙醚提取脂肪，故该法又称碱性乙醚提取法。

②加入石油醚的作用是降低乙醚的极性，使乙醚与水不混溶，只抽提出脂肪，并可使分层清晰。

(四)盖勃法

(1)原理：用强酸溶解乳糖和蛋白质等非脂成分，将乳中的酪蛋白钙盐转变成可溶性的重硫酸酪蛋白，使脂肪球膜被破坏，脂肪游离出来，通过加热离心，使脂肪充分分离。

(2)仪器：盖勃氏乳脂计及盖勃离心机；标准移乳管；离心机。

(3)检测步骤：见《食品安全国家标准　食品中脂肪的测定》(GB 5009.6—2016)第四法。

(4)说明及注意事项：

①硫酸的浓度必须按方法规定的要求严格遵守。

②加热(65～70℃水浴中)和离心的目的是促使脂肪离析。

③巴氏瓶颈刻度读数即为样品中脂肪百分含量。

第四节　碳水化合物的测定

一、碳水化合物概述

碳水化合物是由碳、氢和氧三种元素组成的，由于它所含的氢氧的比例为二比一，最简结构式与水一样而得名，可用通式 $C_x(H_2O)_y$ 来表示。碳水化合物是为人体提供热能的三种主要的营养素中最廉价的。食物中的碳水化合物分成两类：人可以吸收利用的有效碳水化合物(如单糖、双糖、多糖)和人不能消化的无效碳水化合物(如纤维素)。碳水化合物是人体必需的物质。糖类化合物是一切生物体维持生命活动所需能量的主要来源，它不仅是营养物质，而且有些还具有特殊的生理活性，例如，肝脏中的肝素有抗凝血作用、血型中的糖与免疫活性有关。此外，核酸的组成成分中也含有糖类化合物——核糖和脱氧核糖。因此，糖类化合物对医学来说，具有重要的意义，它是自然界存在最多、具有广谱化学结构和生物功能的有机化合物。糖类化合物分为单糖、寡糖、淀粉、半纤维素、纤维素、复合多糖，以及糖的衍生物。单糖主要由绿色植物经光合作用而形成，是光合作用的初期产物，从化学结构特征来说，它是含有多羟基的醛类或酮类的化合物或经水解转化成为多羟基醛类或酮类的化合物。例如，葡萄糖含有一个醛基、六个碳原子，叫己醛糖；果糖则含有一个酮基、六个碳原子，叫己酮糖。碳水化合物与蛋白质、脂肪同为生物界三大基础物质，为生物的生长、运动、繁殖提供主要能源，是人类生存发展必不可少的重要物质之一。

二、还原糖的测定

（一）直接滴定法（斐林试剂法）

（1）原理：碱性酒石酸铜甲、乙液等体积混合后，生成氢氧化铜沉淀，沉淀与酒石酸钾钠反应，生成酒石酸钾钠铜的络合物。在加热条件下，以次甲基蓝作为指示剂，样液中的还原糖将二价铜还原为氧化亚铜。

（2）操作步骤：①样品处理；②碱性酒石酸铜溶液的标定；③样液的预测定；④样品的测定。

（3）测定过程：见《食品安全国家标准　食品中还原糖的测定》（GB 5009.7—2016）第一法。

（4）检测注意事项：

①碱性酒石酸铜甲液、乙液应分别配制储存，用时混合。

②碱性酒石酸铜可将醛糖和酮糖都氧化，所以测得的是总还原糖量。

③样品处理时不能采用硫酸铜—氢氧化钠作为澄清剂。

④在碱性酒石酸铜乙液中加入亚铁氰化钾，是为了使所生成的 Cu_2O 的红色沉淀与之形成可溶性的无色络合物。

⑤次甲基蓝也是一种氧化剂，在测定条件下其氧化能力比 Cu^{2+} 弱，故还原糖先与 Cu^{2+} 反应。

⑥整个滴定过程必须在沸腾条件下进行。

⑦还原糖液浓度要求在 0.1%左右；继续滴定至终点的体积数应控制在 0.5～1mL 以内；热源一般采用 800W 电炉，热源强度和煮沸时间应严格按照操作中规定的要求执行。

⑧预测定与正式测定的检测条件应一致。平行实验中消耗样液量应不超过 0.1mL。

（二）高锰酸钾滴定法

（1）原理：还原糖使碱性酒石酸铜溶液中的 Cu^{2+} 还原成 Cu_2O。过滤得到 Cu_2O，加入过量的酸性硫酸铁溶液将其溶解，而 Fe^{3+} 被还原成 Fe^{2+}，用高锰酸钾溶液滴定 Fe^{2+}，计算 Cu_2O 的量，从索检表中查出对应的还原糖的量。

（2）操作步骤：见《食品安全国家标准　食品中还原糖的测定》（GB 5009.7—2016）第二法。其中样品处理按不同种类样品进行分类：①乳类、乳制品及含蛋白质的冷食类；②酒精性饮料；③淀粉含量较高的食品；④含二氧化碳的饮料。

（3）说明及注意事项：

①操作过程必须严格按规定执行，加入碱性酒石酸铜甲、乙液后，严格控制在 4min 内加热至沸，沸腾时间（2min）也要准确。

②该法所用的碱性酒石酸铜溶液是过量的。所以，经煮沸后的反应液应显蓝色。如不显蓝色，说明样液含糖浓度过高，应调整样液浓度，或减少样液取用体积重新操作，而不能增加碱性酒石酸铜甲、乙液的用量。

③样品中的还原糖既有单糖也有麦芽糖或乳糖等双糖时，还原糖的测定结果会偏低。

④在抽滤和洗涤时，要防止氧化亚铜沉淀暴露在空气中，应使沉淀始终在液面下，避免其被氧化。

(三)铁氰化钾法

(1)原理：还原糖在碱性溶液中将铁氰化钾还原为亚铁氰化钾，还原糖本身被氧化为相应的酸。过量的铁氰化钾在乙酸的存在下，与碘化钾作用析出碘，析出的碘以硫代硫酸钠标准溶液滴定。通过计算氧化还原糖时所用的铁氰化钾的量，查表得到试样中还原糖含量。

(2)操作步骤：见《食品安全国家标准　食品中还原糖的测定》(GB 5009.7—2016)第三法。

(3)说明及注意事项：本方法试样中还原糖是以麦芽糖的质量分数计算的。

三、蔗糖的测定——酸水解法

(1)原理：样品脱脂后，用水或乙醇提取，提取液经澄清处理除去蛋白质等杂质后，再用稀盐酸水解。按还原糖测定的方法，分别测定水解前后样液中还原糖的含量，两者的差值即为由蔗糖水解产生的还原糖的量，再乘以换算系数0.95即为蔗糖的含量。

(2)操作步骤：见《食品安全国家标准　食品中果糖、葡萄糖、蔗糖、麦芽糖、乳糖的测定》(GB 5009.8—2016)第二法。

(3)说明及注意事项：

①蔗糖在本条件下可以完全水解，其他双糖和淀粉等的水解作用可忽略不计。果糖在酸性溶液中易分解，故水解结束后应立即取出并迅速冷却中和。

②根据蔗糖的水解反应方程式，1g转化糖相当于0.95g蔗糖。

③用还原糖法测定蔗糖时，测得的还原糖应以转化糖表示，故用直接法滴定时，碱性酒石酸铜溶液的标定需采用蔗糖标准溶液按测定条件水解后进行。

四、总糖的测定——直接滴定法

(1)原理：样品除去蛋白质等杂质后，加入稀盐酸在加热条件下使蔗糖水解转化为还原糖，再以滴定法测定还原糖的总量。

(2)测定步骤：见《肉制品　总糖含量测定》(GB/T 9695.31—2008)第二法。

(3)说明及注意事项：总糖测定结果一般以转化糖或葡萄糖计；碱性酒石酸铜的标定应按相应糖的标准溶液进行标定。

五、淀粉的测定——酸水解法

(1)原理：样品经过除去脂肪和可溶性糖类后，用酸将淀粉水解为葡萄糖，按还原糖的测定方法来测定还原糖含量，再折算成淀粉含量。

(2)检测步骤：见《食品安全国家标准　食品中淀粉的测定》(GB 5009.9—2016)第三法。

(3)检测注意事项：

①样品中脂肪含量较少时，可省去乙醚溶解和洗去脂肪的操作。乙醚也可用石油醚代替。液体样品则采用分液漏斗振摇静置分层，去除乙醚层。

②把葡萄糖含量折算为淀粉含量的换算系数为162/180=0.9。

六、纤维的测定

（一）粗纤维的测定（重量法）

（1）原理：热的稀硫酸可除去糖、淀粉、果胶等物质，热的氢氧化钾使蛋白质溶解、脂肪皂化。用乙醇和乙醚除去单宁、色素及残余的脂肪，所得残渣即为粗纤维。无机物质可经灰化后扣除。

（2）检测步骤：见《植物类食品中粗纤维的测定》（GB/T 5009.10—2003）。

（3）说明及注意事项：

①此法是目前测定纤维的标准分析方法。

②样品中脂肪含量高于1%时，应先用石油醚脱脂，然后再测定，如脱脂不足，结果将偏高。

③用酸、碱消化时如产生大量泡沫，可加入2滴硅油或辛醇消泡。

④最好采用200目尼龙筛绢过滤。

⑤本法测定结果的准确性取决于操作条件的控制。

⑥恒重要求：烘干＜0.2mg，灰化＜0.5mg。

⑦在这种方法中，纤维素、半纤维素、木质素等食物纤维成分都发生了不同程度的降解，且残留物中还包含了少量的无机物、蛋白质等成分，测定结果称为“粗纤维”。

⑧测定粗纤维的方法还有容量法。

（二）膳食纤维的测定

（1）原理：干燥试样，经热稳定淀粉酶、蛋白酶、葡萄糖苷酶酶解消化去除蛋白质和淀粉后，经乙醇沉淀、抽滤，残渣用乙醇和丙酮洗涤，干燥称重，即为总膳食纤维重量。另取试样用同法酶解，直接抽滤并用热水洗涤，残渣干燥称重，即得不溶性膳食纤维残渣重量，滤液用4倍体积的乙醇沉淀、抽滤，干燥称量，得可溶性膳食纤维残渣重量。扣除各类膳食纤维残渣中相应的蛋白质、灰分和试剂空白含量，即可计算出总膳食纤维、不溶性膳食纤维和可溶性膳食纤维。

（2）操作步骤：见《食品安全国家标准　食品中膳食纤维的测定》（GB 5009.88—2014）。

（3）检测注意事项：

①试样没有经过干燥、脱糖、脱脂处理，校正因子为1。

②本标准不包括低聚果糖、低聚半乳糖、聚葡萄糖、抗性麦芽糊精、抗性淀粉等膳食纤维组分。如果含有以上成分宜采用适宜方法测定相应的组分，总膳食纤维等于酶重量法与单体成分之和。

第五节　维生素的测定

一、维生素概述

维生素是维持身体健康所必需的一类有机化合物。这类物质在体内既不是构成身体组织的原料，也不是能量的来源，而是一类调节物质，在物质代谢中起重要作用。

各种维生素的化学结构以及性质虽然不同，但它们却有着以下共同点：

(1)维生素均以维生素原的形式存在于食物中。

(2)维生素不是构成机体组织和细胞的组成成分，它也不会产生能量，它的作用主要是参与机体代谢的调节。

(3)大多数维生素，机体不能合成或合成量不足，不能满足机体的需要，必须经常通过食物获得。

(4)人体对维生素的需要量很小，日需要量常以毫克或微克计算，但一旦缺乏就会引发相应的维生素缺乏症，对人体健康造成损害。

维生素与碳水化合物、脂肪和蛋白质三大物质不同，在天然食物中含量极少，但又为人体所必需。有些维生素(如维生素 B_6、维生素 K 等)能由动物肠道内的细菌合成，合成量可满足动物的需要。动物细胞可将色氨酸转变成烟酸(一种 B 族维生素)，但生成量不能满足生理需要；维生素 C 除灵长类及豚鼠以外，其他动物都可以自身合成。植物和多数微生物都能自己合成维生素，不必由体外供给。许多维生素是辅基或辅酶的组成部分。

维生素对机体的新陈代谢、生长、发育、健康有极重要的作用。如果长期缺乏某种维生素，就会引起生理功能障碍而发生某种疾病。

维生素是人体代谢中必不可少的有机化合物。人体犹如一座极为复杂的化工厂，不断地进行着各种生化反应，其反应与酶的催化作用有密切关系。酶要产生活性，必须有辅酶参加。已知许多维生素是酶的辅酶或者是辅酶的组成分子。因此，维生素是维持和调节机体正常代谢的重要物质。可以认为，最好的维生素是以“生物活性物质”的形式存在于人体组织中。

二、维生素 A 的测定——液相色谱法

(1)原理：试样中的维生素 A 经皂化、提取、净化、浓缩后通过 C_{30} 或 PFP 反相色谱柱分离，用紫外检测器或荧光检测器检测，外标法定量。

(2)检测方法：见《食品安全国家标准　食品中维生素 A、D、E 的测定》(GB 5009.82—2016)第一法。

(3)说明及注意事项：

①由于维生素 A 容易分解，样品经缩分、粉碎均质后应避光冷藏，尽快测定，处理过程中尽可能避光操作，并在处理过程中添加抗坏血酸和 2,6-二叔丁基-4-甲基苯酚(BHT)进行保护。

②使用的器皿不得含有氧化物，分液漏斗活塞玻璃表面不得涂油。

③提取过程应在通风柜中操作。

④含有淀粉的样品，由于淀粉的包埋作用，需要添加淀粉酶将其水解释放出来。

三、维生素 D 的测定——液相色谱法

(1)原理：试样皂化后，经石油醚萃取，维生素 D 用正相色谱法净化后，反相色谱法分离，外标法定量。

(2)检测方法：见《食品安全国家标准　食品中维生素 A、D、E 的测定》(GB 5009.82—2016)第四法。

(3)检测注意事项：

①食品中维生素 D 的含量一般很低，而维生素 A、维生素 E、胆固醇、甾醇等成分的含量往

往都大大超过维生素 D 而严重干扰维生素 D 的测定，因此测定前必须经柱层析除去这些干扰成分。

②食品中含淀粉和不含淀粉样品前处理方法有差异。

四、维生素 E 的测定——液相色谱法

(1)原理：试样中的维生素 E 经有机溶剂提取、浓缩后，用高效液相色谱法分离，经荧光检测器检测，外标法定量。

(2)检测方法：见《食品安全国家标准　食品中维生素 A、D、E 的测定》(GB 5009.82—2016)第二法。

(3)检测注意事项，同维生素 A。

五、维生素 C 的测定——2,4-二硝基苯肼比色法

(1)原理：维生素 C(抗坏血酸)在活性炭存在下氧化成脱氢抗坏血酸，它与邻苯二胺反应生成荧光物质，用荧光分光光度计测定其荧光强度，其荧光强度与维生素 C 的浓度呈正比，以外标法定量。

(2)检测方法：见《食品安全国家标准　婴幼儿食品和乳品中维生素 C 的测定》(GB 5413.18—2010)。

(3)说明及注意事项：

①本法为国家标准方法，适用于婴幼儿食品和乳品中维生素 C 的测定。

②酸性活性炭对抗坏血酸的氧化作用基于其表面吸附氧的界面反应。若加入量过低，氧化不充分，测定结果偏低；若加入量过高，对抗坏血酸有吸附作用，使结果也偏低。

③本标准测定的是还原型维生素 C 和氧化型维生素 C 的总量。

④酸性活性炭应清洗至不含铁离子。

【参考文献】

[1]卞生珍，金英姿. 食品化学与营养[M]. 北京：科学出版社，2016.

[2]王喜波，张英华. 食品分析[M]. 北京：科学出版社，2015.

[3]SN/T 869—2000　进口饮料中维生素 C 的测定方法[S].

[4]GB 5009.82—2016　食品安全国家标准　食品中维生素 A、D、E 的测定[S].

[5]GB 5009.86—2016　食品安全国家标准　食品中抗坏血酸的测定[S].

[6]GB 5413.18—2010　食品安全国家标准　婴幼儿食品和乳品中维生素 C 的测定[S].

[7]GB/T 5009.8—2016　食品安全国家标准　食品中果糖、葡萄糖、蔗糖、麦芽糖、乳糖的测定[S].

[8]GB5009.7—2016　食品安全国家标准　食品中还原糖的测定[S].

[9]GB 5009.9—2016　食品安全国家标准　食品中淀粉含量测定[S].

[10]GB 5009.6—2016　食品安全国家标准　食品中脂肪的测定[S].

第十六章

食品中添加剂的检测

第一节　概　述

食品添加剂是指为了改善食品色、香、味等品质，延长食品保存期，便于食品加工和增加食品营养成分的一类化学合成或天然物质。目前我国食品添加剂有23个类别，2000多个品种，包括酸度调节剂、抗结剂、消泡剂、抗氧化剂、漂白剂、膨松剂、着色剂、护色剂、酶制剂、增味剂、营养强化剂、防腐剂、甜味剂、增稠剂、香料等。

一、食品添加剂的主要作用

食品添加剂大大促进了食品工业的发展，被誉为现代食品工业的灵魂，这主要是由于它给食品工业带来了许多好处，大致如下：①利于保存，防止变质。②改善食品的感官性状。③保持或提高食品的营养价值。④增加食品的品种和方便性。⑤有利于食品加工，适应生产机械化和自动化的需要。⑥满足其他特殊需要。

食品添加剂的使用必须遵循《食品安全国家标准　食品添加剂使用标准》(GB 2760—2014)，该标准规定了食品中允许使用的添加剂品种，并详细规定了使用范围、使用量。

二、食品添加剂的使用原则

在使用食品添加剂时应符合以下基本要求：

(1)不应对人体产生任何健康危害。

(2)不应掩盖食品腐败变质。

(3)不应掩盖食品本身或加工过程中的质量缺陷或以掺杂、掺假、伪造为目的而使用食品添加剂。

(4)不应降低食品本身的营养价值。

(5)在达到预期效果的前提下尽可能降低在食品中的使用量。

在下列情况下可使用食品添加剂：

(1)保持或提高食品本身的营养价值。

(2)作为某些特殊膳食用食品的必要配料或成分。

(3)提高食品的质量和稳定性,改进其感官特性。

(4)便于食品的生产、加工、包装、运输或者储藏。

三、常用食品添加剂的检测方法

由于食品添加剂在食品中添加的量较少,一般常量的检测方法的检测限量无法满足要求,因此在食品添加剂检测中大量使用的是检测限较低的仪器方法,包括气相色谱、液相色谱、离子色谱、分光光度计。其中,气相色谱、液相色谱检测技术具有便捷、快速、精准的特点,且这两种检测技术可以同时检测同类型多种食品添加剂,因此应用广泛。如《食品安全国家标准 食品中合成着色剂的测定》(GB 5009.35—2016)运用液相色谱检测技术可同时检测柠檬黄、日落黄、苋菜红、胭脂红、新红、赤藓红、亮蓝。再如《出口乳及乳制品中苯甲酸、山梨酸、对羟基苯甲酸酯类防腐剂的测定 高效液相色谱法》(SN/T 4262—2015),可同时检测乳及乳制品中苯甲酸、山梨酸、对羟基苯甲酸甲酯、对羟基苯甲酸乙酯、对羟基苯甲酸丙酯、对羟基苯甲酸丁酯、对羟基苯甲酸异丁酯等。下面分类对常用的食品添加剂检测方法进行简单介绍。

第二节 食品中常用着色剂的检测

一、食品中着色剂概述

食品着色剂是以给食品着色为主要目的的添加剂,也称食用色素。食品着色剂使食品具有悦目的色泽,对增加食品的嗜好性及刺激食欲有重要意义。

按来源可分为人工合成着色剂和天然着色剂。合成着色剂的原料主要是化工产品,常用的合成色素有胭脂红、苋菜红、日落黄、赤藓红、柠檬黄、新红、靛蓝、亮蓝等。与天然色素相比,合成色素颜色更加鲜艳,不易褪色,且价格较低。常用的天然着色剂有辣椒红、甜菜红、红曲红、胭脂虫红、高粱红、叶绿素铜钠、姜黄、栀子黄、胡萝卜素、藻蓝素、可可色素、焦糖色素等。天然着色剂色彩易受金属离子、水质、pH 值、氧化、光照、温度的影响,一般较难分散,染着性、着色剂间的相溶性较差,且价格较高。食用天然着色剂主要是指由动、植物组织中提取的色素,多为植物色素,包括微生物色素、动物色素及无机色素。按结构,人工合成着色剂又可分为偶氮类、氧蒽类和二苯甲烷类等;天然着色剂又可分为吡咯类、多烯类、酮类、醌类和多酚类等。

按着色剂的溶解性不同着色剂可分为脂溶性着色剂和水溶性着色剂。

《食品安全国家标准 食品添加剂使用标准》(GB 2760—2014)规定可应用于食品中的着色剂有 64 种。

二、现行有效的食品着色剂的检测方法

合成着色剂大多是以煤焦油中分离出来的苯胺染料为原料制成的,如果过量使用则易诱发中毒、泄泻甚至癌症,对人体有害。对于着色剂的分析检测方法研究主要是针对合成着色剂,包括我国在内的许多国家和地区也对其使用范围、限量及相关的检测方法作了明确的规定。目前,食品着色剂主要使用液相色谱仪进行检测。

1. GB 5009.35—2016　食品安全国家标准　食品中合成着色剂的测定

该标准规定了饮料、配制酒、硬糖、蜜饯、淀粉软糖、巧克力豆及着色糖衣制品中合成着色剂(不含铝色锭)的测定方法。

该方法的原理为食品中人工合成着色剂用聚丙烯酰胺吸附法或液液分配法提取,制成水溶液,注入高效液相色谱仪,经反相色谱分离,根据保留时间定性和与峰面积比较进行定量。

该方法检出限:柠檬黄、新红、苋菜红、胭脂红、日落黄均为 0.5mg/kg,亮蓝、赤藓红均为 0.2mg/kg(检测波长 254nm 时亮蓝检出限为 1.0mg/kg,赤藓红检出限为 0.5mg/kg)。

2. GB/T 21916—2008　水果罐头中合成着色剂的测定　高效液相色谱法

该标准规定了水果罐头中柠檬黄、苋菜红、靛蓝、胭脂红、日落黄、诱惑红、亮蓝、赤藓红人工合成着色剂的高效液相色谱测定方法。

该标准检出限为柠檬黄 0.300mg/kg、苋菜红 0.300mg/kg、靛蓝 0.300mg/kg、胭脂红 0.300mg/kg、日落黄 0.150mg/kg、诱惑红 0.150mg/kg、亮蓝 0.100mg/kg、赤藓红 0.150mg/kg。

以上两种方法均使用液相色谱法检测,区别在于样品的前处理方法:GB 5009.35 使用聚丙烯酰胺或液液萃取,而 GB/T 21916 使用的是固相萃取法。

第三节　食品中常用防腐剂的检测

一、食品中防腐剂概述

食品防腐剂是能防止由微生物引起的腐败变质、延长食品保质期的添加剂。因兼有防止微生物繁殖引起食物中毒的作用,故又称抗微生物剂(antimicrobial)。它的主要作用是抑制食品中微生物的繁殖。

食品防腐剂按作用不同分为杀菌剂和抑菌剂,两者常因浓度、作用时间和微生物性质等的不同而不易区分。防腐剂按来源分,有化学防腐剂和天然防腐剂两大类。化学防腐剂又分为有机防腐剂与无机防腐剂。前者主要包括苯甲酸、山梨酸等,后者主要包括亚硫酸盐和亚硝酸盐等。天然防腐剂,通常是从动物、植物和微生物的代谢产物中提取到的,如乳酸链球菌素是从乳酸链球菌的代谢产物中提取得到的一种多肽物质,多肽可在机体内降解为各种氨基酸。世界各国对这种防腐剂的规定也不相同,我国最新的《食品安全国家标准　食品添加剂使用标准》(GB 2760—2014)规定使用的防腐剂共有 28 种。

二、食品防腐剂常用种类及使用范围

苯甲酸及盐:碳酸饮料、低盐酱菜、蜜饯、葡萄酒、果酒、软糖、酱油、食醋、果酱、果汁饮料、食品工业用桶装浓果蔬汁。

山梨酸钾:除同上外,还有鱼、肉、蛋、禽类制品、果蔬保鲜、胶原蛋白肠衣、果冻、乳酸菌饮料、糕点、馅、面包、月饼等。

脱氢乙酸钠:腐竹、酱菜、原汁橘浆。

对羟基苯甲酸丙酯:果蔬保鲜、果汁饮料、果酱、糕点馅、蛋黄馅、碳酸饮料、食醋、酱油。

丙酸钙:生湿面制品(切面、馄饨皮)、面包、食醋、酱油、糕点、豆制食品。

双乙酸钠：各种酱菜、面粉和面团中。

乳酸钠：烤肉、火腿、香肠、鸡鸭类产品和酱卤制品等。

乳酸链球菌：素罐头食品、植物蛋白饮料、乳制品、肉制品等。

纳他霉素：奶酪、肉制品、葡萄酒、果汁饮料、茶饮料等。

过氧化氢：生牛乳保鲜、袋装豆腐干。

防腐剂不是人类需要的物质，有一定的毒性，必须严格按照 GB 2760—2014 规定添加使用，不能超范围和超标使用。

三、现行有效的食品中防腐剂检测标准

防腐剂检测主要是针对化学合成的防腐剂。根据防腐剂的性质，食品中的防腐剂的检测主要使用气相色谱法和液相色谱法。

1. GB 5009.31—2016　食品安全国家标准　食品中对羟基苯甲酸酯类的测定

该标准规定了食品中对羟基苯甲酸甲酯、对羟基苯甲酸乙酯、对羟基苯甲酸丙酯、对羟基苯甲酸丁酯的气相色谱方法。该标准适用于酱油、醋、饮料及果酱中对羟基苯甲酸甲酯、对羟基苯甲酸乙酯、对羟基苯甲酸丙酯、对羟基苯甲酸丁酯的测定。

2. GB 5009.28—2016　食品安全国家标准　食品中苯甲酸、山梨酸和糖精钠的测定

该标准适用于食品中苯甲酸、山梨酸和糖精钠含量的测定。

该标准含两种方法，其中，方法一规定了食品中苯甲酸、山梨酸和糖精钠含量的高效液相色谱测定方法。本方法的检出限：对于固态食品，苯甲酸、山梨酸、糖精钠的检出限分别为1.8mg/kg、1.2mg/kg、3.0mg/kg。

方法二为气相色谱法，检测器为氢火焰离子化检测器(FID)，适用于酱油、水果汁、果酱中苯甲酸、山梨酸的测定。

第四节　食品中常用甜味剂的检测

一、食品中甜味剂概述

甜味剂是指赋予食品以甜味的食品添加剂。目前世界上允许使用的甜味剂约有 20 种。甜味剂有几种不同的分类方法，按其来源可分为天然甜味剂和人工甜味剂，以其营养价值来分可分为营养性甜味剂和非营养性甜味剂，按其化学结构和性质分类又可分为糖类和非糖类甜味剂等。

糖类甜味剂主要包括蔗糖、果糖、淀粉糖、糖醇以及寡果糖、异麦芽酮糖等。蔗糖、果糖和淀粉糖通常视为食品原料，在我国不作为食品添加剂。糖醇类的甜度与蔗糖差不多，因其热值较低，或因其和葡萄糖有不同的代谢过程而有某些特殊的用途，一般被列为食品添加剂，主要品种有山梨糖醇、甘露醇、麦芽糖醇、木糖醇等。

非糖类甜味剂包括天然甜味剂和人工合成甜味剂，一般甜度很高，用量极少，热值很小，有些又不参与代谢过程，常称为非营养性或低热值甜味剂，是甜味剂的重要品种。

理想的甜味剂应具备以下特点：①很高的安全性；②良好的味道；③较高的稳定性；④较好

的水溶性；⑤较低的价格。

二、现行有效的甜味剂检测标准

研究表明，人工甜味剂不但会使身体长胖，有些也会致癌，如糖精钠。如果不按规定标准添加，将对食用的人群健康有较大损害。目前出台的检测标准主要是针对人工合成甜味剂的检测。

1. GB 5009.28—2016 食品安全国家标准 食品中苯甲酸、山梨酸和糖精钠的测定

本标准规定了食品中苯甲酸、山梨酸和糖精钠的测定方法。

本标准第一法液相色谱法适用于食品中苯甲酸、山梨酸和糖精钠的测定。取样量2g，定容50mL，苯甲酸、山梨酸和糖精钠（以糖精计）的检出限均为0.005g/kg，定量限均为0.01g/kg。

第二法气相色谱法适用于酱油、水果汁、果酱中苯甲酸、山梨酸的测定。取样量2.5g，按试样前处理方法操作，最后定容至2mL，苯甲酸、山梨酸的检出限均为0.005g/kg，定量限均为0.01g/kg。

2. GB 1886.37—2015 食品安全国家标准 食品添加剂 环己基氨基磺酸钠（又名甜蜜素）

该标准适用于以葡萄糖为原料经发酵、酯化、转化、精制制得的食品添加剂环己基氨基磺酸钠（又名甜蜜素）。

3. GB 5009.263—2016 食品安全国家标准 食品中阿斯巴甜和阿力甜的测定

本标准适用于食品中阿斯巴甜和阿力甜的测定。

【参考文献】

[1]GB 2760—2014 食品安全国家标准 食品添加剂使用标准[S].

[2]GB 5009.35—2016 食品安全国家标准 食品中合成着色剂的测定[S].

[3]SN/T 4262—2015 出口乳及乳制品中苯甲酸、山梨酸、对羟基苯甲酸酯类防腐剂的测定 高效液相色谱法[S].

[4]GB/T 21916—2008 水果罐头中合成着色剂的测定 高效液相色谱法[S].

[5]GB 5009.31—2016 食品安全国家标准 食品中对羟基苯甲酸酯类的测定[S].

[6]GB 5009.28—2016 食品中苯甲酸、山梨酸和糖精钠的测定[S].

[7]GB 1886.37—2015 食品安全国家标准 食品添加剂 环己基氨基磺酸钠（又名甜蜜素）[S].

[8]GB 5009.263—2016 食品安全国家标准 食品中阿斯巴甜和阿力甜的测定[S].

[9]黎路，黄晓晶. 食品中着色剂的检测方法研究进展[J]. 食品安全质量检测学报，2014，5(1)：142-145.

第十七章

食品中金属元素的检测

第一节　概　述

近年来随着环境污染的加剧，土壤中重金属含量日益增加，这导致主要以农产品为原料的食品中有害金属元素（如铅、镉、铜、汞等）超标，这些金属元素随食物进入人体内，对食用者的健康造成严重的伤害。多数金属具有蓄积毒性，半衰期较长，不易排出，能产生急性和慢性毒性反应，还有可能产生致畸、致癌和致突变作用。食品安全受到了政府和人民更广泛的关注，食品中有害金属元素的检测问题也变得日趋重要。目前常用于食品中金属元素的检测方法有光谱法和化学法（双硫腙比色法），其中以光谱法中的原子吸收分光光度法和原子荧光光谱法使用最多。

一、双硫腙比色法

双硫腙（即二苯基硫代卡巴腙）比色法是依据双硫腙与某些金属离子形成有色络合物，再采用分光光度计进行比色的一种定性定量的检测方法。

双硫腙比色法只需要分光光度计，不需要特殊的仪器设备，现仍是基层实验室用于测定食品、水、化妆品、生物材料等样品中金属元素的常用方法。但由于该方法操作比较烦琐、稍有操作不当易造成实验失败、试剂成本较高、检测元素种类受限制、灵敏度较低、重复性差等不足，正逐渐被其他方法所取代。

双硫腙比色法是国家标准规定使用的用于检测食品中铅（GB 5009.75—2014 的第一法）、锌（GB/T 5009.14—2017）等金属元素的方法。双硫腙法还可用于铁、铜等金属元素的测定。

二、光谱法

（一）原子吸收分光光度法

原子吸收分光光度法（Atomic Absorption Spectrometry，AAS）是基于被测元素基态原子在蒸气状态对其原子共振辐射的吸收进行元素定量分析的一种方法。AAS 具有灵敏度高（ng/mL～pg/mL）、准确度高、选择性高、分析速度快等优点。但是，AAS 也存在不足，即不能多元素同时分析。

原子吸收分光光度法是国家标准所规定的用于检测铅(GB 5009.75—2014 的第二法)、铜(GB/T 5009.13—2017)、锌(GB/T 5009.14—2017)、镉(GB/T 5009.15—2014)等金属元素的方法。

(二)原子发射光谱法

原子发射光谱法(Atomic Emission Spectrometry,AES)是根据原子或离子在电能或热能激发下离解成气态的原子或离子后所发射的特征谱线的波长及其强度测定物质的化学组成和含量的分析方法。

AES 操作简单,分析速度快;具有较高的灵敏度(ng/mL～pg/mL)和选择性;试剂用量少,一般只需几克至几十毫克;微量分析准确度高;使用原子发射仪测定,仪器较简单;可以定性及半定量地检测食品中的金属元素。

在 2005 年《国家食品生产认证与质量检验标准实施手册》中规定使用 AES 检测食品中的微量金属元素。在实际应用中,AES 常与电感耦合等离子发射技术(ICP)结合使用,以达到更好的效果。

目前,电感耦合等离子发射技术(ICP)同质谱技术联用的 ICP-MS 对同时快速、准确测量多种金属元素十分有用,只是该仪器价格昂贵。

(三)原子荧光光谱法

原子荧光光谱法(Atomic Fluorescence Spectrometry,AFS)是依据气态原子在辐射激发下发射的荧光强度来进行定量分析的方法,通常使用的仪器是原子荧光光度计。

AFS 的主要特点是检出限低、灵敏度高,检测限可达 pg/mL。而且 AFS 还具有谱线简单、干扰小、线性范围宽、易实现多元素同时测定、所用试剂毒性小、便于操作、实用性较强等一系列优点。但是 AFS 也存在一些不足,即在使用的时候会存在荧光淬灭效应、散射光干扰等问题,这导致在测量复杂试样或高含量样品时会遇到困难。因此,AFS 的应用不如 AAS 和 AES 广泛,但可作为这两种方法的补充。

在国家标准中,AFS 是食品中汞含量、硒含量、锑含量(GB 5009.137—2016)的规定检测方法。

(四)X 射线荧光光谱法

X 射线荧光光谱法(X-ray Fluorescence Spectrometry,XFS)是利用样品被激发后所发射的 X 射线随样品中的元素成分及元素含量的变化而变化来定性或定量测定样品中成分的一种方法,其检测限可达到 μg/g。

XFS 具有分析迅速、样品前处理简单、可分析元素范围广、谱线简单、光谱干扰少、成本低等优点,目前被大量用于金属的无损检测、污水中金属元素的检测以及仪器的无损探视等。该法不仅可以用于检测金属元素,也可以检测非金属元素。

以上检测技术配合微波消解仪对样品进行前处理,极大地提高了食品中微量或痕量金属元素分析的准确性和效率。

第二节　现行有效的食品中金属元素检测标准

1. GB 5009.13—2017　食品安全国家标准　食品中铜的测定

该标准规定了食品中铜含量测定的石墨炉和火焰原子吸收光谱法、电感耦合等离子体质谱法和电感耦合等离子体发射光谱法。

2. GB 5009.92—2016　食品安全国家标准　食品中钙的测定

该标准规定了食品中钙含量测定的火焰原子吸收光谱法、滴定法、电感耦合等离子体发射光谱法和电感耦合等离子体质谱法。

3. GB 5009.91—2017　食品安全国家标准　食品中钾、钠的测定

该标准规定了食品中钾、钠含量的火焰原子吸收光谱法、火焰原子发射光谱法、电感耦合等离子体发射光谱法和电感耦合等离子体质谱法四种测定方法。

4. GB 5009.14—2017　食品安全国家标准　食品中锌的测定

该标准规定了食品中锌含量测定的火焰原子吸收光谱法、电感耦合等离子体发射光谱法、电感耦合等离子体质谱法和二硫腙比色法。

5. GB 5009.90—2016　食品安全国家标准　食品中铁的测定

该标准规定了食品中铁含量测定的火焰原子吸收光谱法、电感耦合等离子体发射光谱法和电感耦合等离子体质谱法。

6. GB 5009.15—2014　食品安全国家标准　食品中镉的测定

该标准规定了各类食品中镉的石墨炉原子吸收光谱测定方法。

7. GB 5009.241—2017　食品安全国家标准　食品中镁的测定

该标准规定了食品中镁含量测定的火焰原子吸收光谱法、电感耦合等离子体发射光谱法和电感耦合等离子体质谱法。

8. GB 5009.242—2017　食品安全国家标准　食品中锰的测定

该标准规定了食品中锰的火焰原子吸收光谱法、电感耦合等离子体发射光谱法和电感耦合等离子体质谱法三种测定方法。

9. GB 5009.75—2014　食品安全国家标准　食品添加剂中铅的测定

该标准规定了食品添加剂中铅的限量试验和定量试验方法。

10. GB 5009.17—2014　食品安全国家标准　食品中总汞及有机汞的测定

该标准第一篇规定了食品中总汞的测定方法，第二篇规定了食品中甲基汞含量测定的液相色谱—原子荧光光谱联用方法(LC-AFS)。

11. GB 5009.11—2014　食品安全国家标准　食品中总砷及无机砷的测定

该标准第一篇规定了食品中总砷的测定方法，第二篇规定了食品中无机砷含量测定的液相色谱—原子荧光光谱法、液相色谱—电感耦合等离子体质谱法。该标准第一篇第一法、第二法和第三法适用于各类食品中总砷的测定，第二篇适用于稻米、水产动物、婴幼儿谷类辅助食品、婴幼儿罐装辅助食品中无机砷(包括砷酸盐和亚砷酸盐)含量的测定。

12. GB 5009.268—2016　食品安全国家标准　食品中多元素的测定

该标准规定了食品中多元素测定的电感耦合等离子体质谱法(ICP-MS)和电感耦合等离

子体发射光谱法(ICP-OES)。第一法适用于食品中硼、钠、镁、铝、钾、钙、钛、钒、铬、锰、铁、钴、镍、铜、锌、砷、硒、锶、钼、镉、锡、锑、钡、汞、铊、铅的测定;第二法适用于食品中铝、硼、钡、钙、铜、铁、钾、镁、锰、钠、镍、磷、锶、钛、钒、锌的测定。

13. SN/T 0448—2011 进出口食品中砷、汞、铅、镉的检测方法 电感耦合等离子体质谱(ICP-MS)法

该标准规定了用电感耦合等离子体质谱法测定进出口食品中砷、汞、铅、镉含量的方法。

【参考文献】

[1]GB 5009.13—2017 食品安全国家标准 食品中铜的测定[S].
[2]GB 5009.92—2016 食品安全国家标准 食品中钙的测定[S].
[3]GB 5009.91—2017 食品安全国家标准 食品中钾、钠的测定[S].
[4]GB 5009.14—2017 食品安全国家标准 食品中锌的测定[S].
[5]GB 5009.90—2016 食品安全国家标准 食品中铁的测定[S].
[6]GB 5009.15—2014 食品安全国家标准 食品中镉的测定[S].
[7]GB 5009.241—2017 食品安全国家标准 食品中镁的测定[S].
[8]GB 5009.242—2017 食品安全国家标准 食品中锰的测定[S].
[9]GB 5009.75—2014 食品安全国家标准 食品添加剂中铅的测定[S].
[10]GB 5009.17—2014 食品安全国家标准 食品中总汞及有机汞的测定[S].
[11]GB 5009.11—2014 食品安全国家标准 食品中总砷及无机砷的测定[S].
[12]GB 5009.268—2016 食品安全国家标准 食品中多元素的测定[S].
[13]SN/T 0448—2011 进出口食品中砷、汞、铅、镉的检测方法 电感耦合等离子体质谱(ICP-MS)法

第十八章

食品中农药残留的检测

第一节　农药的定义与分类

一、农药的定义

使用农药是提高农业产量的重要措施，农药的使用对防治有害生物和提高农业经济效益都起到了不可忽视的作用，可以说没有农药就没有现代农业。

农药广义的定义是用于预防、消灭或者控制危害农业、林业的病、虫、草和其他有害生物以及有目的地调节、控制、影响植物和有害生物代谢、生长、发育、繁殖过程的化学合成或者来源于生物、其他天然产物及应用生物技术产生的一种物质或者几种物质的混合物及其制剂。狭义上的农药是指在农业生产中，为保障、促进植物和农作物的生长所施用的杀虫、杀菌、杀灭有害动物(或杂草)的一类药物。根据原料来源不同，农药可分为有机农药、无机农药、植物性农药、微生物农药，此外，还有昆虫激素。农药剂型可分为粉剂、可湿性粉剂、可溶性粉剂、乳剂、乳油、浓乳剂、乳膏、糊剂、胶体剂、熏烟剂、熏蒸剂、烟雾剂、油剂、颗粒剂和微粒剂等。大多数是液体或固体，少数是气体。

农药施用到农作物上之后，绝大部分因多种原因而转化和流失，少量的农药会残留在农作物内。农药残留(pesticide residues)是农药使用后一个时期内没有被分解而残留于生物体、收获物、土壤、水体、大气中的微量农药原型、有毒代谢物、降解物和杂质的总称。

长时间摄食农药残留超标的食品将会影响人体健康。

二、农药的分类

根据农药化学结构，目前所使用的农药大致可分为有机磷类、有机氯类、氨基甲酸酯类和拟除虫菊酯类等。

(一)有机磷农药

有机磷农药自问世到现在已有70多年的历史。因为高效、快速、广谱等特点，有机磷农药一直在农药中占有很重要的位置，对世界农业的发展起了很重要的作用。我国已生产和使用的有机磷农药达数十种之多，其中最常用的有敌百虫、敌敌畏、乐果、马拉硫磷等。但随着这些有机磷农药的广泛使用，其高残留、高毒性等问题日益暴露，引起了人们的高度重视。

大多数有机磷农药属于磷酸酯类或硫代磷酸酯类化合物，其中有机磷酸酯类化合物纯品多为油状，少数为晶体。常用剂型有乳剂、油剂、粉剂及颗粒剂等。有机磷农药的中毒特征是血液中胆碱酯酶活性下降，胆碱酯酶的活性受到抑制，导致神经系统功能失调，从而使一些受神经系统支配的脏器，如心脏、支气管、肠、胃等发生功能异常。

（二）有机氯农药

有机氯农药是氯代烃类化合物，亦称氯代烃农药。有机氯农药大多数为白色或淡黄色晶体，不溶或非溶于水，易溶于脂肪及大多数有机溶剂，挥发性小，化学性质稳定，与酶和蛋白质有较高亲和力，易吸附在生物体内，生物富集作用极强。

（三）氨基甲酸酯类农药

氨基甲酸酯类农药是继有机磷农药之后出现的一种广泛使用的农药，也是我国目前使用量较大的杀虫剂之一，曾被广泛应用于粮食、蔬菜和水果等各种农作物。常见的氨基甲酸酯类农药有西维因、呋喃丹和速灭威等。此类农药具有分解快、残留期短、低毒、高效和选择性强等特点。

（四）拟除虫菊酯类农药

拟除虫菊酯类农药是一类重要的合成杀虫剂，常见的菊酯类农药有溴氰菊酯和氯氰菊酯等。该类农药是模拟天然菊酯的化学结构而合成的有机化合物，大多以无色晶体的形式存在，一部分为较黏稠的液体，具有高效、广谱、低毒和生物降解性等特性。人类短期内接触大量拟除虫菊酯类农药后，轻者出现头晕、头痛、恶心和呕吐等，重者表现为精神萎靡或烦躁不安、肌肉跳动，甚至抽搐和昏迷等症状。由于多种拟除虫菊酯类农药对鱼类和贝类等水生动物毒性较大，一些国家已对其使用作出了严格的限制。因此，对在农作物、食品和环境基质中拟除虫菊酯类农药的残留分析非常重要。

第二节　食品中有机磷农药残留的检测方法

一、概　述

有机磷农药是含有C—P键或C—O—P、C—S—P、C—N—P键的有机化合物，目前，正式商品有几十种，如敌敌畏、敌百虫、马拉硫磷等。大部分有机磷农药不溶于水，而溶于有机溶剂，在中性和酸性条件下稳定，不易水解，在碱性条件下易水解而失效。有机磷农药主要是抑制生物体内的胆碱酯酶的活性，导致乙酰胆碱这种传导介质代谢紊乱，产生迟发性神经毒性，引起运动失调、昏迷、呼吸中枢麻痹、瘫痪甚至死亡。作为典型的酶毒剂，有机磷农药既可以通过消化道摄入，也可以通过皮肤、黏膜、呼吸道吸收而引发中毒。常用的检测有机磷农药的分析方法有两大类：色谱法及色谱质谱联用法、酶抑制法。

（一）气相色谱法（GC）

该方法是利用经提取、纯化、浓缩后的有机磷农药注入气相色谱柱，程序化升温汽化后，不同的有机磷农药在固相中分离，经不同的检测器检测扫描绘出气相色谱图，通过保留时间来定性，通过峰或峰面积与标准曲线对照来定量。一次可同时测定多组分，简便快捷，灵敏度高，准确性也好。

（二）高效液相色谱法（HPLC）

高效液相色谱法是在液相色谱柱层析的基础上引入气相色谱理论，并加以改进而发展起来的色谱分析方法。高效液相色谱法适合分析沸点高而不太容易汽化、热不稳定和强极性的农药及其代谢产物，且可以与柱前提取、纯化及柱后荧光衍生化反应和质谱等联用，易实现分析自动化。一些新型检测器的问世在一定程度上提高了高效液相色谱法的检测灵敏度。与气相色谱法相比，高效液相色谱法不仅分离效能好，灵敏度高，检测速度快，而且应用面广。

（三）酶抑制法

有机磷农药对哺乳动物中毒作用的机制，通常与它们抑制中枢和周围神经系统的胆碱酯酶的能力有关。酶抑制法是利用有机磷农药的这一特性建立起来的一种快速检验方法。有机磷农药能抑制乙酰胆碱酯酶的活性，使该酶分解乙酰胆碱的速度减慢或停止，再利用纸片或电极（即纸片法和膜电极法）作为载体将乙酰胆碱酯酶吸附在上面，如果酶的活性没有被抑制，则生成了基质水解产物，遇呈色剂或发色的基质而显色；反之，如果被测样品中含有农药残留，则酶的活性被抑制，基质就不被水解，遇显色剂不显色。这样，通过纸片的颜色变化或电极的读数变化，与标准有机磷农药进行比较来定量。

二、现行有效的有机磷农药残留的检测标准简介

涉及有机磷农药残留的国家标准和行业标准较多，其中气相色谱法为检测有机磷农药残留的主要方法，该方法结合了气相色谱良好的物质分离和火焰光度检测器特异性检测能力，可以同时检测多种有机磷农药残留。

1. NY/T 761—2008　蔬菜和水果中有机磷、有机氯、拟除虫菊酯和氨基甲酸酯类农药多残留的测定

该标准规定了蔬菜和水果中敌敌畏、甲拌磷、乐果、对氧磷、对硫磷、甲基对硫磷、杀螟硫磷、异柳磷、乙硫磷、喹硫磷、伏杀硫磷、敌百虫、氧乐果、磷胺、甲基嘧啶磷、马拉硫磷、辛硫磷、亚胺硫磷、甲胺磷、二嗪磷、甲基毒死蜱、毒死蜱、倍硫磷、杀扑磷、乙酰甲胺磷、胺丙畏、久效磷、百治磷、苯硫磷、地虫硫磷、速灭磷、皮蝇磷、治螟磷、三唑磷、硫环磷、甲基硫环磷、益棉磷、保棉磷、蝇毒磷、地毒磷、灭菌磷、乙拌磷、除线磷、嘧啶磷、溴硫磷、乙基溴硫磷、丙溴磷、二溴磷、吡菌磷、特丁硫磷、水胺硫磷、灭线磷、伐灭磷、杀虫畏 54 种有机磷农药多残留气相色谱的检测方法。

本标准适用于蔬菜和水果中上述 54 种农药残留量的检测，方法检出限为 0.01～0.3mg/kg。

2. GB/T 5009.145—2003　植物性食品中有机磷和氨基甲酸酯类农药多种残留的测定

该标准规定了粮食、蔬菜中敌敌畏、乙酰甲胺磷、甲基内吸磷、甲拌磷、久效磷、乐果、甲基对硫磷、马拉氧磷、毒死蜱、甲基嘧啶磷、倍硫磷、马拉硫磷、对硫磷、杀扑磷、克线磷、乙硫磷、速

灭威、异丙威、仲丁威、甲萘威等农药残留量的测定方法。

3. GB/T 5009.161—2003　动物性食品中有机磷农药多组分残留量的测定

该标准规定了动物性食品中甲胺磷、敌敌畏、乙酰甲胺磷、久效磷、乐果、乙拌磷、甲基对硫磷、杀螟硫磷、甲基嘧啶磷、马拉硫磷、倍硫磷、对硫磷、乙硫磷等13种常用有机磷农药多组分残留测定方法。

该标准适用于畜禽肉及其制品、乳与乳制品、蛋与蛋制品中上述13种常用有机磷农药多组分残留测定方法。本方法各种农药检出限(μg/kg)为：甲胺磷5.7、敌敌畏3.5、乙酰甲胺磷10.0、久效磷12.0、乙拌磷1.2、甲基对硫磷2.6、杀螟硫磷2.9、甲基嘧啶磷2.5、马拉硫磷2.8、倍硫磷2.1、对硫磷2.6、乙硫磷1.7。

4. GB/T 14553—2003　粮食、水果和蔬菜中有机磷农药测定的气相色谱法

该标准规定了粮食(大米、小麦、玉米)、水果(苹果、梨、桃等)、蔬菜(黄瓜、大白菜、西红柿等)中速灭磷、甲拌磷、二嗪磷、异稻瘟净、甲基对硫磷、杀螟硫磷、溴硫磷、水胺硫磷、稻丰散、杀扑磷等多组分残留量的测定方法。

以上有机磷农药残留均采用了气相色谱法，检测器配备对有机磷有特异选择性的火焰光度检测器(FPD)。老的标准采用分离效果一般的填充柱，较新的标准采用的是分离效果较好的毛细管柱，检测流程基本相同，不同的主要是样品中农药残留提取的溶剂体系不同，主要有丙酮—二氯甲烷、乙腈—丙酮两种。

第三节　有机氯农药残留的检测

一、概　述

有机氯农药是指用于防治植物病、虫害的、组成成分中含有氯元素的有机化合物，主要分为以苯为原料和以环戊二烯为原料两大类。前者如使用最早、应用最广的杀虫剂DDT和六六六，以及杀螨剂三氯杀螨砜、三氯杀螨醇等，杀菌剂五氯硝基苯、百菌清、道丰宁等；后者如作为杀虫剂的氯丹、七氯、艾氏剂等。此外，以松节油为原料的莰烯类杀虫剂、毒杀芬和以萜烯为原料的冰片基氯也属于有机氯农药。

常用的有机氯农药具有以下特性：

(1)有机氯农药使用后消失缓慢。

(2)有机氯脂溶性强，水中溶解度大多低于1mg/kg。

(3)氯苯结构较稳定，不易被体内酶降解，在生物体内消失缓慢。

(4)土壤微生物作用的产物，也像亲体一样存在着残留毒性，如DDT经还原生成DDD，经脱氯化氢后生成DDE。

(5)有些有机氯农药，如DDT能悬浮于水面，可随水分子一起蒸发。环境中有机氯农药，通过生物富集和食物链作用，危害生物。

对人的急性毒性主要是刺激神经中枢，慢性中毒表现为食欲不振，体重减轻，有时也可产生小脑失调、造血器官障碍等。文献报道，有的有机氯农药对实验动物有致癌性。

氯苯结构较稳定，难以被生物体内的酶降解，所以积存在动、植物体内的有机氯农药分子消失缓慢。由于这一特性，它通过生物富集和食物链的作用，环境中的残留农药会进一步得到浓集和扩散。通过食物链进入人体的有机氯农药能在肝、肾、心等组织中蓄积，特别是由于这类农药脂溶性大，所以在体内脂肪中的储存更突出。蓄积的残留农药也能通过母乳排出，或转入卵、蛋等组织，影响后代。中国于 20 世纪 60 年代已开始禁止将 DDT、六六六用于蔬菜、茶叶、烟草等作物上。

二、现行有效的有机氯农药残留的检测标准简介

有机氯农药残留均可采用气相色谱法检测，检测器配备对有机氯有特异选择性的电子捕获检测器(ECD)，一般采用的是分离效果较好的毛细管柱。主要采用以乙腈为主的混合有机溶剂提取农药残留，并用 SPE 小柱净化，最后上机检测。

1. GB/T 5009.146—2008　植物性食品中有机氯和拟除虫菊酯类农药多种残留量的测定

该标准适用于粮食、蔬菜中 16 种有机氯和拟除虫菊酯农药残留量的测定，西兰花、茼蒿、大葱、芹菜、番茄、黄瓜、菠菜、柑橘、苹果、草莓中 40 种有机氯和拟除虫菊酯农药残留量的测定，浓缩果汁中 40 种有机氯农药和拟除虫菊酯农药残留量的测定。

2. GB/T 5009.162—2008　动物性食品中有机氯农药和拟除虫菊酯农药多组分残留量的测定

该标准第一法规定了动物性食品中六六六、滴滴涕、六氯苯、七氯、环氧七氯、氯丹、艾氏剂、狄氏剂、异狄氏剂、灭蚁灵、五氯硝基苯、硫丹、除螨酯、丙烯菊酯、杀螨蟥、杀螨酯、胺菊酯、甲氰菊酯、氯菊酯、氯氰菊酯、氰戊菊酯、溴氰菊酯的气相色谱—质谱(GC-MS)测定方法。第一法适用于肉类、蛋类、乳类食品及油脂(含植物油)中上述农药残留的检测。

该标准第二法规定了动物性食品中六六六、滴滴涕、五氯硝基苯、七氯、环氧七氯、艾氏剂、狄氏剂、除螨酯、杀螨酯、胺菊酯、氯菊酯、氯氰菊酯、α-氰戊菊酯、溴氰菊酯的气相色谱—电子捕获检测器(GC-ECD)测定方法。第二法适用于肉类、蛋类、乳类食品及油脂(含植物油)中上述农药残留的检测。

3. GB/T 5009.19—2008　食品中有机氯农药多组分残留量的测定

该标准第一法规定了食品中六六六、滴滴滴、六氯苯、灭蚁灵、七氯、氯丹、艾氏剂、狄氏剂、异狄氏剂、硫丹、五氯硝基苯的测定方法。第二法规定了食品中六六六、滴滴涕残留量的测定方法。

第四节　拟除虫菊酯类农药残留的检测

一、概　述

拟除虫菊酯类农药是一类模拟天然除虫菊酯的化学结构而合成的广谱性杀虫剂，具有速效、高效、低毒、低残留、对作物安全等特点，除对 140 多种害虫防治有特效外，有些菊酯类农药还对地下害虫和螨类害虫有较好的防治效果。常用的有氯氰菊酯、溴氰菊酯、氯氟氰菊酯、氟氯氰菊酯、氰戊菊酯、右旋反式烯丙、联苯菊酯等；还有我们日常生活中杀蚊子、蟑螂用的胺菊酯和氯菊酯等。拟除虫菊酯类农药可以经人的皮肤吸收，口服可引起中毒。拟除虫菊酯类农

药对鱼、虾、贝等水生生物毒性大。

拟除虫菊酯类农药属于残效期较短的有机污染物，在蔬菜生产中被大量使用，近几年由于不科学和超量使用，造成害虫对该类农药的抗药性不断增强，使用浓度不断加大，其残留量也随之增加，从而对人类的危害逐渐加重。

拟除虫菊酯类农药的检测一般采用气相色谱法，《蔬菜和水果中有机磷、有机氯、拟除虫菊酯和氨基甲酸酯类农药多残留的测定》(NY/T 761—2008)为经常采用的方法，该方法操作步骤为：样品经乙腈提取后盐析、浓缩、80℃氮吹，经弗罗里硅土柱后，再用 50℃氮吹，用正己烷定容，采用气相色谱法 DB-5 石英毛细管色谱柱和电子捕获检测器(ECD)测定，一次进行 4 种菊酯类农药残留检测。其具有快速、灵敏、准确的特点，能满足蔬菜中 4 种菊酯类农药残留检测需要。

二、现行有效的菊酯类农药残留的检测标准简介

1. GB/T 5009.146—2008　植物性食品中有机氯和拟除虫菊酯类农药多种残留量的测定

本标准适用于粮食、蔬菜中 16 种有机氯和拟除虫菊酯类农药残留量的测定，西兰花、茼蒿、大葱、芹菜、番茄、黄瓜、菠菜、柑橘、苹果、草莓中 40 种有机氯和拟除虫菊酯类农药残留量的测定，浓缩果汁中 40 种有机氯农药和拟除虫菊酯类农药残留量的测定。

2. GB 23200.100—2016　食品安全质量标准　蜂王浆中多种菊酯类农药残留量的测定　气相色谱法

该标准适用于蜂王浆中联苯菊酯、甲氰菊酯、氯氟氰菊酯、氯菊酯、氟氯氰菊酯、氯氰菊酯、氟胺氰菊酯、氰戊菊酯、溴氰菊酯农药残留量的测定。

3. NY/T 761—2008　蔬菜和水果中有机磷、有机氯、拟除虫菊酯和氨基甲酸酯类农药多残留检测方法

该标准第二部分规定了多种拟除虫菊酯类农药的检测方法，可与有机氯农药同时检测。

第五节　氨基甲酸酯类农药残留的检测

一、概　述

氨基甲酸酯类农药是继有机磷酸酯类农药之后发展起来的新型合成农药。

氨基甲酸酯类农药具有选择性强、高效、广谱、对人畜低毒、易分解和残毒少的特点，在农业、林业和牧业等方面得到了广泛的应用。氨基甲酸酯类农药已有 1000 多种，其使用量已超过有机磷农药，销售额仅次于拟除虫菊酯类农药，位居第二。氨基甲酸酯类农药使用量较大的有速灭威、西维因、涕灭威、克百威、叶蝉散和抗蚜威等。氨基甲酸酯类农药一般在酸性条件下较稳定，遇碱易分解，暴露在空气和阳光下易分解，在土壤中的半衰期为数天至数周。

根据化学性质不同，氨基甲酸酯类农药可以分为以下三大类：

(1)*N*-甲基氨基甲酸酯(如西维因)。

(2)*N*,*N*-二甲基氨基甲酸酯(如混灭威)。

(3)氨基甲酸肟酯(如灭多威)。

二、现行有效的氨基甲酸酯类农药残留的检测标准简介

氨基甲酸酯类农药残留的检测方法有两类:气相色谱法和液相色谱及其质谱联用法。气相色谱法主要根据该类农药中含有氮元素,通过特异性的氮磷检测器(NPD)来进行检测。由于食品中含氮的化合物众多,含量较高,用该方法进行检测要经过繁杂的样品净化、浓缩处理,同时在检测时基线噪声高、出峰多,对检测结果的准确性有较大的影响,因此氨基甲酸酯类的气相色谱法已基本被液相色谱及其质谱联用法替代。

液相色谱法不能直接检测氨基甲酸酯类农药,因为其在紫外检测中无响应,要检测的话必须通过化学反应接上能产生紫外响应的基团,因此需要加装柱后化学衍生装置。

1. GB/T 5009.163—2003　动物性食品中氨基甲酸酯类农药多组分残留高效液相色谱测定

该标准规定了用高效液相色谱法测定动物性食品中涕灭威、速灭威、呋喃丹、甲萘威、异内威残留量的方法。

2. GB/T 5009.104—2003　植物性食品中氨基甲酸酯类农药残留量的测定

该标准规定了粮食、蔬菜中速灭威、异丙威、残杀威、克百威、抗蚜威和甲萘威6种氨基甲酸酯杀虫剂残留量的测定方法。

3. GB/T 5009.199—2003　蔬菜中有机磷和氨基甲酸酯类农药残留量的快速检测

该标准规定了由酶抑制法测定蔬菜中有机磷和氨基甲酸酯类农药残留量的快速检测方法。

4. GB/T 5009.145—2003　植物性食品中有机磷和氨基甲酸酯类农药多种残留的测定

该标准规定了粮食、蔬菜中敌敌畏、乙酰甲胺磷、甲基内吸磷、甲拌磷、久效磷、乐果、甲基对硫磷、马拉氧磷、毒死蜱、甲基嘧啶磷、倍硫磷、马拉硫磷、对硫磷、杀扑磷、克线磷、乙硫磷、速灭威、异丙威、仲丁威、甲萘威等农药残留量的测定方法。

5. NY/T 1679—2009　植物性食品中氨基甲酸酯类农药残留的测定液相色谱—串联质谱法

该标准规定了植物性食品中抗蚜威、硫双威、灭多威、克百威、甲萘威、异内威、仲丁威和甲硫威残留的液相色谱—串联质谱联用测定方法。

6. SN/T 0134—2010　进出口食品中杀线威等12种氨基甲酸酯类农药残留量的检测方法　液相色谱—质谱/质谱法

该标准适用于玉米、糙米、大麦、白菜、大葱、小麦、大豆、花生、苹果、柑橘、牛肝、鸡肾和蜂蜜中杀线威、灭多威、抗蚜威、涕灭威、速灭威、印虫威、克百威、甲萘威、乙硫甲威、异丙威、乙霉威、仲丁威残留量的检测和确证。

【参考文献】

[1]NY/T 761—2008 蔬菜和水果中有机磷、有机氯、拟除虫菊酯和氨基甲酸酯类农药多残留的测定[S].

[2]GB/T 5009.145—2003 植物性食品中有机磷和氨基甲酸酯类农药多种残留的测定[S].

[3]GB/T 5009.161—2003 动物性食品中有机磷农药多组分残留量的测定[S].

[4]GB/T 14553—2003 粮食、水果和蔬菜中有机磷农药测定的气相色谱法[S].

[5]GB/T 5009.146—2008 植物性食品中有机氯和拟除虫菊酯类农药多种残留量的测定[S].

[6]GB/T 5009.162—2008 动物性食品中有机氯农药和拟除虫菊酯农药多组分残留量的测定[S].

[7]GB/T 5009.19—2008 食品中有机氯农药多组分残留量的测定[S].

[8]GB/T 5009.146—2008 植物性食品中有机氯和拟除虫菊酯类农药多种残留量的测定[S].

[9]GB 232000.100—2016 进出口蜂王浆中多种菊酯类农药残留量的测定 气相色谱法[S].

[10]NY/T 761—2008 蔬菜和水果中有机磷、有机氯、拟除虫菊酯和氨基甲酸酯类农药多残留检测方法[S].

[11]GB/T 5009.163—2003 动物性食品中氨基甲酸酯类农药多组分残留高效液相色谱测定[S].

[12]GB/T 5009.104—2003 植物性食品中氨基甲酸酯类农药残留量的测定[S].

[13]GB/T 5009.199—2003 蔬菜中有机磷和氨基甲酸酯类农药残留量的快速检测[S].

[14]GB/T 5009.145—2003 植物性食品中有机磷和氨基甲酸酯类农药多种残留的测定[S].

[15]NY/T 1679—2009 植物性食品中氨基甲酸酯类农药残留的测定液相色谱—串联质谱法

[16]SN/T 0134—2010 进出口食品中杀线威等12种氨基甲酸酯类农药残留量的检测方法 液相色谱—质谱/质谱法[S].

第十九章

食品中兽药残留的检测

第一节　兽药残留定义及危害

一、兽药及兽药残留

根据《兽药管理条例》(国务院令第 404 号)，兽药是指用于预防、治疗、诊断动物疾病或者有目的地调节动物生理机能的物质(含药物饲料添加剂)。兽药主要包括血清制品、疫苗、诊断制品、微生态制品、中药材、中成药、化学药品、抗生素、生化药品、放射性药品及外用杀虫剂、消毒剂等。此外，它还包括能促进动物生长繁殖和提高生产性能的物质。

兽药残留是指用药后蓄积或存留于畜禽机体或产品(如鸡蛋、奶制品、肉制品等)中的药物原型或其代谢产物，包括与兽药有关的杂质的残留。

二、食品中兽药残留的危害

随着人们对动物源食品由重视数量向质量的转变，动物源食品中的兽药残留已逐渐成为全世界关注的一个焦点。食品添加剂和污染物联合专家委员会从 20 世纪 60 年代起开始评价有关兽药残留的毒性，为人们认识兽药残留的危害及其控制提供了科学依据。

兽药在防治动物疾病、提高生产效率、改善畜产品质量等方面起着十分重要的作用。然而，由于养殖人员对科学知识的缺乏以及一味地追求经济利益，滥用兽药现象在当前养殖业中普遍存在。滥用兽药极易造成动物源食品中有害物质的残留，这不仅对人体健康造成了直接危害，而且对畜牧业的发展和生态环境也造成了极大危害。

(一)毒性作用

1. 急性中毒

如果一次摄入含有较高兽药残留量的食物就会出现急性中毒，一般这种情况相对来说较少发生，因为药物残留在食用的动物体内含量很低，要达到急性中毒的剂量，那么一次食用的数量很大。药物残留的危害一般通过长期的接触和蓄积效应造成。

2. 过敏反应和变态反应

一些抗菌药物如青霉素、磺胺类药物、四环素及某些氨基糖苷类抗生素能使部分人群发生过敏反应。过敏反应症状多种多样，轻者表现为荨麻疹、发热、关节肿痛及蜂窝组织炎等，严重时可出现过敏性休克，甚至危及生命。当这些抗菌药物残留于动物性食品中进入人体后，就使部分敏感人群致敏，产生抗体。当这些被致敏的个体再接触这些抗生素或用这些抗生素治疗时，这些抗生素就会与抗体结合生成抗原抗体复合物，发生过敏反应。

3. "三致"作用

"三致"作用即致癌、致畸、致突变作用。药物及环境中的化学药品可引起基因突变或染色体畸变而造成对人类的潜在危害。如苯并咪唑类抗蠕虫药，通过抑制细胞活性，可杀灭蠕虫及虫卵，抗蠕虫作用广泛，然而，其抑制细胞活性的作用使其具有潜在的致突变性和致畸性。许多国家认为，在人的食物中不允许含有任何量的已知致癌物。对曾用致癌物进行疾病治疗或饲喂过的肉用动物，屠宰时其食用组织中不允许有致癌物的残留。当人们长期食用含"三致"作用药物残留的动物性食品时，这些残留物便会对人体产生有害作用，或在人体中蓄积，最终产生致癌、致畸、致突变作用。近年来人群中肿瘤发生率不断升高，人们怀疑与环境污染及动物性食品中药物残留有关，如雌激素、硝基呋喃类、砷制剂等都已被证明具有致癌作用，许多国家都已禁止这些药物用于肉用动物。

4. 对胃肠道菌群的影响

正常机体内寄生着大量菌群，如果长期与动物性食品中低剂量的抗菌药物残留接触，就会抑制或杀灭敏感菌，耐药菌或条件性致病菌大量繁殖，微生物平衡就会遭到破坏，使机体易发感染性疾病，而且由于耐药而难以治疗。

（二）细菌耐药性增加

近些年来，由于抗菌药物的广泛使用，细菌耐药性不断加强，而且很多细菌已由单药耐药发展到多重耐药。饲料中添加抗菌药物，实际上等于持续低剂量用药。动物机体长期与药物接触，造成耐药菌不断增多，耐药性也不断增强。抗菌药物残留于动物性食品中，同样使人也长期与药物接触，导致人体内耐药菌的增加。如今，不管是在动物体内，还是在人体内，细菌的耐药性已经达到了较严重的程度。

（三）对临床用药的影响

兽药残留给机体带来毒性，并使细菌耐药性增加，影响着临床常规用药，甚至引起病人的生命危险。长期接触某种抗生素，可使机体体液免疫和细胞免疫功能下降，以致引发各种病变，引起疑难病症，或用药时产生不明原因的毒副作用，给临床诊治带来困难。抗菌药物失效，使医疗费用过高，社会负担加重。由于药物滥用，细菌产生耐药性的速度不断加快，耐药能力也不断加强，这使得抗菌药物的使用寿命也逐渐变短，要求不断开发新的品种以克服细菌的耐药性。细菌的耐药性产生越快，临床对新药研发的速度也越快，然而要开发出一种新药并非易事。

第二节　兽药残留的原因和种类

一、食品中兽药残留的原因

(1)使用违禁或淘汰的药物。

(2)不按规定执行应有的休药期。

(3)随意加大药物用量或把治疗药物当作添加剂使用。

(4)饲料加工过程受到污染。

(5)用药方法错误或未做用药记录。

(6)厩舍粪池中含兽药。

二、兽药进入人和动物体的途径

人主要是食用了含有兽药残留的食品，动物主要是使用兽药进行防病治病。其途径具体表现在：

(1)预防和治疗畜禽疾病用药：在预防和治疗畜禽疾病的过程中，通过口服、注射、局部用药等方法可使药物残留于动物体内而污染食品。

(2)饲料添加剂：为预防动物疾病，促进畜禽的生长，在饲料中常需添加药物。当这些药物以小剂量拌在饲料中，长时间喂养肉用动物时，药物可在动物体内残留，发生兽药污染。

(3)食品保鲜保活过程引入药物：食品保鲜保活过程有时加入某些药物来抑制微生物的生长、繁殖，这样也会不同程度地造成食品的药物污染。

三、兽药残留的种类

目前，兽药残留可分为7类：①抗生素类；②驱肠虫药类；③生长促进剂类；④抗原虫药类；⑤灭锥虫药类；⑥镇静剂类；⑦β-肾上腺素能受体阻断剂。在动物源食品中较容易引起残留量超标的兽药主要有抗生素类、磺胺类、呋喃类、抗寄生虫类和激素类药物。

(一)抗生素类

大量、频繁地使用抗生素，可使动物机体中的耐药致病菌很容易感染人类；而且抗生素类药物残留可使人体中细菌产生耐药性，扰乱人体微生态而产生各种毒副作用。目前，在畜产品中容易造成残留量超标的抗生素主要有氯霉素、四环素、土霉素、金霉素等。

(二)磺胺类

磺胺类药物主要通过输液、口服、创伤外用等用药方式或作为饲料添加剂而残留在动物源食品中。在近15～20年，动物源食品中磺胺类药物残留量超标现象十分严重，多在猪、禽、牛等动物中发生。

(三)激素和β-兴奋剂类

在养殖业中经常使用的激素和β-兴奋剂类主要有性激素类、皮质激素类和盐酸克仑特罗等。目前，许多研究已经表明盐酸克仑特罗、己烯雌酚等激素类药物在动物源食品中的残留超标可极大危害人类健康。其中，盐酸克仑特罗（瘦肉精）很容易在动物源食品中残留，健康人摄入盐酸克仑特罗超过 20μg 就有药效，5～10 倍的摄入量则会导致中毒。

（四）其他兽药

呋喃唑酮和硝呋烯腙常用于猪或鸡的饲料中来预防疾病，它们在动物源食品中应为零残留，即不得检出，是我国食用动物禁用兽药。苯并咪唑类药物能在机体各组织器官中蓄积，在投药期肉、蛋、奶中就有较高残留。

第三节　现行有效的兽药残留的检测标准简介

在兽药残留中使用最广的检测技术是液相色谱及液相色谱—质谱联用，其中液相色谱—质谱联用技术非常适合在食品检测领域中开展对违禁药物的检测、有毒有害物质的分析和多组分药物残留的分析等工作，尤其是对违禁药物和生物毒素的检测具有准确、灵敏、检出限低等优点。但液相色谱—质谱仪价格昂贵，不适合中小农产品和食品企业使用。一般的兽药残留检测可使用免疫反应试剂盒或者胶体金试剂盒。

1. GB / T 21317—2007　动物源性食品中四环素类兽药残留量检测方法　液相色谱—质谱 /质谱法与高效液相色谱法

本标准适用于动物肌肉、内脏组织、水产品、牛奶等动物源性食品中二甲胺四环素、土霉素、四环素、去甲基金霉素、金霉素、甲烯土霉素、强力霉素 7 种四环素类兽药残留量的高效液相色谱测定和二甲胺四环素、差向土霉素、土霉素、差向四环素、四环素、去甲基金霉素、差向金霉素、金霉素、甲烯土霉素、强力霉素 10 种四环素类药物残留量的液相色谱—质谱/质谱测定。

2. GB / T 22983—2008　牛奶和奶粉中六种聚醚类抗生素残留量的测定　液相色谱—串联质谱法

本标准适用于液态奶（包括原料奶、纯牛奶、脱脂牛奶）和奶粉（包括纯奶粉、脱脂奶粉和婴幼儿配方奶粉）中拉沙洛菌素、莫能菌素、尼日利亚菌素、盐霉素、甲基盐霉素、马杜霉素铵残留量的液相色谱—串联质谱测定方法。

3. GB / T 21315—2007　动物源性食品中青霉素族抗生素残留量检测方法　液相色谱—质谱 / 质谱法

本标准规定了动物源性食品中青霉素族抗生素残留的液相色谱—质谱/质谱测定和确证方法。本标准适用于猪肌肉、猪肝、猪肾、牛奶和鸡蛋中羟氨苄青霉素、氨苄青霉素、邻氯青霉素、双氯青霉素、乙氧萘胺青霉素、苯唑青霉素、青霉素、苯氧甲基青霉素、乙氧萘胺青霉素、苯唑青霉素、苄青霉素、苯氧甲基青霉素、苯咪青霉素、甲氧苯青霉素、苯氧乙基青霉素等青霉素族抗生素残留量的检测。

4. GB / T 23409—2009　蜂王浆中土霉素、四环素、金霉素、强力霉素残留量的测定　液相色谱—质谱 / 质谱法

本标准规定了蜂王浆中四环素、土霉素、金霉素、强力霉素残留量的液相色谱—质谱/质谱测定方法。

5. 农业部 1025 号公告－12—2008　鸡肉、猪肉中四环素类药物残留检测　液相色谱—串联质谱法

本标准规定了动物性食品中四环素、土霉素及金霉素单个或混合物残留检测的制样和高效液相色谱—串联质谱的测定方法。

6. GB/T 22990—2008　牛奶和奶粉中土霉素、四环素、金霉素、强力霉素残留量的测定　液相色谱—紫外检测法

本标准规定了牛奶和奶粉中土霉素、四环素、金霉素、强力霉素残留量液相色谱—紫外检测测定方法。

7. GB/T 20764—2006　可食动物肌肉中土霉素、四环素、金霉素、强力霉素残留量的测定　液相色谱—紫外检测法

本标准规定了牛肉、羊肉、猪肉、鸡肉和兔肉中土霉素、四环素、强力霉素残留量液相色谱—紫外检测法。

8. GB/T 21317—2007　动物源性食品中四环素类兽药残留量检测方法　液相色谱—质谱/质谱法与高效液相色谱法

本标准适用于动物肌肉、内脏组织、水产品、牛奶等动物源性食品中二甲胺四环素、土霉素、四环素、去甲基金霉素、金霉素、甲烯土霉素、强力霉素 7 种四环素类兽药残留量的高效液相色谱测定和二甲胺四环素、差向土霉素、土霉素、差向四环素、四环素、去甲基金霉素、差向金霉素、金霉素、甲烯土霉素、强力霉素 10 种四环素类药物残留量的液相色谱—质谱/质谱法测定。

9. GB/T 21316—2007　动物源性食品中磺胺类药物残留量的测定　液相色谱—质谱/质谱法

本标准适用于肝、肾、肌肉、水产品和牛奶等动物源性食品中磺胺脒、甲氧苄啶、磺胺索嘧啶、磺胺醋酰、磺胺嘧啶、磺胺吡啶、磺胺噻唑、磺胺甲嘧啶、磺胺鯻唑、磺胺二甲嘧啶、磺胺甲氧嗪、磺胺甲二唑、磺胺对甲氧嘧啶、磺胺间甲氧嘧啶、磺胺氯达嗪、磺胺多辛、磺胺甲鯻唑、磺胺异鯻唑、磺胺苯酰、磺胺地索辛、磺胺喹沙啉、磺胺苯吡唑和磺胺硝苯共计 23 种磺胺类药物残留量的定性和定量测定。

10. 农业部 1031 号公告—2—2008　动物源性食品中糖皮质激素类药物多残留检测液相色谱—串联质谱法

本标准适用于猪、牛、羊的肝脏和肌肉，鸡肌肉，鸡蛋，牛奶中泼尼松、泼尼松龙、地塞米松、倍他米松、氟氢可的松、甲基泼尼松、倍氯米松、氢化可的松单个或多个药物残留量的检测。

11. GB/T 5009.192—2003　动物性食品中克仑特罗残留量的测定

本标准适用于新鲜或冷冻的畜、禽肉与内脏及其制品中克仑特罗残留的测定。本标准也适用于生物材料（人或动物血液、尿液）中克仑特罗残留的测定。

【参考文献】

[1]国务院.兽药管理条例(第二次修订)[Z].2016-02-06.

[2]李银生,曾振灵.兽药残留现状与危害[M].中国兽医杂志,2002,36(1):29-33.

[3]GB/T 21317—2007 动物源性食品中四环素类兽药残留量检测方法 液相色谱—质谱/质谱法与高效液相色谱法[S].

[4]GB/T 22983—2008 牛奶和奶粉中六种聚醚类抗生素残留量的测定 液相色谱—串联质谱法[S].

[5]GB/T 21315—2007 动物源性食品中青霉素族抗生素残留量检测方法 液相色谱—质谱/质谱法[S].

[6]GB/T 23409—2009 蜂王浆中土霉素、四环素、金霉素、强力霉素残留量的测定 液相色谱—质谱/质谱法[S].

[7]农业部1025号公告—12—2008 鸡肉、猪肉中四环素类药物残留检测 液相色谱—串联质谱法[S].

[8]GB/T 22990—2008 牛奶和奶粉中土霉素、四环素、金霉素、强力霉素残留量的测定 液相色谱—紫外检测法[S].

[9]GB/T 20764—2006 可食动物肌肉中土霉素、四环素、金霉素、强力霉素残留量的测定 液相色谱—紫外检测法[S].

[10]GB/T 21317—2007 动物源性食品中四环素类兽药残留量检测方法 液相色谱—质谱/质谱法与高效液相色谱法[S].

[11]GB/T 21316—2007 动物源性食品中磺胺类药物残留量的测定 液相色谱—质谱/质谱法[S].

[12]农业部1031号公告—2—2008 动物源性食品中糖皮质激素类药物多残留检测液相色谱—串联质谱法[S].

[13]GB/T 5009.192—2003 动物性食品中克仑特罗残留量的测定[S].

第四部分
食品微生物检测

第二十章

食品微生物检测

第一节　概　述

一、什么是微生物

微生物是一些肉眼看不见的微小生物的总称，大多数形体微小，结构简单，通常要用光学显微镜和电子显微镜才能看清楚。

微生物主要分为真核类、原核类和非细胞类。真核类包括真菌、原生动物和显微藻类；原核类包括细菌、蓝细菌、放线菌、支原体、衣原体和立克次体；非细胞类包括病毒和亚病毒(类病毒、拟病毒、朊病毒)。

微生物千姿百态，有些是腐败性的，即引起食品气味和组织结构发生不良变化。当然，有些微生物是有益的，它们可用来生产如奶酪、面包、泡菜、啤酒和葡萄酒。微生物非常小，必须通过显微镜放大约 1000 倍才能看到，比如中等大小的细菌，1000 个叠加在一起只有句号那么大。想象一下一滴牛奶，每毫升腐败的牛奶中约有 5000 万个细菌。

二、微生物的特点

1. 个体微小，结构简单

大多数在形态上个体微小，肉眼看不见，需用显微镜观察，细胞大小以微米和纳米计量。

2. 代谢活动强

微生物体积小，有极大的表面积/体积比值，因而微生物能与环境之间迅速进行物质交换，吸收营养和排泄废物，而且有最大的代谢速率，如发酵乳糖的细菌在 1h 内可以分解其自重 1000～10000 倍的乳糖。

3. 繁殖快，易培养

在实验室培养条件下细菌几十分钟至几小时可以繁殖一代。

4. 种类多，分布广

迄今为止，所知道的微生物约有 10 万种，它们具有各种生活方式和营养型，它们中大多数以有机物为营养物质，还有些是寄生类型。微生物在自然界中分布极为广泛，土壤、水域、大气几乎都有微生物的存在，特别是土壤是微生物的大本营，每克土壤含微生物几千万至几亿个。有高等生物的地方均有微生物生活，动植物不能生活的极端环境也有微生物存在。

5. 适应性强，易变异

微生物因其表面积比较大而具有极其灵活的适应性；微生物的个体一般都是单细胞、简单多细胞或非细胞的，通常是单倍体，加之微生物具有繁殖快、数量多和外界直接接触的特点，变异后代很多。在所有生物类群中，已知微生物种类的数量仅次于被子植物和昆虫。微生物的种内遗传呈多样性。

三、食品与微生物

食品在加工前、加工过程中以及加工后，都可能受到外源性和内源性微生物的污染。食品的微生物污染是指食品在加工、运输、储藏、销售过程中被微生物及其毒素污染。污染食品的微生物有细菌、酵母菌和霉菌以及由它们产生的毒素。在实际食品生产过程中我们要做的就是要预防或最大限度地降低有害微生物的危害！

1. 食品中微生物的主要来源

(1)来自土壤中的微生物：主要通过病人和患病动物的排泄物、尸体或通过废物、污水使土壤污染。土壤本身也含有能长期生存的微生物。

(2)来自空气中的微生物：主要来自地面，有的直接来自人和动物的呼吸道。

(3)来自水中的微生物：主要是从土壤中随雨水流入水体中，或人畜排泄物和污水废物流入水体中。

(4)来自人及动植物的微生物：健康的人体、动物的消化道和上呼吸道均有一定种类的微生物存在。

2. 微生物污染食品的主要途径

(1)通过水污染：水中如有大量微生物存在说明水已被污染，如用这种水处理食品，就会污染食品。水质不合格的原因有水源本身不合格、管道之间交叉污染、管道污染等。

(2)通过空气污染：空气中的微生物，随着灰尘的飞扬或沉降附着在食品上。此外，人体带有微生物的痰沫、鼻涕与唾液的小水滴在讲话、咳嗽或打喷嚏时，可直接或间接污染食品。

(3)通过人及动物污染：人接触食品时，人体作为媒介，将微生物污染食品，特别是手造成的食品污染最为常见。直接接触食品的从业人员，他们的工作衣帽不经常清洗、消毒，不保持清洁，就会有大量的微生物附着，从而造成食品污染；车间内有苍蝇等飞虫或老鼠活动，也会因其污染食品接触面、空气或直接接触食品而造成污染。

(4)通过用具(设备、工具、容器)及杂物(原料、废料、包装物料等)污染：应用于食品的一切用具，都有可能作为媒介使微生物污染食品，表面不光滑的用具污染程度更加严重。特别是装运食品的工具或用具，在用后未经彻底清洗消毒而连续使用，就会造成微生物的残存，从而污染以后装运的食品。

由此可见，很可能许多食品的腐败变质在加工过程中或在刚包装完毕就已发生，其已经成为不符合食品卫生质量标准的食品。食品加工过程中的清洗、消毒和灭菌以及烘烤、油炸等过程都可以使食品中的微生物种类和数量明显下降，甚至完全杀灭。但食品原料的理化状态、食品加工的工艺方式、原料受微生物污染的程度等的差异，都会影响加工后食品中的微生物残存率。

3. 微生物引起食品腐败变质的条件

(1)食品本身具有丰富的营养成分,各种蛋白质、脂肪、碳水化合物、维生素和无机盐等都有存在,只是比例上不同,如有一定的水分和温度,就十分适宜微生物的生长繁殖。

(2)食品所处环境的温度。当环境为低温时,会明显抑制微生物的生长和代谢速率,因而会减缓由微生物引起的腐败变质。食品处于高温环境时,如果温度超出微生物可忍耐的高限,则微生物很快死亡。若温度在微生物适宜生长范围内,则微生物的生长会随着温度的提高而加快,食品的腐败变质会随之加快。

(3)食品所处环境的湿度。高湿度,一方面有利于微生物的生长与繁殖,另一方面有利于微生物的生命活动,不会因湿度太小而使细胞体失水干缩。

4. 减少食品微生物污染的措施

(1)加强环境卫生管理:如垃圾、下脚料、废弃物进行无害化处理,远离生产场所存放并保持清洁;粪便进行无害化处理,保持周围卫生;污水进行无害化处理,并合理排放;做好厂区及周围灭鼠、灭蝇虫工作;做好车间、仓库的防鼠、防蝇虫工作等。

(2)建立良好的卫生规范,确保生产环境(空气、设备设施、工器具等)卫生,人员操作符合卫生要求。

(3)定期检查水质,不合格的水源应定期进行净化、消毒处理。做好水源的防护,确保水质安全卫生。采用合格的原辅材料、包装物料,并确保在运输、存放、使用时不存在劣变和交叉污染。

(4)对某些食品原料所带有的泥土和污物进行清洗,以减少或去除大部分所带的微生物。

(5)干燥、降温,使环境不适于微生物的生长繁殖。

(6)无菌密封包装是食品加工后防止微生物再次污染的有效方法。

(7)加入化学防腐剂保藏、利用发酵或腌渍储藏食品。

第二节　食品微生物检验基础知识

食品因微生物腐败变质不仅造成损失浪费,同时也严重影响人们的身体健康。发达国家(包括美国)发生食源性疾病的概率也相当高,平均每年有 1/3 的人群感染食源性疾病。因此我们不仅要预防和控制微生物的污染,更要求质检部门对食品中的微生物进行严格检验,让消费者吃上放心的食品。

一、培养基的制备

1. 基本原理

培养基的种类很多,不同微生物所需要的培养基不同。根据制成后的物理状态不同培养基可分为液体、固体、半固体三种类型。目前所用培养基均为成品培养基或成品试剂。

2. 器材

三角瓶、试管、烧杯、玻棒、天平、量筒、称量纸、角匙、杜氏小管、硅胶塞、电炉等。

3. 操作步骤

(1)称量:根据培养基的配方,称取适量培养基粉末于称量纸上。

(2)溶解:用量筒量取所需水量,置电炉上加热,搅拌至完全溶解,加热至沸腾后,待冷却。

(3)调节 pH 值:用 pH 试纸(或 pH 电位计、氢离子浓度比色计)测试培养基的 pH 值,如不符合需要,可用 1mol/L HCl 溶液或 1mol/L NaOH 溶液进行调节,直到调节到配方要求的 pH 值为止。如使用成品培养基配制时只需使用蒸馏水或纯化水溶解,一般不需要再调 pH 值。

(4)分装:根据不同需要,立即趁热分装入三角瓶或试管中,分装三角瓶以不超过三角瓶 2/3 为宜,分装试管一般为管长的 1/5(需根据试管的大小而定)。液体培养基如乳糖胆盐发酵培养基约分装 10mL。

(5)塞硅胶塞:装好培养基的试管应塞上硅胶塞,松紧合适,紧贴管壁,不留缝隙,约 1/2 塞入内,这样既可过滤空气,避免杂菌侵入,又可减缓培养基水分的蒸发。

(6)包装并灭菌:三角瓶棉塞头部应用牛皮纸包扎,试管集中于试管篓,按培养基的要求进行灭菌。

4. 制作斜面培养基和平板培养基

培养基灭菌后,如制作斜面培养基和平板培养基,须趁培养基未凝固时进行。

(1)制作斜面培养基:在实验台上放置厚度为 1cm 左右的器具,将试管头部枕在器具上,使管内培养基自然倾斜,凝固后即成斜面培养基。

(2)制作平板培养基:将刚刚灭过菌的盛有培养基的锥形瓶和培养皿放在实验台上,点燃酒精灯,右手托起锥形瓶瓶底,左手拔下棉塞,将瓶口在酒精灯上稍加灼烧,左手打开培养皿盖,右手迅速将培养基倒入培养皿中。每皿约倒入 15mL,以铺满皿底为度。铺放培养基后放置 15min 左右,待培养基凝固后,再 5 个培养皿一叠,倒置过来,平放在恒温箱里,24h 后检查,如培养基未长杂菌,即可用来培养微生物。

二、消毒与灭菌

消毒是指用物理或化学的方法杀死物体上病原微生物的方法,并不一定能杀死非病原微生物及细菌芽孢。消毒所用的试剂称为消毒剂。灭菌是指用物理或化学的方法杀灭物体上所有微生物的方法(包括病原微生物和非病原微生物及细菌芽孢、霉菌孢子等)。灭菌比消毒要求高,包括杀灭细菌芽孢在内的全部病原微生物和非病原微生物。抑菌是指抑制体内或体外细菌的生长繁殖,常用的抑菌剂为各种抗生素,可抑制细菌的繁殖。防腐是指防止或抑制体外细菌生长繁殖的方法,细菌一般不死亡。用于防腐的化学药品称为防腐剂。同一种化学药品有时在高浓度时为消毒剂,在低浓度时常为防腐剂。

消毒与灭菌的方法有很多,一般分为物理方法和化学方法。物理方法主要有干热灭菌法、湿热灭菌法、过滤法和紫外线灭菌法、酒精的火焰灭菌法等,化学方法主要是用化学消毒剂来灭菌。

1. 干热灭菌法

采用灼烧或干热空气灭菌。常用方式是把待灭菌的物品均匀地放入烘箱,升温至 160℃,恒温 2h。此方法适合玻璃器皿、金属用具的灭菌。

2. 湿热灭菌法

利用热蒸汽杀死微生物。在相同条件下,湿热灭菌效果比干热灭菌效果好,这是因为一方面细胞内蛋白质含水量高,容易变性,另一方面高温水蒸气对蛋白质有高度的穿透力,从而加速蛋白质变性而死亡。如高压蒸汽灭菌，是最可靠、最适用、最广泛的灭菌方法。

3. 过滤除菌法

用物理阻留的方法将液体或空气中的细菌除去，以达到除菌目的。有些材料（如血清）用一般加热消毒灭菌方法均会被热破坏，因此采用过滤除菌的方法。滤菌器含有微细小孔（≤0.22μm），只允许液体或气体通过，而大于孔径的细菌等颗粒不能通过。

4. 辐射灭菌法

采用辐射进行灭菌消毒，包括可见光、红外线、紫外线、X 射线和 γ 射线等，最常用的是紫外线灭菌。波长在 200～300nm 的紫外线具有杀菌作用，265～266nm 波段杀菌能力最强。但是紫外线穿透物质的能力差，一般只用于空气及物体表面消毒。紫外灯的平均寿命一般为 2000h，超过平均寿命时，就达不到预期效果，必须更换。

5. 火焰灭菌法

利用酒精的外焰杀死细菌的方法，一般只用于接种细菌或划细菌平板。

6. 化学消毒法

一般化学药剂无法杀死所有的微生物，而只能杀死其中的病原微生物，所以是消毒的作用，而不是灭菌的作用。一般的化学药剂包括消毒剂（能迅速杀灭病原微生物的试剂）和防腐剂（能抑制或阻止微生物生长繁殖的试剂）。消毒剂、防腐剂没有选择性，对一切活细胞都有毒性，不仅能杀死或抑制病原微生物，而且对人体组织细胞也有损伤作用，所以常用于器械、体表、环境的消毒。常用的化学消毒剂有次氯酸钠、来苏水、碘伏、酒精等。

三、无菌操作

无菌是指没有活的微生物存在。防止或杜绝一切微生物进入动物机体或物体的方法，称为无菌法。以无菌法操作时称为无菌操作。在进行外科手术或微生物学实验时，要求严格无菌操作，防止微生物的污染。

1. 操作前消毒

（1）无菌操作室工作前需紫外线照射消毒 30～50min，超净工作台台面每次实验前要用 75％酒精擦洗，然后用紫外线消毒 30min。

（2）工作台台面消毒时切勿将培养细胞和培养用液同时照射紫外线。消毒时工作台面上用品不要过多或重叠放置，否则会遮挡射线降低消毒效果。

（3）一些操作用具如移液器、废液缸、污物盒、试管架等用 75％酒精擦洗后置于台内，同时紫外线消毒。

2. 操作前准备

在开始实验前要制订好实验计划和操作程序。有关数据要事先计算好。根据实验要求，准备各种所需器材和物品，清点无误后将其放置于操作场所（培养室、超净台）内。这可以避免开始实验后，因物品不全往返拿取而增加污染机会。

3. 洗手和着装

平时仅做观察不做培养操作时，可穿用紫外线照射 30min 的清洁工作服。在利用超净台工作时，因整个前臂要伸入箱内，应着长袖的清洁工作服，并于开始操作前用 75％酒精消毒手。在实验过程中如果手触及可能污染的物品或出入培养室都要重新用消毒液洗手。

4. 火焰消毒

(1)在无菌环境进行培养或做其他无菌工作时,首先要点燃酒精灯,以后一切操作,如安装吸管帽、打开或封闭瓶口等,都需在火焰近处并经灼烧进行。但要注意,金属器械不能在火焰中灼烧时间过长,以防退火。烧过的金属镊要待冷却后才能夹取组织,以免造成组织损伤。

(2)吸取过培养液后的吸管不能再用火焰烧灼,因残留在吸管头中的营养液会被烧焦而形成炭膜,再用时会把有害物带入培养液中。

(3)在开启、关闭长有细胞的培养瓶时,火焰灭菌时间要短,以防止因温度过高烧死细胞。胶塞过火焰时也不能时间太长,以免烧焦而产生有毒气体,危害培养细胞。

5. 无菌操作注意事项

(1)进行无菌操作时动作要准确敏捷,但又不必太快,以防空气流动,增加污染机会。

(2)不能用手触及已消毒器皿,如已接触,要用火焰烧灼消毒或取备用品更换。

(3)为拿取方便,工作台面上的用品要有合理的布局,原则上应是右手使用的东西放置在右侧,左手用品放在左侧,酒精灯置于中央。

(4)工作由始至终要保持一定顺序性,组织或细胞在未做处理之前,勿过早暴露在空气中。同样,培养液在未用前,不要过早开瓶,用过之后如不再重复使用,应立即封闭瓶口。

(5)吸取营养液、细胞悬液及其他各种用液时,均应分开使用吸管,不能混用,以防扩大污染或导致细胞交叉污染。

(6)工作中应戴口罩,不能面向操作台讲话或打咳嗽,以免唾沫把细菌或支原体带入工作台面而发生污染。操作前用酒精擦拭超净工作台面及双手。

(7)手或相对较脏的物品不能经过开放的瓶口上方,瓶口最易污染,加液时如吸管尖碰到瓶口,则应将吸管丢掉。

四、革兰染色

细菌先经碱性染料结晶紫染色,而后经碘液媒染,用酒精脱色,在一定条件下有的细菌紫色不被脱去,有的可被脱去,紫色不被脱去的叫革兰阳性菌(G^+),紫色被脱去的叫革兰阴性菌(G^-)。经碱性番红复染后阳性菌仍带紫色,阴性菌则为红色。有芽孢的杆菌和大多数的球菌以及所有的放线菌和真菌都呈革兰阳性反应;弧菌、螺旋体和大多数致病性无芽孢杆菌都呈革兰阴性反应。

革兰染色法一般包括初染、媒染、脱色、复染等四个步骤,具体操作方法如下:

(1)载玻片固定:在无菌操作条件下,用接种环挑取少量细菌于干净的载玻片上涂布均匀,在火焰上加热以杀死菌种并使其黏附固定。

(2)用草酸铵结晶紫染 1min,用自来水冲洗,去掉浮色。

(3)用碘—碘化钾溶液媒染 1min,倾去多余溶液,用自来水冲洗。

(4)用中性脱色剂酒精(95%)脱色 30s,用自来水冲洗干净。而革兰阳性菌不被脱色而呈紫色,革兰阴性菌被脱色而呈无色。用酒精脱色为整个流程最关键的一步。

(5)用番红染液复染 30s,用自来水冲洗。革兰阳性菌仍呈紫色,而革兰阴性菌则呈现红色。

五、标准菌株验收、制备、保藏、传代、使用、销毁的管理

标准菌株是指由国内或国际菌种保藏机构保藏的、遗传学特性得到确认和保证并可追溯的菌株。标准菌株的复活或培养物的制备应按照供应商提供的说明或按已验证的方法进行。标准菌株是微生物实验室内质控工作必不可少的、重要的生物资源，也是最主要的实验室污染源。标准菌株从购买到销毁都必须严格按照规程进行。

1. 标准菌株的购买和接收

标准菌株应根据实验室检验品种的需要由标准菌株管理人员制订购买计划，经批准后进行购买。标准菌株应向规范的标准菌株保藏机构购买，每个菌株要有相应的编号和鉴定证书。标准菌株保管人员在接收标准菌株时须填写接收记录（如名称、数量和接收日期等），并在保存菌种容器外加贴标签（内容包括菌种名称、菌种代号、代次、接收日期、接收人、储存条件、有效期），新购入的 0 代原始菌种按说明书要求进行储存。

2. 标准菌株的复活转接及保存

(1)冻干菌株的传代次数不得超过 5 代，从标准菌株保藏中心购买的冻干标准菌株为第 F_0 代，复活后的菌株为 F_1 代，以后每传一代依次为 F_2、F_3、F_4、F_5 代。

(2)标准菌株复活的操作步骤：

①戴上无菌手套，打开洁净工作台在生物安全柜内操作。

②在玻璃瓶的外表面用 75%酒精擦拭并让其自然风干后，用剪刀剪开瓶口的铝薄片，用手轻轻打开瓶盖。

③以无菌方法用一无菌吸管从随菌种配套的液体肉汤中移取 0.5～0.8mL 到菌种瓶中，轻轻混匀至干粉全部溶解，36℃培养 24h，真菌 28℃培养 24～48h。观察是否浑浊，若浑浊，说明菌种复苏生长；若不浑浊，细菌应延长培养时间至 7d，真菌应延长培养时间至 14d，若仍未浑浊，灭菌处理。

④将浑浊液涂布于相应的培养基上，36℃纯化培养 24～48h（真菌 28℃）。

(3)标准菌株的保存：

①VIABANK 管：把纯培养的菌苔刮入 VIABANK 管中，并小心地把接种物分布在肉汤的小珠中，用一根消毒的吸管吸除里面的肉汤液，盖紧帽子，贴好标签。最后把接种的 VIABANK 管存放在－20℃，可保存 3 年，放在－70℃，可保存 10 年。

②葡萄糖半固体琼脂：用接种针挑取纯化的菌落于葡萄糖半固体琼脂穿刺培养 24h 后，放入 2～8℃冰箱不超过 3 个月。传代最多不超过 5 代，超过后按生物废弃物灭菌处理。

(4)标准菌株的复苏及传代：每次使用和复苏时只需将小珠在平板上滚动或置肉汤中培养。菌株保存传代时应多备用一支作为质控管进行质量控制，即进行相应的确认；其余作为储备管。将上述制备好的冻存管逐支粘贴标签，内容包括菌种名称、菌种代号、编号、代次、制备日期、制备人、储存条件、有效期等。

传代发现菌株污染或变异，可纯化后经生化鉴定确定，或重新向上级单位请购。每次传代、领用均应有详细的实验记录，并认真核对菌株，确保菌株正确。保存的菌株须按规定时间进行传代。

(5)菌种的使用及销毁：每次进行菌种复活时，只能复活一个菌种。如果要复活其他菌时，应对所用物品重新消毒灭菌。每次操作，都应进行记录。菌种管上应贴有牢固的标签，标明菌

种名称、菌种代号、代次、传代人、编号和传代日期、储存条件、有效期等。

废弃菌种及实验用品废弃物的处理:121℃高压蒸汽灭菌 30min,并对操作过程进行记录。

3. 标准菌株的确认

(1)菌落形态观察。

(2)镜检特征。

(3)生化试验确认。

具体操作过程:用无菌接种环挑取培养物,在相应的培养基平板上划线分离单个菌落,并在适宜条件下培养。培养后观察是否具有典型的菌落形态。然后挑取单一纯菌落进行革兰染色、镜检,观察其染色特性及菌型。再做生化试验或使用菌种鉴定系统进行进一步菌种鉴定。

4. 标准菌株的期间核查

(1)期间核查的频率:每一年对使用标准菌株进行一次期间核查。

(2)工作菌株期间核查的方法及依据:同标准菌株的确认。

(3)建立标准菌株期间核查记录。

5. 注意事项

(1)应定期及时进行菌株传代移种。工作菌株不宜再传代。工作菌株使用和储存过程中严格遵守无菌操作,即不存在交叉污染。保藏温度为 4～6℃。

(2)菌株保存人员应有相应的授权批准,应采用双人双锁管理。

(3)菌种传代领用后应及时销毁,并写好销毁记录。

(4)保管人员调动应办好移交手续。

六、微生物实验室管理制度

1. 实验室管理制度

(1)实验室应制定仪器配备管理、使用制度,药品管理、使用制度,玻璃器皿管理、清洗和使用制度。本室工作人员应严格掌握,认真执行安全制度。

(2)进入实验室必须穿工作服,进入无菌室换无菌衣、帽、鞋,戴好口罩。非实验室人员不得进入实验室。严格执行安全操作规程。

(3)实验室内物品摆放整齐,试剂定期检查并有明晰标签,仪器定期检查、保养、检修,严禁在冰箱内存放和加工私人食品。

(4)各种器材应建立领用消耗记录,贵重仪器有使用记录,破损遗失应填写报告;药品、器材、菌种不经批准不得擅自外借和转让,更不得私自拿出。

(5)禁止在实验室内吸烟、进餐、会客、喧哗,实验室内不得带入私人物品,离开实验室前认真检查水电,对于有毒、有害、易燃、污染、腐蚀的物品和废弃物品应按有关要求处理。

(6)负责人严格执行本制度,出现问题立即报告,造成病原扩散等责任事故者,应视情节轻重严肃处理,直至追究法律责任。

2. 仪器配备、管理使用制度

(1)食品微生物实验室应根据需要配备相应的仪器设备:培养箱、高压灭菌锅、普通冰箱、低温冰箱(或超低温冰箱)、厌氧培养设备、显微镜、离心机、超净台、振荡器、百分之一天平、千分之一天平、匀质器、恒温水浴箱、菌落计数器、生化培养箱、pH 计等。

(2)实验室所使用的仪器、容器应符合标准要求,保证准确可靠,凡计量器具须经计量部门检定合格后方能使用。

(3)实验室仪器安放合理。贵重仪器有专人保管,建立仪器档案,并备有操作方法及使用登记本,制定保养、维护制度,做到经常维护和保养。精密仪器不得随意移动,当有损坏需要修理时,不得私自拆动,应通知管理人员,经同意后填报修理申请,送仪器维修部门。

(4)各种仪器(冰箱、温箱除外),使用完毕后要立即切断电源,旋钮复原归位,待仔细检查正确后方可离去。

(5)一切仪器设备未经设备管理人员同意,不得外借,使用后按登记本的内容进行逐项登记。

(6)仪器设备应保持清洁,一般应有仪器套罩。

(7)使用仪器时,应严格按操作规程进行,对违反操作规程而使仪器损坏者,要追究其责任。

3. 药品管理、使用制度

(1)依据检测任务,制订各种药品采购计划,写清品名、单位、数量、纯度、包装规格、出厂日期等,领回后建立账目,专人管理,每半年做出消耗表,并清点剩余药品。

(2)药品陈列整齐,放置有序,避光、防潮,通风干燥,瓶签完整,剧毒药品加锁存放,易燃、挥发、腐蚀品种单独储存。

(3)领用药品时,需填写请领单,由使用人和科室负责人签字,任何人无权私自出借或馈送药品。

(4)称取药品应按操作规范进行,用后盖好,必要时可封口或用黑纸包裹,不使用过期或变质药品。

4. 玻璃器皿管理、清洗和使用制度

(1)根据检测要求,申报玻璃仪器的采购计划需详细注明规格、产地、数量、要求,硬质中性玻璃仪器应经计量验证合格。

(2)大型器皿建立账目,每年清查一次,一般低值易耗器皿损坏后随时填写损耗登记清单。

(3)使用玻璃器皿前应除去污垢,并用清洁液或2%稀盐酸溶液浸泡24h后,用清水冲洗干净备用。

(4)器皿使用后随时清洗,清洗时按照玻璃器皿清洗规程进行。染菌后应严格高压灭菌,不得乱弃乱扔。

5. 安全制度

(1)进入实验室工作衣、帽、鞋必须穿戴整齐。

(2)在进行高压、干燥、消毒等工作时,工作人员不得擅自离开现场,应认真观察温度、时间。蒸馏易挥发、易燃液体时,不准直接加热,应置水浴锅上进行。试验过程中如产生毒气应在避毒柜内操作。

(3)严禁用口直接吸取药品和菌液,应按无菌操作进行。如发生菌液、病原体溅出容器外,应立即用有效消毒剂进行彻底消毒,安全处理后方可离开现场。

(4)工作完毕,两手用清水肥皂洗净,必要时可用新洁尔灭、过氧乙酸泡手,然后用水冲洗。应经常清洗工作服,保持整洁,必要时高温消毒。

(5)实验完毕,即时清理现场和实验用具,对染菌带毒物品,进行消毒灭菌处理。

(6)每日下班,尤其是节假日前后认真检查水、电和正在使用的仪器设备,关好门窗,方可离去。

6. 环境条件要求

(1)实验室内要经常保持清洁卫生,每天上下班应进行清扫整理,桌柜等表面应每天用消毒液擦拭,保持无尘,杜绝污染。

(2)实验室应井然有序,不得存放实验室外仪器及个人物品等。实验室用品要摆放合理,并有固定位置。

(3)随时保持实验室卫生,不得乱扔纸屑等杂物,测试用过的废弃物要倒在固定的桶内,并及时处理。

(4)实验室应具有优良的采光条件和照明设备。

(5)实验室工作台面应保持水平和无渗漏,墙壁和地面应当光滑和容易清洗。

(6)实验室布局要合理,一般实验室应有准备间和无菌室,无菌室应有良好的通风条件,如安装空调设备及过滤设备,无菌室内空气测试应基本达到无菌。

(7)严禁利用实验室作为会议室及其他文娱活动和学习场所。

第二十一章

食品中常见微生物项目检测

第一节　食品中菌落总数的测定

一、概　述

菌落总数是最常见的食品细菌污染指标之一，用来判定食品被细菌污染的程度，反映食品在生产、储存、运输、销售过程中是否符合卫生要求，以便对被检样品作出适当的卫生学评价。其卫生学意义体现在：一方面是食品清洁状态的标志；另一方面可用作货架期评估，预测食品的耐保藏性。通常认为，食品中细菌数量越多，则可考虑致病菌污染的可能性越大，菌落总数的多少在一定程度上标志着食品卫生质量的优劣。食品检样经处理后，在一定条件下（如需氧情况、营养条件、pH 值、培养温度和培养时间等）每克（每毫升）检样所生长的细菌菌落总数，以菌落形成单位（colony forming units，CFU）表示。

二、设备和试剂

（一）仪器设备

除微生物实验室常规灭菌及培养设备外，还需要以下仪器设备：

恒温培养箱（30±1℃、36±1℃）

冰箱（2～5℃）

恒温水浴锅（46±1℃）

天平（百分之一）

匀质器、振荡器

无菌吸管（1mL、10mL）或微量移液器及吸头

无菌锥形瓶（250mL、500mL）、无菌培养皿（直径 90mm）

放大镜等。

（二）用到的试剂

平板计数琼脂培养基(成品培养基)

磷酸缓冲溶液(成品培养液稀释或自配)

无菌生理盐水(成品培养液或自配)

三、检验流程

平板计数法(GB 4789.2—2016)菌落总数检验流程如图 21-1 所示。

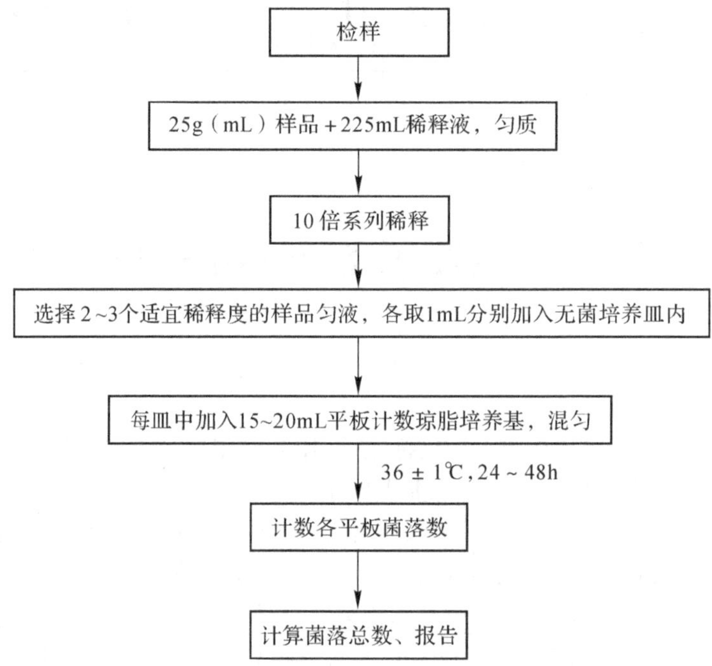

图 21－1　菌落总数检验流程

四、操作步骤

（一）样品稀释

(1)固体和半固体样品：称取 25g 样品，置于盛有 225mL 磷酸缓冲溶液或生理盐水的无菌匀质杯中，8000～10000r/min 匀质 1～2min，或放入盛有 225mL 稀释液的无菌匀质袋中，用拍击式匀质器拍打 1～2min，制成 1∶10 的样品匀液。

(2)液体样品：以无菌吸管吸取 25mL 样品，置盛有 225mL 磷酸缓冲溶液或生理盐水的无菌锥形瓶中，充分混匀，制成 1∶10 的样品匀液。用 1mL 无菌吸管或微量移液器吸取 1∶10 样品匀液 1mL，沿着管壁缓慢注于盛有 9mL 稀释液的无菌试管中(注意吸管或吸头尖端不要触及稀释液面)，振摇试管使其混匀，制成 1∶100 的样品匀液(图 21－2)。按以上操作制备 10 倍系列稀释样品匀液，每递增稀释一次，换用一次 1mL 无菌吸管或吸头。

（二）检测过程

(1)根据污染状况估计，选择 2～3 个适宜稀释度的样品匀液(液体样品可包括原液)，吸取

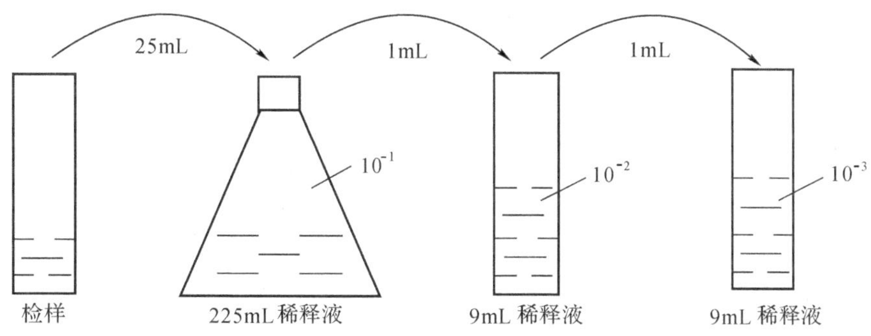

图 21-2　样品稀释程序

1mL 样品匀液于无菌平皿内，每个稀释度做两个平行(图 21-3)。同时吸取 1mL 空白稀释液及空平皿做空白对照。

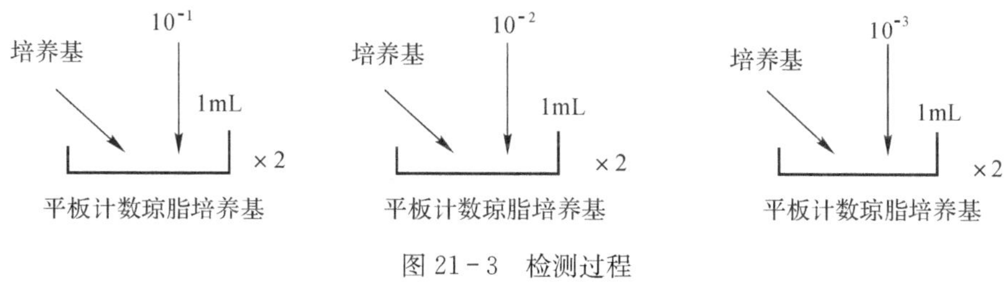

图 21-3　检测过程

(2)及时将 15～20mL 冷却至 46℃的平板计数琼脂培养基(可置于 46±1℃水浴锅中保温)倾注平皿，并转动平皿使其混匀。

(三)培养

待琼脂凝固后，将平板翻转置于 36±1℃培养箱中培养 48±2h，水产品 30±1℃培养72±3h。如果样品中含有在琼脂培养基表面弥漫生长的菌落，那么可在凝固后的琼脂表面覆盖一薄层琼脂培养基(约 4mL)。

(四)菌落计数

(1)用肉眼或放大镜观察菌落，记录稀释倍数和相应的菌落数量，菌落计数以菌落形成单位 CFU 表示。

(2)选取菌落总数在 30～300CFU 的无蔓延菌落生长的平板计数菌落总数，低于 30CFU 的平板记录具体菌落数，大于 300CFU 的可记录为“多不可计”。

(3)每个稀释度的菌落数应采用两个平板的平均数；若其中一个平板有较大片状菌落生长，则不宜采用，而应以无片状菌落生长的平板作为该稀释度的菌落数；若片状菌落不到平板的一半，而其余一半中菌落分布又很均匀，即可计算半个平板后乘 2，代表一个平板菌落数。

(4)若平板内出现菌落间无明显界线的链状生长，则应将每条单链作为一个菌落计数。

五、结果与报告

(一)结果计算

(1)若只有一个稀释度平板上的菌落数在适宜计数范围内，则计算两个平板菌落数的平均值，再将平均值乘以相应稀释度，作为每 g(mL)样品中菌落总数结果。

(2)若所有稀释度的平板上菌落数均大于 300CFU，则对稀释度最高的平板进行计数，其他平板可记录为“多不可计”，结果按平均菌落数乘以最高稀释倍数计算。

(3)若所有稀释度的平板菌落数均小于 30CFU，则应按稀释度最低的平均菌落数乘以稀释倍数计算。

(4)若所有稀释度(包括液体样品原液)平板均无菌落生长，则以小于 1 乘以最低稀释倍数计算。

(5)若所有稀释度的平板菌落数均不在 30～300CFU，其中一部分小于 30CFU 或大于 300CFU，则以最接近 30CFU 或 300CFU 的平均菌落数乘以稀释倍数计算。

(6)若两个连续稀释度的平均菌落数都在适宜计数范围内，需用计算公式：

$$N = \sum C/[(n_1 + 0.1n_2)d]$$

式中：N 为样品中菌落数；$\sum C$ 为平板(含适宜范围菌落数的平板)菌落数之和；n_1 为第一稀释度(低稀释倍数)平板个数；n_2 为第二稀释度(高稀释倍数)平板个数；d 为稀释因子(第一稀释度)。

示例：若某次实验的稀释度与菌落数如表 21-1 所示，请计算平均菌落数。

表 21-1 稀释度和菌落数

稀释度	1∶100(第一稀释度)	1∶1000(第二稀释度)
菌落数/CFU	232,244	33,35

解

$$N = \sum C/[(n_1 + 0.1n_2)d] = (232+244+33+35)/[(2+0.1\times2)\times10^{-2}]$$
$$=544/0.022=24727$$

上述数据进行数据修约后，表示为 25000 或 2.5×10^4。

(二)报告

(1)菌落数小于 100CFU 时，按“四舍五入”原则修约，以整数报告。菌落数大于或等于 100CFU 时，百位数字采用“四舍五入”原则修约，后面用 0 代替位数，也可用 10 的指数形式来表示，按“四舍五入”原则修约后，采用两位有效数字。

(2)若所有的平板上为蔓延菌落而无法计数，则报告“菌落蔓延”。

(3)若空白对照上有菌落生长，则此次检测结果无效。

(4)称重取样以 CFU/g 为单位报告，体积取样以 CFU/mL 为单位报告。

六、关于菌落总数检测的几点说明

(1)由于检样中采用 30℃或 36℃有氧条件下培养，因而菌落总数并不是样品中实际的总活菌数，一些有特殊营养要求的厌氧菌、微需氧菌，以及非嗜中温细菌，均难以反映出来。

(2)鉴于食品检样中的细菌细胞是以单个、成双、链状、葡萄状或成堆的形式存在，因而在平板上出现的菌落可以来源于细胞块，也可以来源于单个细胞，平板上所得菌落的数字不应为活菌数，而应为单位重量、容积或表面积内的菌落数或菌落形成单位(CFU)。

七、检测注意事项

(1)操作要在无菌的状态下进行。

(2)操作时间越短越好。每个样品从开始稀释到倾注最后一个平皿所用的时间不得超过15min,主要是为防止细菌增殖和产生片状菌落。样液与琼脂应充分混合,避免将混合物溅到平皿壁和皿盖上。皿内琼脂凝固后,不要长时间放置,需倒置培养,以避免菌落蔓延生长。如果怀疑样品中含有在培养基表面蔓延生长的菌落,待琼脂凝固后,在其上覆盖一层(4mL)水琼脂。

(3)样品不同,选择的稀释倍数也不同。

(4)检样过程中应用稀释液做空白对照,用以判定稀释液、培养基、平皿或吸管可能存在的污染。同时,检样过程中应在工作台上打开一块空白平板,其暴露时间应与检样时间相当,以了解检样在检验操作过程中有无受到来自空气的污染。

(5)检样稀释液有时带有食品颗粒,为避免与细菌菌落发生混淆,可做一检样稀释液与平板计数琼脂混合的平皿,不经培养,于4℃放置,以便在计数检样时用作对照。

(6)培养基冷却温度不宜过高或过低,可放在46±1℃水浴锅里备用。

第二节　食品中大肠菌群的测定

一、概　述

大肠菌群系指一群在37℃、24h能发酵乳糖、产酸、产气、需氧和兼性厌氧的革兰阴性无芽孢杆菌。大肠菌群并非细菌学分类命名,而是卫生领域用语,它不代表某一个或某一属细菌,而指的是具有某些特性的一组与粪便污染有关的细菌。一般认为该菌群细菌可包括大肠埃希菌、柠檬酸杆菌、产气克雷白菌和阴沟肠杆菌等。

大肠菌群分布较广,调查研究表明,大肠菌群多存在于温血动物粪便、人类经常活动的场所以及有粪便污染的地方,人、畜粪便对外界环境的污染是大肠菌群在自然界存在的主要原因。粪便中多以典型大肠杆菌为主,而外界环境中则以大肠菌群其他类型较多。

主要是以大肠菌群的检出情况来表示食品中是否被粪便污染。大肠菌群数的高低,表明了粪便污染的程度,也反映了对人体健康危害性的大小。粪便是人类肠道排泄物,其中有健康人粪便,也有肠道疾病患者或带菌者的粪便,所以粪便内除一般正常细菌外,同时也会有一些肠道致病菌(如沙门菌、志贺菌等),因而食品若被粪便污染,则可以推测该食品中存在着肠道致病菌污染的可能性,潜伏着食物中毒和流行病的威胁,对人体健康具有潜在的危险性。

大肠菌群是评价食品卫生质量的重要指标之一,目前其检测已被国内外广泛应用于食品卫生工作中。近年来,也有些国家在执行HACCP管理中,将大肠菌群作为微生物污染状况的监测指标和HACCP实施效果的评估指标。

二、检测方法探讨

新的大肠菌群检测标准中的最大可能数(most probable number,MPN)法自2008年更新后，由于大多数食品卫生标准滞后于检测标准，因此大多数食品中的大肠菌群检测无法按照新标准进行。卫生部《关于规范食品中大肠菌群指标的检测工作的公告》(2009 年第 16 号)要求：现行食品标准中规定的大肠菌群指标以“MPN/100g 或 MPN/100mL”为单位的，适用《食品卫生微生物学检验　大肠菌群测定》(GB/T 4789.3—2003)进行检测；以“MPN/g 或 MPN/mL”“CFU/g 或 CFU/mL”为单位的，适用《食品卫生微生物学检验　大肠菌群计数》(GB/T 4789.3—2008)进行检测。《食品卫生微生物学检验　大肠菌群计数》(GB/T 4789.3—2008)在 2010 年和 2016 年又进行了两次更新，最新版为《食品安全国家标准　食品微生物学检验　大肠菌群计数》(GB/T 4789.3—2016)，因此对于大肠菌群 MPN 检测法，两个标准都有必要进行详细说明。

三、设备和试剂

(一)仪器设备

除微生物实验室常规灭菌及培养设备外，还需要以下设备：

恒温培养箱(36±1℃)

冰箱(2～5℃)

恒温水浴锅(46±1℃)

天平(百分之一)

匀质器、振荡器

无菌吸管(1mL、10mL)或微量移液器及吸头

无菌锥形瓶(250mL、500mL)、无菌培养皿(直径 90mm)

15cm×15mm 试管、18cm×18mm 试管

放大镜、无菌镊子等

(二)用到的试剂

乳糖胆盐发酵培养基(成品培养基)

乳糖发酵培养基(成品培养基)

伊红美蓝琼脂培养基(成品培养基)

月桂基硫酸盐胰蛋白胨肉汤(LST，成品培养基)

煌绿乳糖胆盐肉汤(BGLB，成品培养基)

结晶紫中性红胆盐琼脂(VRBA，成品培养基)

磷酸缓冲溶液(成品培养液稀释或自配)

无菌生理盐水(成品培养液或自配)

四、检验方法

第一法　MPN 法(GB/T 4789.3—2003)

(一)检验流程

大肠菌群 MPN 法(GB/T 4789.3—2003)检验流程如图 21-4 所示。

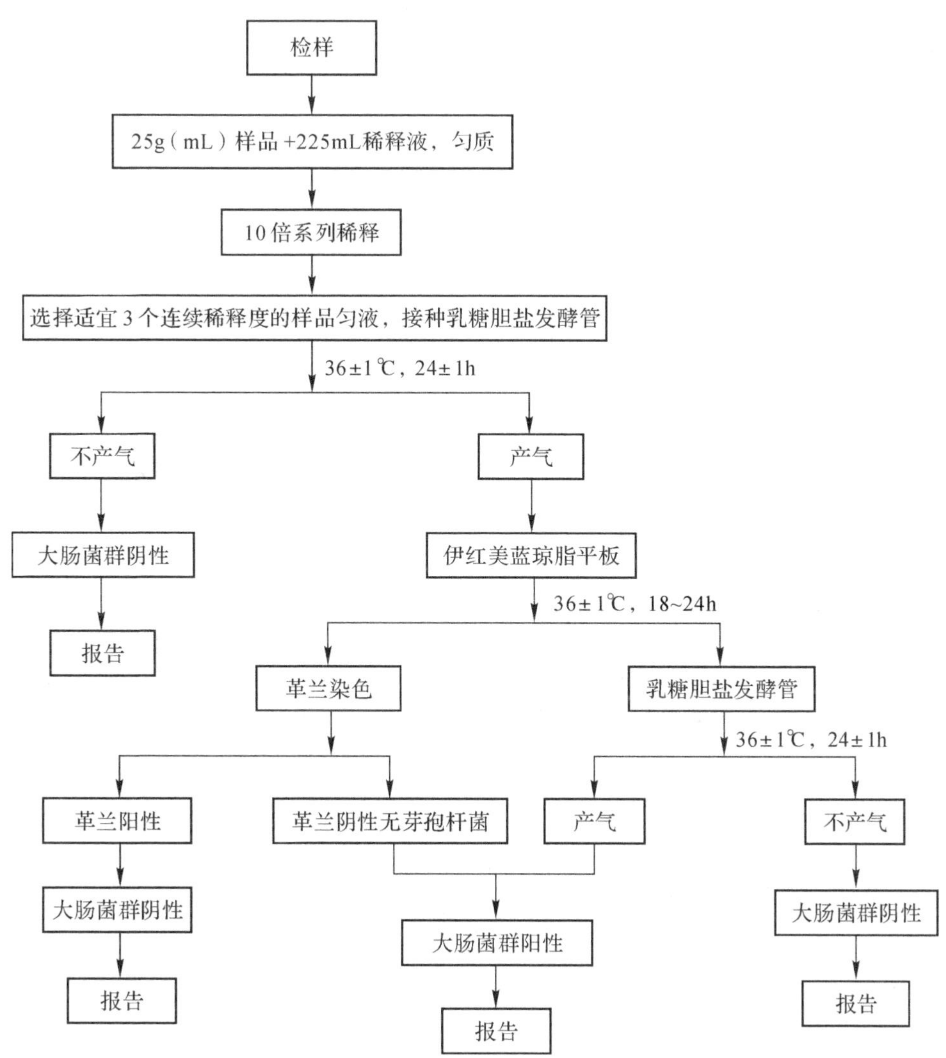

图 21－4　大肠菌群 MPN 法检验流程(2003 版)

(二)操作步骤

1. 样品稀释

(1)固体和半固体样品：称取 25g 样品，置盛有 225mL 磷酸缓冲溶液或生理盐水的无菌匀质杯中，8000～10000r/min 匀质 1～2min，或放入盛有 225mL 稀释液的无菌匀质袋中，用拍击式匀质器拍打 1～2min，制成 1∶10 的样品匀液。

(2)液体样品：以无菌吸管吸取 25mL 样品，置盛有 225mL 磷酸缓冲溶液或生理盐水的无菌锥形瓶中，充分混匀，制成 1∶10 的样品匀液。

用 1mL 无菌吸管或微量移液器吸取 1∶10 样品匀液 1mL，沿着管壁缓慢注于盛有 9mL 稀释液的无菌试管中(注意：吸管或吸头尖端不要触及稀释液面)，振摇试管使其混匀，制成 1∶100的样品匀液。

(3)根据对样品污染状况的估计，按以上操作依次制成 10 倍递增系列稀释样品匀液。每递增稀释一次，换用 1 次 1mL 无菌吸管或吸头。选择 3 个连续稀释度的样品匀液进行接种，稀释过程不得超过 15min。

2. 乳糖发酵试验

将待检样品接种于乳糖胆盐发酵管内，接种量在 1mL 以下者用单料乳糖胆盐发酵管。每一稀释度接种三管，置 36±1℃培养箱内培养 24±1h，所有乳糖胆盐发酵管都不产气，则可报告为大肠菌群阴性，如有产气者，则做以下试验。

3. 分离培养

将产气发酵管分别转种在伊红美蓝琼脂平板上，置 36±1℃培养箱内培养 18～24h，观察菌落形态，并做革兰染色和证实试验。

4. 证实试验

在上述平板上，挑取可疑大肠菌群菌落 1～2 个进行革兰染色，同时接种乳糖发酵管，置 36±1℃培养箱内培养 24±1h，观察产气情况。凡乳糖管产气、革兰染色为阴性的无芽孢杆菌可报告为大肠菌群阳性。

（三）报告

根据证实为大肠菌群阳性的管数，查 MPN 检索表，报告 100mL(g)粪大肠菌群的 MPN 值（表 21－2）。

表 21－2　大肠菌群最可能数(MPN)检索表

阳性管数			MPN 100mL(g)	95%可信限	
1mL(g)×3	0.1mL(g)×3	0.01mL(g)×3		下限	上限
0	0	0	<30	<5	90
0	0	1	30		
0	0	2	60		
0	0	3	90		
0	1	0	30	<5	130
0	1	1	60		
0	1	2	90		
0	1	30	120		
0	2	0	60		
0	2	1	90		
0	2	2	120		
0	2	3	160		
0	3	0	90		
0	3	1	130		
0	3	2	160		
0	3	3	190		
1	0	0	40	<5	200
1	0	1	70	10	210
1	0	2	110		
1	0	3	150		

续表

阳性管数			MPN 100mL(g)	95%可信限	
1mL(g)×3	0.1mL(g)×3	0.01mL(g)×3		下限	上限
1	1	0	70	10	230
1	1	1	110	30	360
1	1	2	150		
1	1	3	190		
1	2	0	110	30	360
1	2	1	150		
1	2	2	200		
1	2	3	240		
1	3	0	160		
1	3	1	200		
1	3	2	240		
1	3	3	290		
2	0	0	90	10	360
2	0	1	140	30	370
2	0	2	200		
2	0	3	260		
2	1	0	150	30	440
2	1	1	200	70	890
2	1	2	270		
2	1	3	340		
2	2	0	210	40	470
2	2	1	280	100	1500
2	2	2	350		
2	2	3	420		
2	3	0	290		
2	3	1	360		
2	3	2	440		
2	3	3	530		
3	0	0	230	40	1200
3	0	1	390	70	1300
3	0	2	640	150	3800
3	0	3	950		
3	1	0	430	70	2100
3	1	1	750	140	2300
3	1	2	1200	300	3800
3	1	3	1600		
3	2	0	930	150	3800
3	2	1	1500	300	4400
3	2	2	2100	350	4700
3	2	3	2900		

续表

阳性管数			MPN 100mL(g)	95%可信限	
1mL(g)×3	0.1mL(g)×3	0.01mL(g)×3		下限	上限
3	3	0	2400	360	13000
3	3	1	4600	710	24000
3	3	2	11000	1500	48000
3	3	3	≥24000		

注 1:本表采用 3 个稀释度[1mL(g)、0.1mL(g)和 0.01mL(g)],每稀释度 3 管。
注 2:表内所列检样量如改用 10mL(g)、1mL(g)和 0.1mL(g)时,表内数字应相应降至 1/10;如改用 0.1mL(g)、0.01mL(g)和 0.001mL(g)时,则表内数字应相应增加 10 倍。其余可类推。

第二法　MPN 法(GB 4789.3—2016)

(一)检验流程

大肠菌群 MPN 法(GB 4789.3—2016)检验流程如图 21-5 所示。

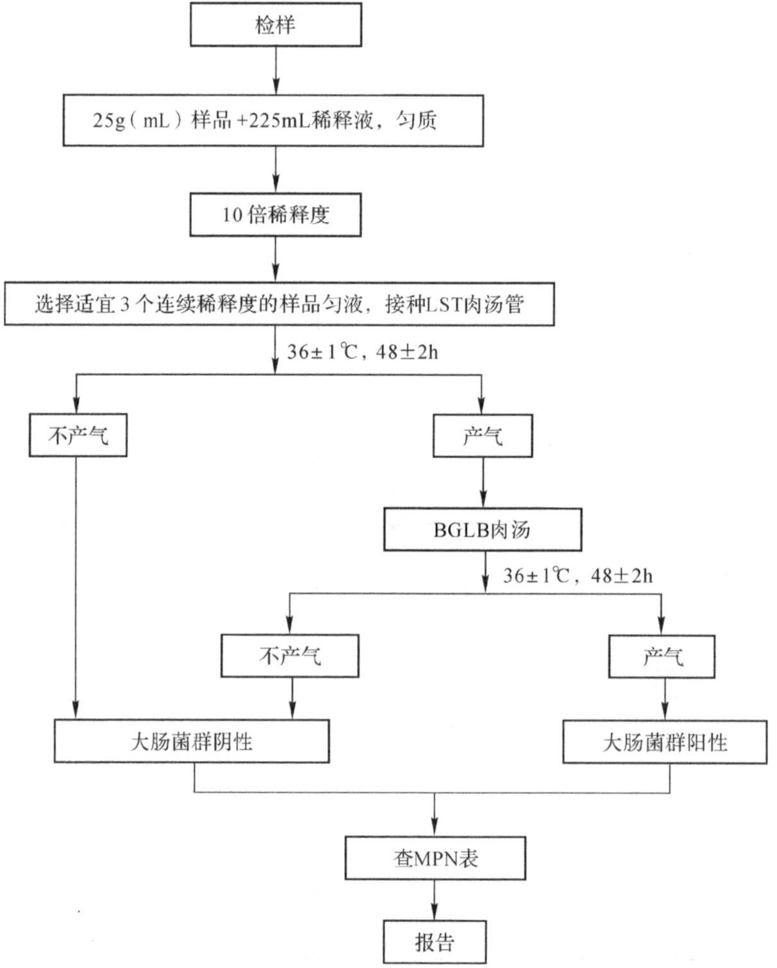

图 21-5　大肠菌群 MPN 法检验流程(2016 版)

（二）操作步骤

1. 样品稀释

样品稀释过程同第一法。

2. 初发酵试验

每个样品，选择 3 个适宜的连续稀释度的样品匀液（液体样品可以选择原液），每个稀释度接种 3 管月桂基硫酸盐胰蛋白胨（LST）肉汤，每管接种 1mL（如果接种量超过 1mL，则用双料 LST 肉汤）。置 36±1℃培养箱内培养 24±2h，如有产气者，则进行复发酵试验，如未产气，则继续培养至 48±2h，产气者进行复发酵试验，未产气者可报告为大肠菌群阴性。

3. 复发酵试验

用接种环从产气的 LST 肉汤管中分别取培养物 1 环，移种于煌绿乳糖胆盐肉汤（BGLB）管中，置 36±1℃培养箱内培养 48±2h，观察产气情况，产气者为大肠菌群阳性管。

（三）报告

根据证实为大肠菌群阳性的管数，查 MPN 检索表（表 21－3），报告每 mL（g）大肠菌群的 MPN 值。

表 21－3　大肠菌群最可能数（MPN）检索表

阳性管数			MPN	95％可信限		阳性管数			MPN	95％可信限	
0.10	0.01	0.001		上限	下限	0.10	0.01	0.001		上限	下限
0	0	0	＜3.0	—	9.5	2	2	0	21	4.5	42
0	0	1	3.0	0.15	9.6	2	2	1	28	8.7	94
0	1	0	3.0	0.15	11	2	2	2	35	8.7	94
0	1	1	6.1	1.2	18	2	3	0	29	8.7	94
0	2	0	6.2	1.2	18	2	3	1	36	8.7	94
0	3	0	9.4	3.6	38	3	0	0	23	4.6	94
1	0	0	3.6	0.17	18	3	0	1	38	8.7	110
1	0	1	7.2	1.3	18	3	0	2	64	17	180
1	0	2	11	3.6	38	3	1	0	43	9	180
1	1	0	7.4	1.3	20	3	1	1	75	17	200
1	1	1	11	3.6	38	3	1	2	120	37	420
1	2	0	11	3.6	42	3	1	3	160	40	420
1	2	1	15	4.5	42	3	2	0	93	18	420
1	3	0	16	4.5	42	3	2	1	150	37	420
2	0	0	9.2	1.4	38	3	2	2	210	40	430
2	0	1	14	3.6	42	3	2	3	290	90	1000
2	0	2	20	4.5	42	3	3	0	240	42	1000

续表

阳性管数			MPN	95%可信限		阳性管数			MPN	95%可信限	
0.10	0.01	0.001		上限	下限	0.10	0.01	0.001		上限	下限
2	1	0	15	3.7	42	3	3	1	460	90	2000
2	1	1	20	4.5	42	3	3	2	1100	180	4100
2	1	2	27	8.7	94	3	3	3	>1100	420	—

注 1:本表采用 3 个稀释度[0.1mL(g)、0.01mL(g)和 0.001mL(g)],每稀释度接种 3 管。
注 2:表内所列检样量如改用 1mL(g)、0.1mL(g)和 0.01mL(g)时,表内数字应相应降至 1/10;如改用 0.01mL(g)、0.001mL(g)和 0.0001mL(g)时,则表内数字应相应增加 10 倍。其余可类推。

第三法　大肠菌群平板计数法(GB 4789.3—2016)

(一)检验流程

大肠菌群平板计数法(GB 4789.3—2016)检验流程如图 21-6 所示。

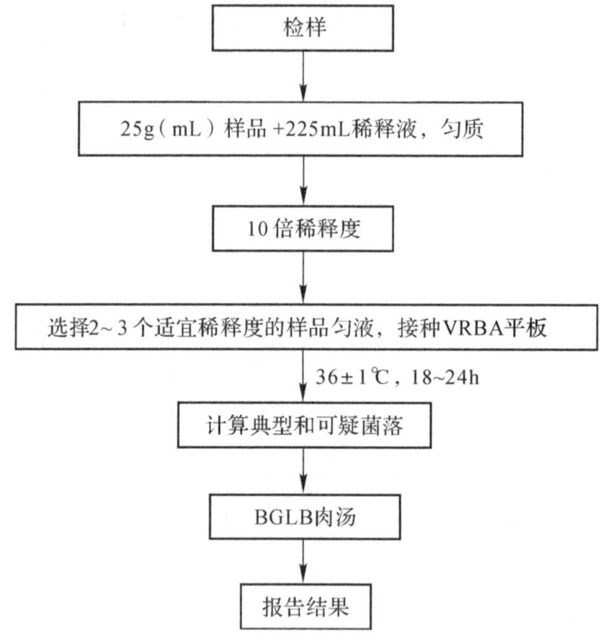

图 21-6　大肠菌群平板计数法检验流程

(二)操作步骤

1. 样品稀释

样品稀释过程同第一法。

2. 平板计数

选取 2～3 个适宜的连续稀释度,每个稀释度接种 2 个无菌平皿各 1mL。同时取 1mL 稀释液加入无菌平皿做空白对照。及时将 15～20mL 冷却至 46℃的结晶紫中性红胆盐琼脂(VRBA)倾注于每个平皿中。小心旋转平皿,将培养基与样液充分混匀,待琼脂凝固后,再加

3～4mLVRBA 覆盖平板表层。翻转平板，置于 36±1℃培养箱内培养 18～24h。

3. 平板菌落数选择

选取菌落数在 15～150CFU 的平板，分别计数平板上的典型和可疑大肠菌群菌落(如菌落直径较典型菌落小)。典型菌落为紫红色，菌落周围有红色的胆盐沉淀环，菌落直径为 0.5mm 或更大，最低稀释度平板低于 15CFU 的记录具体菌落数。

4. 证实试验

从 VRBA 平板上挑取 10 个不同类型的典型和可疑菌落，少于 10 个菌落的挑取全部典型和可疑菌落。分别移种于 BGLB 肉汤管中，36±1℃培养箱内培养 24～48h，观察产气情况。凡 BGLB 肉汤管产气，即可报告为大肠菌群阳性。

(三)报告

经最后证实为大肠菌群阳性的试管比例乘以平板菌落数，再乘以稀释倍数，即为每 g(mL)样品中大肠菌群数。例如，10^{-4}样品稀释液 1mL，在 VRBA 平板上有 100 个典型和可疑菌落，挑取其中 10 个接种 BGLB 肉汤管，证实有 6 个阳性管，则该样品的大肠菌群数为 $100\times 6/10\times 10^4$/g(mL)=$6.0\times 10^5$CFU/g(mL)。若所有稀释度(包括液体样品原液)平板均无菌落生长，则结果报为"小于 1 乘以最低稀释倍数"。若样品不用稀释而直接检测，结果报为"小于 0"；如果样品需要稀释，如稀释 10 倍而没有检出菌落，则结果报为"小于 1 乘 10"。

(四)关于大肠菌群检测的几点说明

1. 关于证实试验

无论是 2003 版的三步法还是 2016 版的两步法，都是利用了乳糖发酵管进行了两次发酵试验，培养基的配制略有不同，但都是为了证实培养物是否符合大肠菌群的定义，即"在 36℃分解乳糖产酸产气"。初发酵阳性管，不能肯定就是大肠菌群，经过证实试验后，有时可能成为阴性。有数据表明，食品中大肠菌群检验步骤的符合率，初发酵与证实试验相差较大。因此，在实际检测工作中，证实试验是必需的。

2. 关于 MPN

MPN 为最大可能数(most probable number)的简称。对样品进行一系列稀释，加入培养基进行培养，从规定的反应呈阳性管数的出现率，用概率论来推算样品中菌数最近似的数值。MPN 检索表只给了三个稀释度，如改用不同的稀释度，则表内数字应相应降低或增加。

3. 关于产气

在乳糖发酵试验工作中，经常可以看到在发酵管内极微小的气泡(有时比小米粒还小)，有时可以遇到在初发酵时产酸或沿管壁有缓缓上浮的小气泡。实验表明，大肠菌群的产气量，多者可以使发酵管全部充满气体，少者可以产生比小米粒还小的气泡。如果对产酸但未产气的乳糖发酵有疑问，可以用手轻轻打动试管，如有气泡沿管壁上浮，即应考虑可能有气体产生，应做进一步试验。

4. 关于菌落挑选

(1)在 2003 版中需要对初发酵阳性培养物接种伊红美蓝平板分离，对典型和可疑菌落进行观察和证实试验。由于大肠菌群是一群细菌的总称，在平板大肠菌群菌落的色泽、形态等方面较大肠肝菌更为复杂和多样，而且与大肠菌群的检出率密切相关。在该伊红美蓝分离平板上，大肠菌群菌落呈黑紫色有光泽或无光泽时检出率最高，红色、粉红色菌落检出率较低。

（2）另外，挑取菌落数与大肠菌群的检出率有密切关系，只挑取一个菌落，由于概率问题，尤其是当菌落不典型时，很难避免假阴性的出现。所以挑菌落一定要挑取典型菌落，如无典型菌落则应多挑几个，以免出现假阴性。

（3）选择性培养基伊红美蓝在高压灭菌后会还原而使培养基的颜色呈不均一橘黄色，轻轻摇动培养基可以恢复原有的正常紫色，因此，倾注平板前应先摇匀。

5. 关于抑菌剂

（1）大肠菌群检验中常用的抑菌剂有胆盐、十二烷基硫酸钠、洗衣粉、煌绿、龙胆紫、孔雀绿等。抑菌剂的主要作用是抑制其他杂菌，特别是革兰阳性菌的生长。2003 版中乳糖胆盐发酵管利用胆盐作为抑菌剂，2016 版中 LST 肉汤利用十二烷基硫酸钠作为抑菌剂，BGLB 肉汤利用煌绿和胆盐作为抑菌剂。

（2）抑菌剂虽可抑制样品中的一些杂菌，从而有利于大肠菌群的生长和挑选，但对大肠菌群中的某些菌株有时也产生一些抑制作用，因此大肠菌群的检出率相对要比实际含量要低。

6. 关于检测版本的选择

2016 版 MPN 法与 2003 版相比，具有阳性判定更加突出、复发酵试验更加简便等特点，特别是取消了革兰染色试验，减少了染色和脱色等人为因素的干扰。但由于目前我国的产品标准中多用 MPN/100g(mL)，所以实际检测过程中，2016 版 MPN 法用到的概率较低。

7. 关于灭菌后小导管内留有气泡的处理方法

对大肠菌群发酵管灭菌时，偶尔会有小气泡留在小导管内，导致培养基不能使用，重复灭菌不仅费时费电，还会破坏培养基的成分，因此我们在实际培养基的配制和灭菌中要尽量避免此种情况的发生。发生导管内留有小气泡的原因比较多，大概有以下几种：

（1）过早打开灭菌锅：当灭菌锅压力表示数为 0 而温度表示数还高于室温时，不要打开灭菌锅。因为打开锅盖瞬间，锅内大量热量散出，温度突然降低，试管内温度也随着降低，导致管内气压减小，沸点降低，部分水会汽化留在小导管内。所以我们要等锅内气压和温度都降到与室温一致或相差不大时再打开灭菌锅。

（2）使用硅胶塞的时候试管塞塞得太紧：试管塞塞得太紧在灭菌时会导致试管内与灭菌锅内压力不一致。当灭菌锅升温、升压时，锅内压力会大于管内压力；当灭菌锅降温、降压时，锅内压力小于管内压力。当锅内压力大于管内压力时，试管内压力不够，不能将小导管内气体排尽，就留有气泡；当锅内压力小于管内压力时，可能会使试管塞和培养基蹦出，培养基报废。所以应控制硅胶塞的松紧度或采用透气性好的棉花塞。

（3）小导管口太小或者太长：我们可以把一根毛细管一端封口，另一端插进水里，毛细管里怎么都不会进水。同样，把一个烧杯倒扣进水里就很容易进水了。小导管在加压后一方面水要进去，另外里面的空气要出来，如果口太小的话，空气不容易出去，水也不容易进来，就会导致气泡留在里面了。所以实验采用的小导管一定要按照标准尺寸，尽量使用 U 形管，不要使用锥形管。

（4）灭菌锅工作压力不够，使气体不能排尽：灭菌锅最大压力不够不能使管内液体强行把气体挤出，最后还留有小气泡，还会使温度上升缓慢，或达不到灭菌温度。但出现此原因的可能性较小，我们可以在排除原因（1）、（2）、（3）的情况下，用不加试管塞、大口导管做试验，若仍不能达到效果，就要检查灭菌锅了。

第三节　金黄色葡萄球菌检测

一、概　述

金黄色葡萄球菌为革兰阳性球菌，呈葡萄状排列，无芽孢，无鞭毛，不能运动，在自然界中分布广泛，正常人和动物的体表黏膜、空气、土壤、水、饲料、食品中均有存在，创伤后的皮肤、黏膜带大量的本菌。生长温度范围为6.6～47℃，最适生长温度为35～37℃。加热60℃经30min即可杀灭，在冷冻储藏环境中不易死亡。

金黄色葡萄球菌是人类化脓性感染中最常见的病原菌，可引起局部化脓性感染，如疖、痈、皮下脓肿、外科切口及烧伤创面的感染，也可引起肺炎、伪膜性肠炎、肾盂肾炎、心包炎等多系统的化脓性感染，还可引起败血症、脓毒症等全身性感染。其主要存在于人和动物的鼻腔、咽喉、头发上，50%以上健康人的皮肤上都有金黄色葡萄球菌存在，因而食品受其污染的机会很多。传播媒介为被该菌污染的食品，主要为淀粉类(如剩饭、米面、粥等)、牛乳及乳制品，以及鱼、肉、蛋类等。被污染的食物在室温20～22℃放置5h以上时，病菌大量繁殖，并产生肠毒素。葡萄球菌的致病力强弱主要取决于其产生的毒素和侵袭性酶。感染中毒后的主要症状为急性肠胃炎症状，如恶心、呕吐、腹泻、腹痛等。

二、如何防止金黄色葡萄球菌污染食品

1. 防止带菌人群对各种食物的污染

定期对生产加工人员进行健康检查，患局部化脓性感染(如疥疮、手指化脓等)、上呼吸道感染(如鼻窦炎、化脓性肺炎、口腔疾病等)的人员要暂时停止其工作或调换岗位。

2. 防止金黄色葡萄球菌对奶及其制品的污染

如牛奶厂要定期检查奶牛的乳房，不能挤用患化脓性乳腺炎的牛奶；奶挤出后，要迅速冷却至－10℃以下，以防毒素生成、细菌繁殖。奶制品要以消毒牛奶为原料，注意低温保存。对肉制品加工厂，患局部化脓感染的禽、畜尸体应除去病变部位，经高温或其他适当方式处理后进行加工生产。

3. 防止金黄色葡萄球菌肠毒素的生成

应在低温和通风良好的条件下储藏食物，以防肠毒素形成；在气温高的春夏季，食物置冷藏或通风阴凉地方也不应超过6h，并且食用前要彻底加热。

三、金黄色葡萄球菌的培养特性

(1)金黄色葡萄球菌在肉汤中呈浑浊生长，在胰酪胨大豆肉汤内有时液体澄清，菌量多时呈浑浊生长。

(2)血平板上金黄色葡萄球菌呈金黄色，有时也为白色，大而突起、圆形、不透明、表面光滑，周围有溶血圈。

(3)Baird-Parker琼脂平板上金黄色葡萄球菌呈圆形突起、光滑、湿润，颜色呈灰色到黑色，边缘淡色，周围为一浑浊带，在其外层有一透明圈。用接种针接触菌落似有奶油至树胶样的硬度。

四、设备和试剂

（一）仪器设备

除微生物实验室常规灭菌及培养设备外，还需要以下设备：
恒温培养箱(36±1℃)
冰箱(2～5℃)
恒温水浴锅(37～65℃)
天平(百分之一)
匀质器、振荡器
无菌吸管(1mL、10mL)或微量移液器及吸头
无菌锥形瓶(250mL、500mL)、无菌培养皿(直径 90mm)
15cm×15mm 试管、18cm×18mm 试管
放大镜、无菌镊子等。

（二）用到的试剂

7.5%氯化钠肉汤(成品培养基)
血琼脂平板(成品培养基)
Baird-Parker 琼脂平板(BPK，成品培养基)
脑心浸出液肉汤(BHI，成品培养基)
营养琼脂小斜面(成品培养基)
革兰染色液(成品培养基)
磷酸缓冲溶液(成品培养液稀释或自配)
无菌生理盐水(成品培养液或自配)
兔血浆(成品培养基)

五、检验方法

第一法　金黄色葡萄球菌的定性检验

（一）检验流程

金黄色葡萄球菌检验流程如图 21-7 所示。

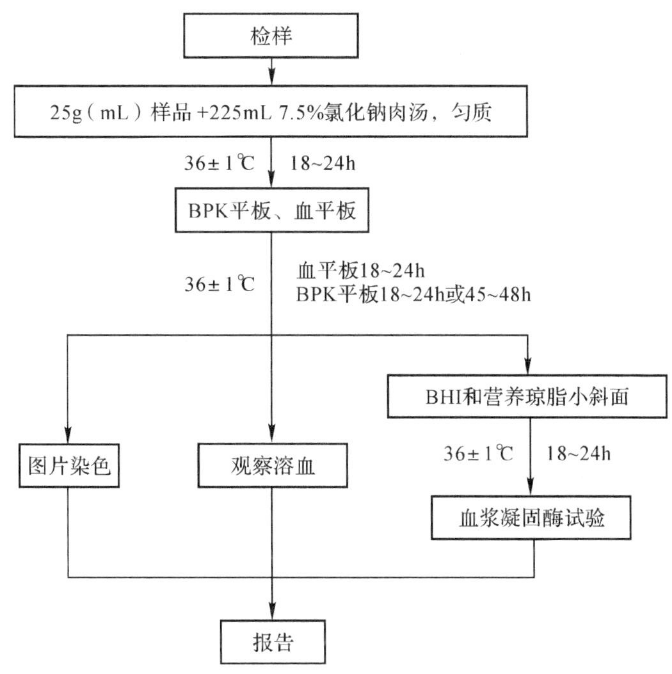

图 21-7　金黄色葡萄球菌检验流程

（二）操作步骤

1. 样品稀释

称取 25g 样品至盛有 225mL 7.5%氯化钠肉汤的无菌匀质杯中，8000～10000r/min 匀质 1～2min，或放入盛有 225mL 稀释液的无菌匀质袋中，用拍击式匀质器拍打 1～2min。若样品为液态，吸取 25mL 样品至盛有 225mL 7.5%氯化钠肉汤的无菌锥形瓶中，振荡混匀。

2. 增菌和分离培养

(1)将上述样品匀液于 36±1℃培养 18～24h。金黄色葡萄球菌在 7.5%氯化钠肉汤中呈浑浊生长。

(2)将上述培养物分别划线接种到 BPK 平板和血平板上，分别在 36±1℃培养 18～24h；血平板如果菌落不明显可延长至 45～48h。

(3)金黄色葡萄球菌在 BPK 平板上，菌落直径为 2～3mm，颜色呈灰色到黑色，边缘为淡色，周围为一浑浊带，在其外层有一透明圈。用接种针接触菌落有似奶油至树胶样的硬度，偶尔会遇到非脂肪溶解的类似菌落，但无浑浊带及透明圈。长期保存的冷冻或干燥食品中分离的菌落比典型菌落所产生的黑色要淡些，外观可能粗糙并干燥。在血平板上，形成菌落较大，圆形、光滑凸起、湿润、金黄色(有时为白色)，菌落周围可见完全透明溶血圈。挑取上述菌落进行革兰染色镜检及血浆凝固酶试验。

3. 鉴定

(1)染色镜检：金黄色葡萄球菌为革兰阳性球菌，排列呈葡萄球状，无芽孢，无荚膜，直径为 0.5～1μm。

(2)血浆凝固酶试验：挑取 BPK 平板或血平板上可疑菌落至少 5 个(小于 5 个全选)，分别接种到 5mL BHI 和营养琼脂小斜面，36±1℃培养 18～24h。取新鲜兔血浆 0.5mL，加入 BHI

培养物 0.2～0.3mL，摇匀，置 36±1℃培养箱内，每半小时观察一次，观察 6h，如呈现凝固(将试管倾斜或倒置时呈现凝块)或凝固体积大于原体积的一半，即判定为阳性结果。实验室要有血浆凝固酶试验阳性和阴性的葡萄球菌菌株的肉汤培养物作为对照。也可用成品的兔血浆试剂，按照说明书要求进行血浆凝固酶试验。如果结果又可疑，再挑取营养琼脂小斜面的菌落到 5mL BHI，36±1℃培养 18～24h，重复试验。

(三)结果与报告

(1)结果判定：若符合上述判定条件，则可判定为金黄色葡萄球菌。

(2)结果报告：在 25g(mL)样品中检出或未检出金黄色葡萄球菌。

第二法　金黄色葡萄球菌平板计数法

(一)检验流程

金黄色葡萄球菌平板计数法检验流程如图 21-8 所示。

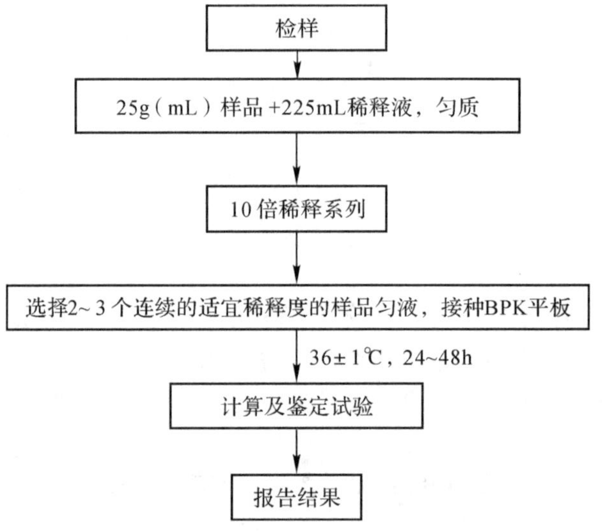

图 21－8　金黄色葡萄球菌平板计数法检验流程

(二)操作步骤

1. 样品的稀释

(1)固体和半固体样品：称取 25g 样品置盛有 225mL 磷酸缓冲溶液或生理盐水的无菌匀质杯中，8000～10000r/min 匀质 1～2min，或放入盛有 225mL 稀释液的无菌匀质袋中，用拍击式匀质器拍打 1～2min，制成 1∶10 的样品匀液。

(2)液体样品：以无菌吸管吸取 25mL 样品，置盛有 225mL 磷酸缓冲溶液或生理盐水的无菌锥形瓶中，充分混匀，制成 1∶10 的样品匀液。

(3)用 1mL 无菌吸管或微量移液器吸取 1∶10 样品匀液 1mL，沿着管壁缓慢注于盛有 9mL 稀释液的无菌试管中(注意吸管或吸头尖端不要触及稀释液面)，振摇试管使其混匀，制成 1∶100 的样品匀液。

(4)根据对样品污染状况的估计，按以上操作依次制成 10 倍递增系列稀释样品匀液。每递增稀释一次，换用1次1mL无菌吸管或吸头。选择3个连续稀释度的样品匀液进行接种，稀释过程不得超过15min。

2. 样品的接种

根据对样品污染状况的估计，选择2～3个适宜稀释度的样品匀液（液体样品可以包括原液），在进行10倍递增稀释时，每个稀释度分别吸取1mL样品匀液以0.3mL、0.3mL、0.4mL接种量分别加入三块BPK平板，然后用无菌L型棒涂布这个平板，注意不要触及平板边缘。使用前如BPK平板表面有水珠，可放在培养箱里干燥，直到平板表面的水珠消失后再使用。

3. 培养

在通常情况下，涂布后将平板静置10min，如样液不易吸收，可将平板放在培养箱36±1℃培养1h，等样品匀液吸收后再翻转平皿，倒置于培养箱，36±1℃培养24～48h。

4. 典型菌落确认和计数

(1)金黄色葡萄球菌在BPK平板上菌落直径为2～3mm，颜色呈灰色到黑色，边缘为淡色，周围为一浑浊带，在其外层有一透明圈。用接种针接触菌落有似奶油至塑胶样的硬度，偶尔会遇到非脂肪溶解的类似菌落，除没有不透明圈和清晰带外，其他外观基本相同。长期保存的冷冻或干燥食品中分离的菌落比典型菌落所产生的黑色要淡些，外观可能粗糙并干燥。

(2)选择有典型金黄色葡萄球菌菌落的平板，且同一稀释度3个平板所有菌落数合计在20～200CFU的平板，计数典型菌落数。

(3)从典型菌落中至少选5个可疑菌落（小于5个全选）进行鉴定试验，分别做染色镜检、血浆凝固酶试验；同时划线接种到血平板36±1℃培养18～24h后观察菌落形态，金黄色葡萄球菌菌落较大、圆形、光滑凸起、湿润、金黄色（有时为白色），菌落周围可见完全透明溶血圈。

（三）结果计算

(1)只有一个稀释度平板的菌落数在20～200CFU且有典型菌落，计数该稀释度平板上的典型菌落。

(2)最低稀释度平板的菌落数小于20CFU且有典型菌落，计数该稀释度平板上的典型菌落。

(3)某一稀释度平板的菌落数大于200CFU且有典型菌落，但下一稀释度平板上没有典型菌落，应计数该稀释度平板上的典型菌落。

(4)某一稀释度平板的菌落数大于200CFU且有典型菌落，且下一稀释度平板上有典型菌落，但其平板上的菌落数不在20～200CFU，应计数该稀释度平板上的典型菌落。

以上均按公式(1)计算。

$$T=AB/(Cd) \tag{1}$$

式中：T为样品中金黄色葡萄球菌菌落数；A为某一稀释度典型菌落的总数；B为某一稀释度血浆凝固酶阳性的菌落数；C为某一稀释度用于血浆凝固酶试验的菌落数；d为稀释因子。

(5)两个连续稀释度的平板菌落数均在20～200CFU，按公式(2)计算。

$$T=(A_1B_1/C_1+A_2B_2/C_2)/(1.1d) \tag{2}$$

式中：T为样品中金黄色葡萄球菌菌落数；A_1为第一稀释度（低稀释倍数）典型菌落的总数；B_1为第一稀释度（低稀释倍数）鉴定为阳性的菌落数；C_1为第一稀释度（低稀释倍数）用于鉴定试验的菌落数；A_2为第二稀释度（高稀释倍数）典型菌落的总数；B_2为第二稀释度（高稀释倍数）鉴定为阳性的菌落数；C_2为第二稀释度（高稀释倍数）用于鉴定试验的菌落数；1.1为计算系数；d为稀释因子（第一稀释度）。

(四)结果与报告

根据 Baird-Parker 琼脂平板上金黄色葡萄球菌的典型菌落数,按公式计算,报告每 g(mL)样品中金黄色葡萄球菌数,以 CFU/g(mL)表示;如 T 值为 0,则以小于 1 乘以最低稀释倍数报告。

第三法 金黄色葡萄球菌 MPN 计数

(一)检验流程

金黄色葡萄球菌 MPN 计数法检验流程如图 21-9 所示。

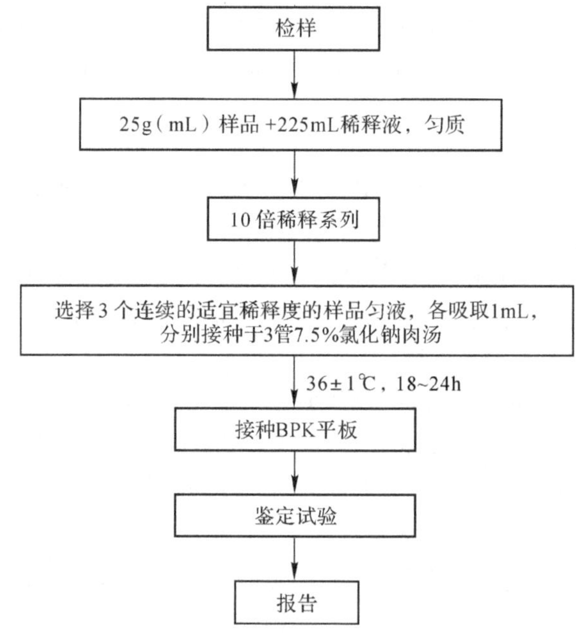

图 21-9 金黄色葡萄球菌 MPN 计数法检验流程

(二)操作过程

1. 样品稀释

同金黄色葡萄球菌平板计数法。

2. 接种和培养

(1)根据对样品污染状况的估计,选择 3 个适宜稀释度的样品匀液(液体样品可以包括原液),在进行 10 倍递增稀释时,每个稀释度分别吸取 1mL 样品匀液至 7.5%氯化钠肉汤管(如接种量超过 1mL,则用双料 7.5%氯化钠肉汤),每个稀释度接种 3 管,将上述接种物36±1℃培养 18～24h。

(2)用接种环从培养后的 7.5%氯化钠肉汤管中分别取培养物 1 环,移种于 BPK 平板36±1℃培养 24～48h。

3. 典型菌落确认

按金黄色葡萄球菌平板计数法第 4(1)条和第 4(3)条进行。

(三)结果与报告

根据证实为金黄色葡萄球菌阳性的试管管数,查 MPN 检索表(表 21－1),报告每 g(mL)样品中金黄色葡萄球菌的最可能数,以 MPN/g(mL)表示。

六、金黄色葡萄球菌检测注意点

(1)致病菌取样一定要均匀并具有代表性,要尽可能缩短解冻时间,使竞争菌群生长最少,并减小对金黄色葡萄球菌的损伤。

(2)金黄色葡萄球菌在 Baird-Parker 琼脂平板上菌落比较明显。制平板添加亚碲酸钾卵黄增菌液时,温度要掌握好,若温度过高,则卵黄变性,若温度太低,则琼脂凝固导致不匀。

(3)冻干兔血浆 6h 还没凝固的话,还要保留到 20h 后再观察,如果还是没凝固,那就可以报告金黄色葡萄球菌未检出了。

第四节　食品中沙门菌检测

一、概　述

沙门菌是一大群寄生于人类和动物肠道中,生化反应和抗原构造相似的革兰阴性、需氧性、无芽孢杆菌,属肠杆菌属。本菌属种类繁多,抗原结构复杂,现已发现 2000 多个血清型,我国已发现血清型近 200 个。沙门菌广泛存在于猪、牛、羊、鼠类的肠道中,是最普遍、最重要的肠道致病菌,其中鸡的带菌率为 2.3%～6.8%,猪的带菌率为 10.7%～34.8%,鸡蛋带菌率高达 30%。

沙门菌与肉关系密切,其次为蛋和乳。一般食品特别是肉制品和乳、蛋制品沙门菌检出率高些。沙门菌是革兰阴性菌,两端钝圆的短杆菌,无芽孢,一般无荚膜,除鸡沙门菌和雏沙门菌以外,大多数有周鞭毛,运动力强。沙门菌的适宜生长温度为 37℃,在 18～20℃也能繁殖。沙门菌对热抵抗力差,在 60℃经 20～30min 可被杀灭,低温冷藏也可减少本菌的数量。在肉类中可存活几个月,在自然环境的粪便中可存活 1～2 个月。沙门菌中毒属感染性食物中毒,为急性肠胃炎症状,如呕吐、腹痛、腹泻。

二、沙门菌的培养特性

沙门菌需氧或兼性厌氧,10～42℃都可生长,最适生长温度为 37℃,最适 pH 值为 6.8～7.8。在营养琼脂平板上,35～37℃培养 18～24h,其菌落大小一般为 2～3mm,光滑、湿润、无色、半透明、边缘整齐。在血平板上,为中等大小的灰白色菌落。在 XLD 和 BS 培养基上的生长特性不同种类变化较大。绝大多数沙门菌有规律地发酵葡萄糖产酸产气,但也有不产气者,不发酵蔗糖和侧金盏花醇,不产生吲哚,不分解尿素。

三、设备和试剂

(一)仪器设备

恒温培养箱(36±1℃/42±1℃)
冰箱(2～5℃)
天平(百分之一)
匀质器、振荡器
无菌吸管(1mL、10mL)或微量移液器及吸头
无菌锥形瓶(250mL、500mL)、无菌培养皿(直径 90mm)
7.5cm×10mm 试管、15cm×15mm 试管
全自动微生物生化鉴定系统
放大镜、无菌镊子等。

(二)用到的试剂

缓冲蛋白胨水(BPW,成品培养基)
四硫磺酸钠煌绿(TTB)增菌液(成品培养基)
亚硒酸盐胱氨酸(SC)增菌液(成品培养基)
亚硫酸铋琼脂(BS,成品培养基)
HE 琼脂(成品培养基)
木糖赖氨酸脱氧胆盐琼脂(XLD,成品培养基)
沙门菌显色培养基(成品培养基)
三糖铁琼脂斜面(TSI,成品培养基)
革兰染色液(成品培养基)
磷酸缓冲溶液(成品培养液稀释或自配)
无菌生理盐水(成品培养液或自配)
沙门菌 O 和 H 诊断血清
生化鉴定试剂盒。

四、检验流程

沙门菌检验(GB 4789.4—2016)流程如图 21-10 所示。

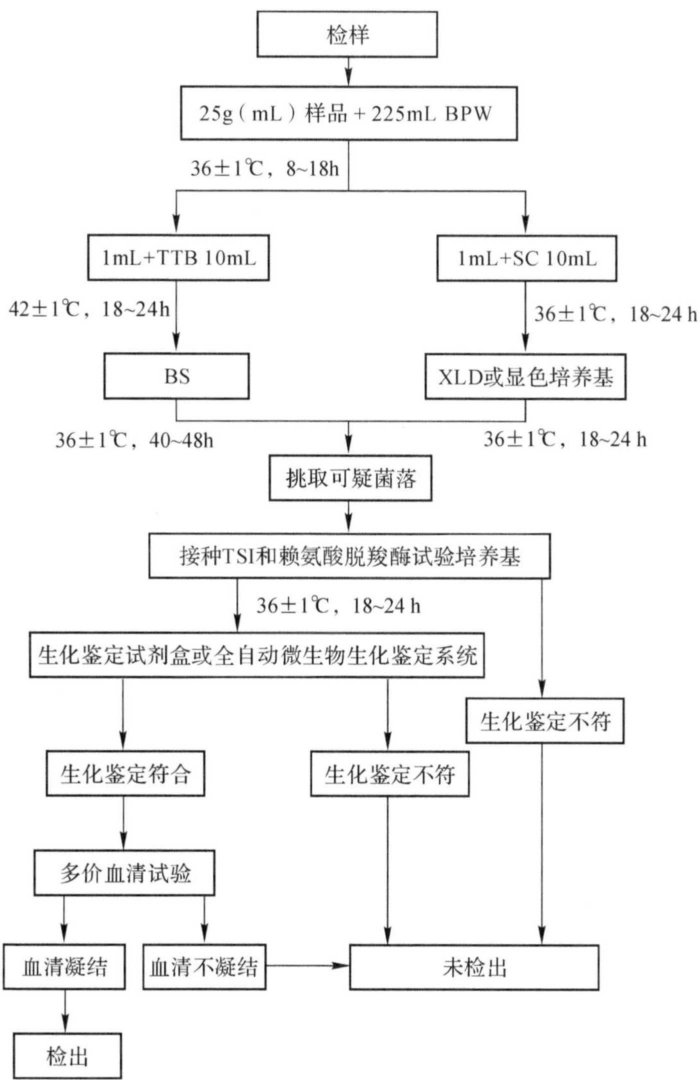

图 21－10　沙门菌检验流程

五、操作步骤

1. 预增菌

称取 25g(mL)样品至盛有 225mL BPW 的无菌匀质杯中，8000～10000r/min 匀质 1～2min，或放入盛有 225mL BPW 的无菌匀质袋中，用拍击式匀质器拍打 1～2min。若样品为液态，不需要匀质，振荡混匀即可。无菌操作将样品移至 500mL 锥形瓶中，如使用匀质袋，可直接于 36±1℃培养 8～18h。

如为冷冻产品，应在 45℃以下不超过 15min，或者 2～5℃不超过 18h 解冻。

2. 增菌

轻轻摇动培养过的样品混合物，移取 1mL，转种于 10mL TTB 内，于 42±1℃培养 18～24h。同时，另取 1mL，转种于 10mL SC 内，于 36±1℃培养 18～24h。

3. 分离

分别用接种环取增菌液一环，划线接种于 BS 平板和 XLD 平板（或 HE 平板或沙门菌属显色培养基平板）。于 36±1℃培养 18～24h（XLD 平板、HE 平板和沙门菌属显色培养基平板）或 40～48h（BS 平板），观察各个平板上生长的菌落。各个平板上的菌落特征见表 21－4。

表 21－4 沙门菌属在不同选择性琼脂平板上的菌落特征

选择性琼脂平板	菌落特征
BS 琼脂	菌落为黑色金属光泽、棕褐色或灰色，菌落周围培养基可呈黑色或棕色；有些菌株形成灰绿色菌落，周围培养基不变色
HE 琼脂	蓝绿色或蓝色，多数菌落中心黑色或几乎全黑色；有些菌株为黄色，中心黑色或几乎全黑色
XLD 琼脂	菌落呈粉红色，带或不带黑色中心，有些菌株可呈现大的带光泽的黑色中心，或呈现全部黑色的菌落；有些菌株为黄色菌落，带或不带黑色中心
沙门菌属显色培养基	按照显色培养基的说明进行判定

4. 生化试验

（1）从选择性平板上分别挑取 2 个以上典型或可疑菌落，接种三糖铁琼脂，先在斜面划线，再于底层穿刺；接种针不要灭菌，直接接种赖氨酸脱羧酶试验培养基和营养琼脂平板，于 36±1℃培养 18～24h，必要时可延长至 48h。在三糖铁琼脂和赖氨酸脱羧酶试验培养基内，沙门菌属的反应结果见表 21－5。

表 21－5 沙门菌属在三糖铁琼脂和赖氨酸脱羧酶试验培养基内的反应结果*

三糖铁琼脂				赖氨酸脱羧酶试验培养基	初步判断
斜面	底层	产气	硫化氢		
K	A	＋(－)	＋(－)	＋	可疑沙门菌属
K	A	＋(－)	＋(－)	－	可疑沙门菌属
A	A	＋(－)	＋(－)	＋	可疑沙门菌属
A	A	＋/－	＋/－	－	非沙门菌属
K	K	＋/－	＋/－	＋/－	非沙门菌属

* K：产碱，A：产酸；＋：阳性，－：阴性；＋(－)：多数阳性，少数阴性；＋/－：阳性或阴性

（2）根据上一步骤的初步判断结果，从对应的营养琼脂平板上挑取可疑菌落，用生理盐水制备成浊度相当的菌悬液，使用生化鉴定试剂盒或全自动微生物生化鉴定系统进行鉴定。

5. 血清学鉴定

一般采用 1.2%～1.5%琼脂培养物作为玻片凝集试验用的抗原。首先排除自凝集反应，在洁净的玻片上滴加一滴生理盐水，将待测培养物混合于生理盐水内，使其成为均一的浑浊悬液，将玻片轻轻摇动 30～60s，在黑色背景下观察反应（必要时用放大镜观察），若出现可见的菌体凝集，即认为有自凝性，反之无自凝性。对无自凝性的培养物参照下面的方法进行血清学鉴定：

(1)抗原的准备:由于实验室制备有些难度,做血清学鉴定的抗原多为成品血清。

(2)多价菌体(O)抗原鉴定:在玻片上划出 2 个约 1cm 见方的区域,挑取一环待测菌液,各放 1/2 环于玻片的每一个区域上部,在其中一个区域下部滴加一滴多价 O 抗原血清,另一个区域下部滴加一滴生理盐水,作为对照。再用无菌的接种环或针分别将两个区域内的菌落研成乳状液。将玻片倾斜摇动混合 1min,并对着黑暗背景进行观察,任何程度的凝集现象皆为阳性反应。

(3)多价鞭毛(H)抗原鉴定:操作同上。当 H 抗原发育不良时,将菌株接种在 0.55%～0.65%半固体琼脂平板中央,待菌落蔓延生长时,在其边缘部分取菌检查;或将菌株通过接种装有 0.3%～0.4%半固体琼脂的小玻管 1～2 次,自远端取菌培养后检查。

(4)普通食品沙门菌检测中的血清学鉴定一般只需进行 O 抗原和 H 抗原的鉴定,无需再进行血清学分型(特殊检测要求除外),所以关于血清学分型不再赘述。

六、结果与报告

综合以上生化试验和血清学鉴定的结果,报告 25g(mL)样品中检出或未检出沙门菌。

七、沙门菌检测注意点

1. 样品处理

致病菌取样一定要均匀并具有代表性,要尽可能缩短解冻时间,使竞争菌群生长最少,并减小对沙门菌的损伤。

2. 培养基及菌落培养

(1)必须选择多种选择性培养基同时进行筛选,因为没有一种培养基能准确无误地筛选出沙门菌,相对来讲显色培养基的综合选择性更强。

(2)试剂和培养基的配制一定要严格按照说明书操作,如是否需要高压灭菌、添加剂用量及培养基保存条件。

(3)有 1%的沙门菌乳糖发酵试验阳性,为了避免漏检乳糖阳性菌必须选择不依赖乳糖的培养基,目前 BS 培养基被认为是最适合的。BS 培养基是分离沙门菌的高效培养基,特别适用于伤寒类的沙门菌。不是所有的选择性培养基都能有效分离出伤寒沙门菌和副伤寒沙门菌,BS 是分离伤寒类沙门菌的首选培养基。BS 不能高压,不能过热溶解,只能在使用前一天配制,保存在阴暗处;48h 后失去选择性,保存不当,颜色变浅表明已经开始减效。

(4)TTB 的添加剂必须在棕色瓶中储存,不能见光,否则选择性减弱。TTB 有碳酸钙沉淀,分装时一定要摇匀,碳酸钙的作用是消除和吸收有毒代谢产物。TTB 加入添加剂后就不能再加热。SC 含有亚硒酸氢钠,属剧毒物质,使用时注意安全,当天使用当天配制。

(5)TSI 要制备成高柱斜面,有助于结果判读。典型沙门菌培养基,斜面显红色,底端显黄色,有气体产生,有 90%形成硫化氢,琼脂变黑。当分离到乳糖阳性沙门菌时,三糖铁琼脂斜面是黄色的,因而要确认沙门菌,不应仅仅限于三糖铁琼脂培养的结果。

(6)TSI 和赖氨酸脱羧酶可以筛选掉大部分非沙门菌。

(7)要按国家标准要求的最长时间培养,否则会有漏检风险。

(8)从挑选可疑菌落开始,建议每步都同时划线营养琼脂,确保每个菌落均为纯菌。

3. 生化试验

（1）生化反应要用纯菌落进行（从营养琼脂中挑取单个菌落制备成适宜浓度的菌悬液）。

（2）多种生化试验同时测试可以提高检测效率。

4. 血清学鉴定

（1）血清学鉴定是沙门菌检验中的重要方法，包括菌体（O）抗原鉴定、鞭毛（H）抗原鉴定和 Vi 抗原鉴定。如果只需要鉴定某个菌株是否属于沙门菌，那只需要做多价 O 抗原和多价 H 抗原血清就可以了。

（2）判定时应该以生化试验结果为主，在生化试验的基础上进行血清学判定，这是血清学的原理是抗原抗体结合，非沙门菌的微生物也有可能带有沙门菌的类似抗原。因此，不可以不做生化试验而只做血清初筛。

（3）血清检测要使用 24h 内的纯菌，在规定时间内观察结果，并做自凝实验。

（4）如果实验室条件许可建议购置进口血清，进口血清一般以泰国和丹麦血清为佳。国产和进口血清在判读时会有差异。若实验室只有国产血清，可以同时使用两种厂家产品互相验证。

【参考文献】

[1]覃智，韦永先，罗大鹏，等. GB 4789. 3—2010 与 GB/T 4789. 3—2003 的 MPN 检索表互通性的探讨[J]. 轻工科技，2012(4)：121 - 122.

[2]穆英健. 浅谈 GB/T 4789. 3—2008 大肠菌群计数方法[J]. 啤酒科技，2010(7)：16 -18.

[3]王福，于洋. 论如何加强微生物检验质量控制[J]. 口岸卫生控制，2007，12(6)：7 - 8.

[4]GB 4789. 2—2016 食品安全国家标准 食品微生物学检验 菌落总数测定[S].

[5]GB 4789. 3—2016 食品安全国家标准 食品微生物学检验 大肠菌群计数[S].

[6]GB/T 4789. 3—2003 食品安全国家标准 食品微生物学检验 大肠菌群测定[S].

[7]GB 4789. 4—2016 食品安全国家标准 食品微生物学检验 沙门菌检验[S].

[8]GB 4789. 10—2016 食品安全国家标准 食品微生物学检验 金黄色葡萄球菌检验[S].